sous la directi[...] [...]zeau

Manuel de construction métallique

Extraits des Eurocodes 0, 1 et 3

3ᵉ édition

ÉDITIONS EYROLLES
61, bd Saint-Germain
75240 Paris Cedex 05
www.editions-eyrolles.com

AFNOR ÉDITIONS
11, rue Francis-de-Pressensé
93571 La Plaine Saint-Denis Cedex
www.boutique-livres.afnor.org

Le programme des Eurocodes structuraux comprend les normes suivantes, chacune étant en général constituée d'un certain nombre de parties :

EN 1990 Eurocode 0 : Bases de calcul des structures
EN 1991 Eurocode 1 : Actions sur les structures
EN 1992 Eurocode 2 : Calcul des structures en béton
EN 1993 Eurocode 3 : Calcul des structures en acier
EN 1994 Eurocode 4 : Calcul des structures mixtes acier-béton
EN 1995 Eurocode 5 : Calcul des structures en bois
EN 1996 Eurocode 6 : Calcul des structures en maçonnerie
EN 1997 Eurocode 7 : Calcul géotechnique
EN 1998 Eurocode 8 : Calcul des structures pour leur résistance aux séismes
EN 1999 Eurocode 9 : Calcul des structures en aluminium

Les normes Eurocodes reconnaissent la responsabilité des autorités réglementaires dans chaque État membre et ont sauvegardé le droit de celles-ci de déterminer, au niveau national, des valeurs relatives aux questions réglementaires de sécurité, là où ces valeurs continuent à différer d'un État à un autre.

En couverture, de gauche à droite et de haut en bas :

Première page :

- ITER, Cadarache ; ENIA Architectes
- Musée du quai Branly-Jacques Chirac, Paris ; architecte : Jean Nouvel. Constructeur métallique : Joseph Paris (Groupe Fayat).
- Parc des expositions, Toulouse ; architectes : Rem Koolhaas (OMA) associé à Puig Pujol Architectures (PPa) et Taillandier Architectes associés. Constructeur métallique : DL Garonne.
- Orange Vélodrome, Marseille ; architecte : Jean-Pierre Buffi. Constructeur métallique : Horta Coslada.
- Stade Pierre Mauroy, Villeneuve-d'Ascq ; architectes : Valode & Pistre associés à Pierre Ferret. Constructeur métallique : Eiffage Métal.

Dernière page :

- Canopée des Halles, Paris; architectes : Patrick Berger & Jacques Anziutti. Constructeur métallique : Viry (Groupe Fayat).
- Fondation Luma, Arles ; architecte : Frank Gehry. Constructeur métallique : Eiffage Métal.
- Musée des Confluences, Lyon ; architecte : Coop Himmelb(l)au. Constructeur métallique : SMB et Renaudat Centre Constructions.

Toutes photos © Jean-Pierre Muzeau

© Afnor et Groupe Eyrolles, 2012 et 2014 pour la 1re et la 2e éditions
© Afnor et Éditions Eyrolles, 2019 pour la 3e édition
ISBN Afnor : 978-2-12-465715-5
ISBN Eyrolles : 978-2-212-67803-1

Table des matières

PARTIE A

EUROCODE 0 – Bases de calcul

EUROCODE 1 – Actions sur les structures

CHAPITRE 2. Actions générales 47

CHAPITRE 3. Actions de la neige sur les structures ... 61

PARTIE B

EUROCODE 3 –Calcul des structures en acier

CHAPITRE 5. Règles générales et règles pour les bâtiments 115

Avant-propos

Ce manuel est né, d'une part, de la volonté de l'Inspection générale de l'Éducation nationale (groupe des Sciences et Techniques industrielles) de mettre des « outils » à la disposition des enseignants et, d'autre part, de la mobilisation de plusieurs membres de l'**Association pour la promotion de l'enseignement de la construction acier (APK)** étroitement associés à **ConstruirAcier (ex-OTUA)**. C'est l'un des résultats faisant suite aux séminaires de Saint-Sauves de novembre 2005 et mars 2006 au cours desquels une formation aux Eurocodes pour la construction métallique a été dispensée à une soixantaine d'enseignants de BTS sous l'égide de l'APK, de l'OTUA et du ministère de l'Éducation nationale.

Depuis mars 2010, les Eurocodes remplacent progressivement les textes nationaux et donc les « célèbres » CM 66 et Additif 80. Pour répondre aux besoins des professionnels de la construction, les élèves formés à la construction métallique, et notamment les étudiants de BTS de ce secteur, doivent donc, pendant leur formation, être formés aux Eurocodes et à leur utilisation. À titre d'exemple, depuis la session 2008, seules ces nouvelles normes font référence pour le diplôme de BTS Construction métallique.

Cet ouvrage représente une sélection d'informations et de données que des élèves et des étudiants en construction métallique peuvent être amenés à employer pendant leurs études, mais il ne se limite pas à cet usage. Tout nouvel utilisateur des Eurocodes peut apprendre à se familiariser avec ce vaste corpus de normes européennes à l'aide du présent manuel, qui contient un résumé succinct du contenu de certaines normes et de leurs annexes nationales. Il reste toutefois limité **aux vérifications les plus couramment rencontrées pour les structures de bâtiments industriels simples en acier** et il intègre des données importantes concernant les règles de base des Eurocodes (**EN 1990**) et d'autres relatives aux actions : actions générales (**EN 1991-1-1**), actions de la neige (**EN 1991-1-3**) et actions du vent (**EN 1991-1-4**). Il peut donc avantageusement être utilisé par les étudiants en BTS Construction métallique, mais aussi par des élèves de DUT Génie civil, des élèves des écoles d'ingénieurs, des enseignants de la construction métallique ainsi que par des professionnels « débutants ».

Ce manuel n'est nullement destiné à remplacer, même partiellement, les documents officiels beaucoup plus complets disponibles auprès de l'AFNOR. Il se veut avant tout un outil pédagogique. Toutefois, pour faciliter l'utilisation des Eurocodes eux-mêmes, les titres de chapitres et la numérotation des textes officiels ont été maintenus afin de faciliter la recherche et la navigation dans le vaste ensemble des normes européennes.

Cet ouvrage collectif a été rédigé par un groupe d'enseignants de BTS Construction métallique, membres de l'APK, sous la direction de **Jean-Pierre Muzeau**, président de l'association, professeur honoraire de Polytech Clermont-Ferrand et directeur scientifique du CHEC, et avec l'aide efficace de **Marie-Christine Ritter**, responsable de l'APK à ConstruirAcier.

Les professeurs qui ont contribué à la rédaction de l'ouvrage sont tous issus de lycées techniques. Il s'agit de :

- **Raoul Aguirre**, lycée Albert Claveille (Périgueux),
- **Philippe Boineau**, lycée Aristide Briand (Saint-Nazaire),
- **Bernard Carton**, lycée Monge (Chambéry),
- **Christophe Dehlinger**, lycée Stanislas (Wissembourg),
- **Jean-François Ferrier**, lycée Frédéric Faÿs (Villeurbanne),
- **Loïc Garnier**, lycée Jean-Pierre Timbaud (Brétigny),
- **Patrick Girot**, lycée Albert Claveille (Périgueux),
- **Stéphane Guillon**, lycée La Mache (Lyon),
- **Éric Hadjadji**, lycée Albert Claveille (Périgueux),
- **Jacques Harduin**, lycée Jean Lurçat (Martigues),
- **Guy Lerun**, lycée Yves Thépot (Quimper),
- **Joseph Noc**, lycée La Mache (Lyon),
- **Michel Plouviez**, lycée Jean Prouvé (Lomme),
- **Dominique Revel**, lycée Le Garros (Auch),
- **Olivier Xuereb**, lycée Jean Lurçat (Martigues)..

Qu'ils soient remerciés très sincèrement pour cet important travail, inédit à ce jour, de recueil et d'interprétation de ces documents normatifs relatifs à la construction métallique. Notons également que ce sont **Patrick Girot** et **Jean-François Ferrier** qui ont coordonné les mises à jour.

Remercions enfin très chaleureusement **André Montès**, inspecteur général de l'Éducation nationale, et **Joëlle Pontet**, directrice de l'OTUA, qui, avec l'APK, ont initié ce projet à vocation pédagogique et ont rendu possible sa réalisation.

Jean-Pierre MUZEAU
Président de l'APK

Avertissement

Ce manuel n'a pas vocation à remplacer, même partiellement, les documents officiels beaucoup plus complets disponibles auprès de l'AFNOR. Il consiste en un résumé succinct du contenu des normes (en voir la liste dans la partie « **Documents de référence** ») et il est limité aux vérifications aux états limites les plus couramment rencontrés pour les structures de bâtiments industriels.

Pour faciliter l'utilisation des Eurocodes eux-mêmes, **les titres de chapitres et la numérotation des textes officiels ont été maintenus** afin de faciliter la recherche et la navigation. Néanmoins, le contenu du texte a été réduit, parfois modifié, et quelques compléments d'information ou des tableaux de synthèse ont été ajoutés lorsque c'était nécessaire.

Comme dans les documents officiels, la distinction est faite entre principes et règles d'application, c'est-à-dire que les principes sont repris de la même manière : « ( )**P** » signifie que les principes sont identifiés par le numéro du paragraphe suivi de la lettre P.

Enfin, dans les parties A et C de ce manuel, les restrictions suivantes ont été adoptées :

Partie A

Pour les actions du vent (EN 1991-1-4) :

La construction est supposée située sur terrain plat (effet d'orographie négligé) : $\Phi < 5\ \%$.

Dans ce cas, pour la pression dynamique de pointe, il convient d'utiliser $q_p(z) = c_e(z) \cdot 0,5 \cdot \rho \cdot v_b^2$ où $c_e(z)$ est obtenu par l'abaque de la figure 4.2.

Il est inutile de se préoccuper de la vitesse moyenne v_m et de la turbulence du vent $I_v(z)$ nécessaires pour pouvoir utiliser l'expression $q_p(z) = (1+7 \cdot I_v(z)) \cdot 0,5 \cdot \rho \cdot v_m^2$ tenant compte de l'orographie.

Les autres hypothèses sont supposées respectées :

- pas de construction avoisinante de grandes dimensions ;
- pas de bâtiment, ni obstacles rapprochés ;
- pas de transition entre catégories de rugosité ;
- le bâtiment est à base rectangulaire et de hauteur inférieure à 15 m : coefficient structural $c_s \cdot c_d = 1$;

- il n'est pas nécessaire d'utiliser des coefficients de force (panneaux, éléments structuraux au vent, etc.) ;
- le bâtiment est insensible aux vents obliques (pas d'effet de torsion d'ensemble) ;
- la toiture est limitée aux types : terrasse, à un et deux versants, multiples ou en voûte ;
- la toiture et les murs peuvent être isolés.

Partie C

Les assemblages par boulons de catégorie **B** (glissement à l'ELS) ne sont pas traités.

Documents de référence

Partie A

Chapitre 1

NF EN 1990:2003 – *Eurocodes structuraux. Bases de calcul des structures.* AFNOR, mars 2003. **Indice de classement : P 06-100-1.**

NF EN 1990/NA:2007 – *Eurocodes structuraux. Bases de calcul des structures.* Annexe nationale à la NF EN 1990:2003. AFNOR, avril 2007. **Indice de classement : P 06-100-1/NA.**

Chapitre 2

NF EN 1991-1-1:2003 – *Eurocode 1 – Actions sur les structures. Partie 1-1 : Actions générales – Poids volumiques, poids propres, charges d'exploitation des bâtiments.* AFNOR, mars 2003. **Indice de classement : P 06-111-1.**

NF EN 1991-1-1/NA:2004 – *Eurocode 1 – Actions sur les structures. Partie 1-1 : Actions générales – Poids volumiques, poids propres, charges d'exploitation des bâtiments.* Annexe nationale à la NF EN 1991-1-1:2003. AFNOR, juin 2004. **Indice de classement : P 06-111-1/NA.**

Chapitre 3

NF EN 1991-1-3:2004 – *Eurocode 1 – Actions sur les structures. Partie 1-3 : Actions générales – Charges de neige.* AFNOR, avril 2004. **Indice de classement : P 06-113-1.**

NF EN 1991-1-3/NA:2007 – *Eurocode 1 – Actions sur les structures. Partie 1-3 : Actions générales – Charges de neige. Annexe nationale à la NF EN 1991-1-3:2004.* AFNOR, mai 2007. **Indice de classement : P 06-113-1/NA.**

NF EN 1991-1-3/NA/A1:2011 – *Eurocode 1 – Actions sur les structures. Partie 1-3 : Actions générales – Charges de neige. Annexe nationale à la NF EN 1991-1-3:2004. Amendement A1.* AFNOR, juin 2011. **Indice de classement : P 06-113-1/NA/A1.**

Chapitre 4

NF EN 1991-1-4:2005 – *Eurocode 1 – Actions sur les structures. Partie 1-4 : Actions générales – Actions du vent.* AFNOR, novembre 2005. **Indice de classement : P 06-114-1.**

NF EN 1991-1-4/NA:2008 – *Eurocode 1 – Actions sur les structures. Partie 1-4 : Actions générales – Actions du vent. Annexe nationale à la NF EN 1991-1-4:2005.* AFNOR, mars 2008. **Indice de classement : P 06-114-1/NA.**

NF EN 1991-1-4/NA/A1:2011 – *Eurocode 1 – Actions sur les structures. Partie 1-4 : Actions générales – Actions du vent. Annexe nationale à la NF EN 1991-1-4:2005. Amendement A1.* AFNOR, juin 2011. **Indice de classement : P 06-114-1/NA/A1.**

Partie B

Chapitre 5

NF EN 1993-1-1:2005 – *Eurocode 3 – Calcul des structures en acier. Partie 1-1 : Règles générales et règles pour les bâtiments.* AFNOR, octobre 2005. **Indice de classement : P 22-311-1.**

NF EN 1993-1-1/NA:2007 – *Eurocode 3 – Calcul des structures en acier. Partie 1-1 : Règles générales et règles pour les bâtiments. Annexe nationale à la NF EN 1993-1-1:2005.* AFNOR, mai 2007. **Indice de classement : P 22-311-1/NA.**

Annexe 1

A. Bureau – « Classification des sections selon l'Eurocode 3. Tableau de classement des profilés laminés en I ». Revue *Construction métallique*, n°4-2005.

Annexe 3

ENV 1993-1-1 - Eurocode 3 et Document d'application nationale – *Calcul des structures en acier. Partie 1-1 : Règles générales et règles pour les bâtiments.* P 22-311-0, Eyrolles 1996.

Annexe 4

NF EN 1993-1-1/NA:2007 – *Eurocode 3 – Calcul des structures en acier. Partie 1-1 : Règles générales et règles pour les bâtiments. Annexe nationale à la NF EN 1993-1-1:2005.* AFNOR, mai 2007. **Indice de classement : P 22-311-1/NA.**

Partie C

Chapitre 6

NF EN 1993-1-8:2005 – *Eurocode 3 – Calcul des structures en acier. Partie 1-8 : Calcul des assemblages.* AFNOR, décembre 2005. **Indice de classement : P 22-318-1.**

NF EN 1993-1-8/NA:2007 – *Eurocode 3 – Calcul des structures en acier. Partie 1-8 : Calcul des assemblages. Annexe nationale à la NF EN 1993-1-8:2005.* AFNOR, juillet 2007. **Indice de classement : P 22-318-1/NA.**

Annexe 1

CNC2M – *Recommandations pour le dimensionnement des assemblages selon la norme NF EN 1993-1-8.* Recommandations de la CNC2M. BNCM / CNC2M – N0175, avril 2015.

Introduction

1. Objet des normes Eurocodes

Les Eurocodes sont des codes de conception et de calcul des ouvrages de génie civil élaborés au niveau européen. Ils sont destinés à se substituer aux textes nationaux à caractère normatif dans les différents pays de l'Union européenne. Ils sont appelés à devenir des normes de référence dans le cadre d'appels d'offres internationaux.

Leur élaboration résulte d'une harmonisation de haut niveau entre des démarches intellectuelles et des pratiques différentes ainsi que des résultats de recherches avancées.

L'objectif principal de l'instauration des Eurocodes est de permettre l'établissement d'un marché intérieur unique. La législation européenne comporte à cet effet deux types de directives :

- celles gouvernant la mise sur le marché des produits, imposant le rapprochement des réglementations nationales qui pourraient constituer un obstacle à la libre circulation des produits ;
- les directives visant les marchés publics de travaux et services (services d'architecture, d'ingénierie…), ayant pour objectif que les acheteurs et maîtres d'ouvrage publics ne contredisent pas cette notion de marché unique européen par des choix nationaux ou même locaux.

2. Historique et avenir des normes Eurocodes

- Le 18 avril 1951 fut signé le traité de Paris, donnant naissance à la Communauté économique du charbon et de l'acier (CECA). Les premières «euronormes» de produits sidérurgiques étaient publiées.
- En mars 1957, la Communauté économique européenne (CEE), fille de la CECA, fut créée, avec pour objectif de favoriser la libre circulation des personnes et déjà des biens à l'intérieur de la communauté.
- Le 26 juillet 1971 était publiée une directive de la CEE relative aux conditions d'appel à la concurrence pour les marchés publics de travaux. Elle interdisait la possibilité d'écarter une offre pour le motif qu'elle serait basée sur une méthode de calcul admise dans la

réglementation d'un autre pays. Dans les faits, c'était irréaliste et donc pratiquement inappliqué. La proposition française d'établir des règles de calcul communes fut acceptée ; la création d'Eurocodes destinés aux calculs des constructions fut décidée.

- En 1976, la Commission de l'Union européenne (CUE) crée un comité de pilotage composé de délégués issus des divers États membres et chargé de superviser le travail. Les travaux commencent dans le courant des années 1980.

- En 1990, les travaux de préparation des différents Eurocodes sont transférés au Comité européen de normalisation (CEN). Les Eurocodes sont d'abord établis en tant que normes provisoires (ENV) ; le statut de norme européenne ne peut être acquis que dans un délai théorique de trois à cinq ans, ce délai pouvant être allongé en cas de difficulté de mise au point du texte. La référence à une norme ENV, du fait de son statut de norme provisoire, ne pouvait se faire que si elle était publiée, pour chaque pays, accompagnée d'un document d'application national (DAN), lequel devait permettre le « lien » et la cohérence avec les textes normatifs nationaux, par exemple concernant les valeurs numériques et modèles des charges : neige, vent etc., alors que « les valeurs et modèles européens » n'avaient pas encore été établis.

- La conversion en normes EN des Eurocodes 1, 2, 3 et 4 débute en 1996. La publication des textes se fera à partir de l'année 2000. Les intitulés des normes sont les suivants :

EN 1990	Eurocode 0 :	Bases de calcul des structures.
EN 1991	Eurocode 1 :	Actions sur les structures.
EN 1992	Eurocode 2 :	Calcul des structures en béton.
EN 1993	Eurocode 3 :	Calcul des structures en acier.
EN 1994	Eurocode 4 :	Calcul des structures mixtes acier-béton.
EN 1995	Eurocode 5 :	Calcul des structures en bois.
EN 1996	Eurocode 6 :	Calcul des structures en maçonnerie.
EN 1997	Eurocode 7 :	Calcul géotechnique.
EN 1998	Eurocode 8 :	Conception et dimensionnement des structures pour la résistance aux séismes
EN 1999	Eurocode 9 :	Calcul des structures en alliage d'aluminium.

Une maintenance régulière par des révisions périodiques est prévue tous les cinq ans environ.

L'Association française de normalisation (AFNOR) fut chargée de la transposition des normes EN en normes françaises homologuées destinées à terme à se substituer aux textes actuellement en usage, tels que les normes NFP 22..., le DTU CM 66 et son additif de 1980, la N 84 pour les surcharges de neige, les NV 65 pour les surcharges de vent dans le domaine de la construction métallique.

Il était prévu qu'en 2010, les Eurocodes soient les seuls textes normatifs en vigueur au sein de l'Union européenne.

3. Principes de calcul et vérifications

Jusqu'au XIXe siècle, toutes les constructions ont été conçues et exécutées en grande partie de manière empirique : la « sécurité » dépendait de l'expérience et de l'intuition des constructeurs.

L'invention des profilés en acier et des ossatures métalliques entraîna la naissance de la résistance des matériaux. Le principe de sécurité adopté fut alors de s'assurer que la contrainte maximale (σ_{max}) dans la zone la plus critique de la construction restait inférieure à une contrainte dite admissible (σ_{adm}), la contrainte de rupture σ_r divisée par un coefficient de sécurité :

$$\sigma_{max} \leq \sigma_{adm} = \frac{\sigma_r}{k}$$

Les progrès essentiels durant des décennies consisteront à mieux évaluer les valeurs du coefficient de sécurité k.

L'idée qu'il est illusoire de « viser » la sécurité absolue conduit en 1948 messieurs Prot et Levi à envisager la sécurité sous un angle probabiliste. Un ouvrage serait ainsi réputé sûr si sa probabilité de ruine est inférieure à une valeur donnée, laquelle dépend de nombreux facteurs : durée de vie escomptée, conséquence de sa ruine, risques d'obsolescence, valeur de remplacement, coût d'entretien…

Mais la viabilité de cette approche nécessite d'abord une analyse complète de facteurs aléatoires d'insécurité d'origines diverses et pouvant se combiner entre eux :

— incertitudes sur la résistance des matériaux mis en œuvre ;

— incertitudes sur la dimension des ouvrages, donc les poids et les sections résistantes ;

— incertitudes sur la valeur des diverses actions appliquées ;

— incertitudes sur les efforts internes et les contraintes en raison des approximations admises pour leur calcul.

Seuls certains de ces facteurs sont « probabilisables », et donc aucune règle de distribution statistique ne semblait pouvoir être déduite.

Dans les années 1960, la poursuite de ces recherches sur la sécurité des constructions ainsi que celles menées dans le domaine de la plasticité et du calcul à la rupture ont permis de préciser les principes d'une analyse rationnelle de la sécurité des constructions basée sur les étapes suivantes :

- **définir les phénomènes (états limites) ou les situations que l'on veut éviter ;**

- **estimer la gravité des risques liés à ces phénomènes ;**

- **choisir pour la construction des dispositions telles que la probabilité liée à chacun de ces phénomènes reste suffisamment faible pour être admise.**

Dans l'approche probabiliste, la sécurité est introduite au moyen :

— des valeurs représentatives des diverses grandeurs telles qu'actions et résistances tenant compte des dispersions (tolérances) statistiques ou admises des produits ;

— de coefficients partiels de sécurité issus d'une pratique ou de probabilités.

Les états limites

Pour une structure soumise à un système de charges, si l'on accroît progressivement l'intensité de ce système, les effets cessent d'être complètement réversibles au-delà d'un certain seuil soit de façon rapidement apparente (par exemple fissuration ou plastification) soit progressivement apparente (fatigue). La structure perd de sa « valeur ».

Par cette « perte de valeur », la structure ne satisfait plus à certaines exigences structurelles ou fonctionnelles définies lors de son projet. Des états limites ont été atteints, classés en deux familles :

- **Les états limites ultimes (ELU)** : associés à une rupture entraînant l'effondrement total ou partiel de la structure et mettant en cause la sécurité des personnes. On peut distinguer les ELU :
  - d'équilibre statique ;
  - de résistance ;
  - de fatigue ;
  - de stabilité de forme.

  On admet de ranger dans cette famille des états précédant de peu la rupture ou l'effondrement.

- **Les états limites de service (ELS)** : associés à des états de la structure ou de parties de celle-ci lui causant des dommages limités ou rendant son usage difficile ou impossible dans le cadre des exigences de fonctionnement, de confort pour les usagers, ou d'aspect. Leur dépassement une ou plusieurs fois entraîne des dommages matériels ou empêche des conditions normales d'exploitation sans risquer la ruine de la construction.

Liste des symboles

Symboles utilisés dans l'introduction et la partie A

Eurocode 0 (EN 1990)

Ψ_0 coefficient définissant la valeur de combinaison d'une action variable

Ψ_1 coefficient définissant la valeur fréquente d'une action variable

Ψ_2 coefficient définissant la valeur quasi permanente d'une action variable

$E_{d,dst}$ est la valeur de calcul de l'effet des actions déstabilisatrices

$E_{d,stb}$ est la valeur de calcul de l'effet des actions stabilisatrices

E_d valeur de calcul de l'effet des actions (sollicitation, contrainte…)

R_d valeur de calcul de la résistance (les résistances de calcul sont définies dans l'EN 1993 pour les structures acier)

C_d est la valeur limite de calcul du critère d'aptitude au service considéré

E_d est la valeur de calcul des effets d'actions spécifiée dans le critère d'aptitude au service, déterminée sur la base de la combinaison appropriée

w_1 partie initiale de la flèche sous les charges permanentes de la combinaison d'actions correspondante selon les expressions 6.14a à 6.16b

w_3 partie additionnelle de la flèche due aux actions variables de la combinaison d'actions correspondante selon les expressions 6.14a à 6.16b

w_c contre-flèche dans l'élément structural non chargé

G charge permanente (*gravity*)

I charge d'exploitation (*imposed*)

s charge de neige (*snow*)

w charge de vent (*wind*)

Eurocode 1

Poids volumiques, poids propres, charges d'exploitation des bâtiments (EN 1991-1-1)

Majuscules latines

A   aire chargée
A_0 aire de référence
Q_k valeur caractéristique d'une charge concentrée variable

Minuscules latines

g_k poids par unité de surface ou poids par unité de longueur
n   nombre d'étages
q_k valeur d'une charge uniformément répartie ou d'une charge linéique

Minuscules grecques

α_A coefficient de réduction
α_n coefficient de réduction
γ poids volumique apparent
ϕ coefficient de majoration dynamique
ψ_0 coefficient définissant la valeur de combinaison d'une action variable (EN 1990 : tableau A1.1)
Φ angle de talus naturel (degrés)

Actions de la neige (EN 1991-1-3)

s_k charge caractéristique de neige sur le sol à l'emplacement considéré (kN/m^2)

A   altitude du site, au-dessus du niveau de la mer, où la construction est prévue ou existe

s_{Ad} charge exceptionnelle de neige au sol (cas noté S_A).
Poids de la couche de neige au sol résultant d'une chute de neige dont la survenance est considérée comme exceptionnellement rare (et engendrant des situations de projet accidentelles)

s   charge de neige sur une toiture, qui s'obtient en appliquant à s_k et à s_{Ad} les coefficients multiplicateurs appropriés (kN/m^2)

Cas (i)   charge de neige sur la toiture en l'absence d'accumulation.
Disposition de charge selon laquelle la charge de neige, parvenant uniformément répartie sur la toiture, dépend seulement de la forme de celle-ci, avant toute redistribution due à d'autres actions climatiques

Cas (ii) ou (iii)   charge de neige sur la toiture après redistribution ou accumulation.
Disposition de charge décrivant la répartition de la charge de neige sur la toiture après une redistribution ou accumulation provoquée, par exemple, par le vent

μ coefficient de forme pour la charge de neige sur la toiture.
Rapport de la charge de neige sur la toiture à la charge de neige sur le sol avant accumulation et sans tenir compte de l'influence de l'exposition ni des effets thermiques

C_t coefficient thermique.

Coefficient tenant compte de la réduction du poids de la neige en fonction du flux de chaleur au travers de la toiture, lequel engendre une fonte de la neige

C_e coefficient d'exposition.

Coefficient définissant la réduction ou l'augmentation de la charge sur la toiture d'un bâtiment non chauffé, comme une fraction de la charge caractéristique de la neige sur le sol

S_e charge de neige en surplomb, par mètre (kN/m)

F_s force exercée par une masse de neige qui glisse, par mètre (kN/m)

b   largeur de la construction (m)

d   épaisseur de la couche de neige (m)

h   hauteur de la construction (m)

k   coefficient utilisé pour prendre en compte l'irrégularité de la forme de la neige suspendue en débord d'une toiture

l_s longueur de la congère ou de la zone chargée de neige (m)

α angle de la pente du toit sur l'horizontale (°)

β angle de la tangente à la courbure d'un toit cylindrique avec l'horizontale (°)

Γ poids volumique de la neige (kN/m^3)

Actions du vent (EN 1991-1-4)

A   aire

A_{fr} aire balayée par le vent

A_{ref} aire de référence

F_{fr} force de frottement résultante

F_w force résultante exercée par le vent

K_{rd} facteur de réduction pour acrotère

L   longueur réelle de la pente du versant sous le vent

L_d longueur réelle de la pente du versant au vent

S   action du vent

b   largeur de la construction (la dimension perpendiculaire à la direction du vent, sauf spécification contraire)

c_{alt} coefficient d'altitude

c_{dir} coefficient de direction

$c_e(z)$ coefficient d'exposition

c_{fr} coefficient de frottement

c_p coefficient de pression

c_s coefficient de dimension

c_{season} coefficient de saison

d   profondeur de la construction (la dimension parallèle à la direction du vent, sauf spécification contraire)

h   hauteur de la construction

k_r facteur de terrain (rugosité)

l   longueur d'une construction horizontale

m   masse par unité de longueur

p	probabilité annuelle de dépassement
q_b	pression dynamique moyenne de référence
q_p	pression dynamique de pointe
r	rayon
$v_{b,0}$	valeur de base de la vitesse de référence du vent
v_b	vitesse de référence du vent
w	pression aérodynamique
x-direction	direction horizontale, perpendiculaire à la travée
y-direction	direction horizontale le long de la travée
z	hauteur au-dessus du sol
z_{ave}	hauteur moyenne
z-direction	direction verticale
z_e, z_i	hauteur de référence pour l'action extérieure du vent, pour la pression intérieure
z_g	distance entre le sol et le composant pris en considération
z_{max}	hauteur maximale
z_{min}	hauteur minimale

Lettres grecques

Φ	pente du versant au vent
φ	taux de remplissage : obstruction d'une toiture isolée
λ	élancement
μ	rapport d'ouverture : perméabilité d'une paroi
θ	angle de torsion : direction du vent
ρ	masse volumique de l'air

Indices

crit	critique
fr	frottement
i	interne, indice du mode
j	numéro de l'élément de surface courant ou du point courant d'une construction
m	moyen
p	pointe ; acrotère
ref	référence
v	vitesse du vent
x	direction du vent
y	direction perpendiculaire à celle du vent
z	direction verticale

Symboles utilisés dans la partie B

Les symboles suivants sont à intégrer à partir du haut de la page 9 à la place de :
Voir EN 1993 – partie 1-1 ; paragraphe 1.5

Section 1

x-x	axe longitudinal d'une barre
y-y	axe de section transversale
z-z	axe de section transversale
u-u	axe principal de forte inertie (lorsqu'il ne coïncide pas avec l'axe y-y)
v-v	axe principal de faible inertie (lorsqu'il ne coïncide pas avec l'axe z-z)
b	largeur d'une section
h	hauteur d'une section
d	hauteur de la partie droite d'une âme
t_w	épaisseur d'âme
t_f	épaisseur de semelle
r	rayon de congé
r_1	rayon de congé
r_2	rayon d'arrondi
t	épaisseur

Section 2

X_k	valeurs caractéristiques de propriétés de matériau
X_n	valeurs nominales de propriétés de matériau
R_d	valeur de calcul de la résistance
R_k	valeur caractéristique de la résistance
γ_M	coefficient partiel général

Section 3

f_y	limite d'élasticité
f_u	résistance à la traction
R_{eh}	limite d'élasticité tirée des normes de produits
R_m	résistance à la traction tirée des normes de produits
A_0	aire initiale de section transversale
ε_y	déformation élastique limite
ε_u	déformation limite à la traction
E	module d'élasticité longitudinale
G	module de cisaillement
ν	coefficient de Poisson en phase élastique
α	coefficient de dilatation thermique linéaire

Section 5

α_{cr}	coefficient par lequel les charges de calcul devraient être multipliées pour provoquer l'instabilité élastique dans un mode global
F_{Ed}	chargement de calcul sur la structure
F_{cr}	charge de flambement critique élastique pour l'instabilité dans un mode global, calculée avec les rigidités élastiques initiales
H_{Ed}	valeur de calcul de la résultante horizontale, au niveau de la partie inférieure de l'étage, des charges horizontales réelles et fictives
V_{Ed}	valeur de calcul de la charge verticale totale, au niveau de la partie inférieure de l'étage
$\delta_{H,Ed}$	déplacement horizontal relatif de la partie supérieure de l'étage par rapport à sa partie inférieure
h	hauteur d'étage
$\bar{\lambda}$	élancement réduit
N_{Ed}	valeur de calcul de l'effort normal
ϕ	défaut initial global d'aplomb
ϕ_0	valeur de base du défaut initial global d'aplomb
α_h	coefficient de réduction applicable pour la hauteur h des poteaux
h	hauteur de la structure
α_m	coefficient de réduction pour le nombre de poteaux dans une file
m	nombre de poteaux dans une file
e_0	amplitude maximale d'une imperfection de barre
L	longueur d'une barre
δ_q	flèche du système de contreventement dans le plan de stabilisation
q_d	force équivalente de calcul, par unité de longueur
M_{Ed}	valeur de calcul du moment fléchissant
ε	déformation
σ	contrainte
$\sigma_{com,Ed}$	contrainte maximale de compression de calcul exercée dans une paroi de section
ℓ	longueur
ε	coefficient dépendant de f_y
c	largeur ou hauteur d'une paroi de section transversale
α	portion comprimée d'une paroi de section transversale
ψ	rapport de contraintes ou de déformations
k_s	coefficient de voilement de paroi de section
d	diamètre extérieur de sections tubulaires circulaires

Section 6

γ_{M0}	coefficient partiel pour résistance des sections transversales, quelle que soit la classe de section
γ_{M1}	coefficient partiel pour résistance des barres aux instabilités, évaluée par vérifications de barres
γ_{M2}	coefficient partiel pour résistance à la rupture des sections transversales en traction
$\sigma_{x,Ed}$	valeur de calcul de la contrainte longitudinale locale

$\sigma_{z,Ed}$	valeur de calcul de la contrainte transversale locale
τ_{Ed}	valeur de calcul de la contrainte de cisaillement locale
N_{Ed}	valeur de calcul de l'effort normal
$M_{y,Ed}$	valeur de calcul du moment fléchissant par rapport à l'axe y-y
$M_{z,Ed}$	valeur de calcul du moment fléchissant par rapport à l'axe z-z
N_{Rd}	valeurs de calcul de résistances à l'effort normal
$M_{y,Rd}$	valeurs de calcul de résistances à la flexion par rapport à l'axe y -y
$M_{z,Rd}$	valeurs de calcul de résistances à la flexion par rapport à l'axe z -z
s	pas en quinconce, entraxe de deux trous consécutifs dans la ligne, mesuré parallèlement à l'axe de la barre
p	entraxe des deux mêmes trous mesurés perpendiculairement à l'axe de la barre
n	nombre de trous situés sur toute ligne diagonale ou en zigzag s'étendant sur la largeur de la barre ou partie de la barre
d_0	diamètre de trou
e_N	décalage de l'axe neutre de l'aire efficace A_{eff} par rapport au centre de gravité de la section brute
ΔM_{Ed}	moment additionnel dû au décalage de l'axe neutre de l'aire efficace A_{eff} par rapport au centre de gravité de la section brute
A_{eff}	aire efficace de section transversale
$N_{t,Rd}$	valeurs de calcul de résistances à la traction
$N_{pl,Rd}$	valeur de calcul de la résistance plastique de la section transversale brute
$N_{u,Rd}$	valeur de calcul de la résistance ultime de la section transversale nette au droit des trous de fixation
A_{net}	aire nette de section transversale
$N_{net,Rd}$	valeur de calcul de la résistance plastique de la section nette en traction au droit des trous de fixation
$N_{c,Rd}$	valeur de calcul de la résistance de la section transversale à la compression uniforme
$M_{c,Rd}$	valeur de calcul de la résistance à la flexion par rapport à un axe principal de la section
W_{pl}	module plastique de section
$W_{el,min}$	module élastique minimal de section
$W_{eff,min}$	module minimal de section efficace
A_f	aire de la semelle en tration
$A_{f,net}$	aire nette de la semelle tendue
V_{Ed}	valeur de calcul de l'effort tranchant
$V_{c,Rd}$	valeur de calcul de la résistance au cisaillement
$V_{pl,Rd}$	valeur de calcul de la résistance plastique au cisaillement
A_v	aire de cisaillement
η	coefficient pour l'aire de cisaillement
S	moment statique d'aire
I	moment d'inertie de flexion de section transversale
A_w	est l'aire de l'âme
A_f	aire d'une semelle
ρ	coefficient de réduction pour déterminer les valeurs de calcul des résistances à la flexion réduites par la présence d'efforts tranchants

$M_{V,Rd}$	valeurs de calcul de résistances à la flexion réduites par la présence d'efforts tranchants
$M_{N,Rd}$	valeurs de calcul des résistances à la flexion réduites par la présence d'effort normal
n	rapport de la valeur de calcul de l'effort normal à la valeur de calcul de la résistance plastique de la section brute à l'effort normal
a	rapport de l'aire de l'âme à l'aire de section brute
α	paramètre introduisant l'effet de flexion bi-axiale
β	paramètre introduisant l'effet de flexion bi-axiale
$e_{N,y}$	décalage du centre de gravité de l'aire efficace A_{eff} par rapport à celui de la section brute (axe y-y)
$e_{N,z}$	décalage du centre de gravité de l'aire efficace A_{eff} par rapport à celui de la section brute (axe z-z)
$W_{eff,min}$	module minimal de section efficace
$N_{b,Rd}$	valeur de calcul de la résistance de la barre comprimée au flambement
χ	coefficient de réduction pour le mode de flambement approprié
Φ	valeur pour déterminer le coefficient de réduction χ
a_0, a, b, c, d	dénominations de courbes de flambement
N_{cr}	effort normal critique de flambement élastique pour le mode de flambement approprié, basé sur les propriétés de section transversale brute
i	rayon de giration par rapport à l'axe approprié, déterminé en utilisant les propriétés de section transversale brute
λ_1	valeur d'élancement pour déterminer l'élancement réduit
$\overline{\lambda}_T$	élancement réduit pour le flambement par torsion ou par flexion-torsion
$N_{cr,TF}$	effort critique de flambement élastique par flexion-torsion
$N_{cr,T}$	effort critique de flambement élastique par torsion
$M_{b,Rd}$	valeur de calcul de la résistance au déversement
χ_{LT}	coefficient de réduction pour le déversement
Φ_{LT}	valeur pour déterminer le coefficient de réduction χ_{LT}
α_{LT}	facteur d'imperfection
$\overline{\lambda}_{LT}$	élancement réduit pour le déversement
M_{cr}	moment critique pour le déversement élastique
$\overline{\lambda}_{LT,0}$	longueur du plateau des courbes de déversement pour profils laminés
β	facteur de correction de courbes de déversement pour profils laminés
k_c	facteur de correction d'élancement prenant en compte la distribution des moments
ψ	rapport de moments d'extrémité
L_c	distance entre maintiens latéraux
$\overline{\lambda}_f$	élancement de semelle comprimée équivalente
i_{fz}	rayon de giration de semelle comprimée, par rapport à l'axe faible de la section
$I_{eff,f}$	moment d'inertie de flexion efficace de semelle comprimée, par rapport à l'axe faible de la section
$A_{eff,f}$	aire efficace de la semelle comprimée
$A_{eff,w,c}$	aire efficace de la partie comprimée de l'âme
$\overline{\lambda}_{c0}$	paramètre d'élancement
$k_{f\ell}$	facteur de modification

ΔM_y moments provoqués par le décalage de l'axe neutre *y-y*

ΔM_z moments provoqués par le décalage de l'axe neutre *z-z*

χ_y coefficient de réduction dû au flambement par flexion (axe *y-y*)

χ_z coefficient de réduction dû au flambement par flexion (axe *z-z*)

k_{yy} facteur d'interaction

k_{yz} facteur d'interaction

k_{zy} facteur d'interaction

k_{zz} facteur d'interaction

N_{Rk} valeur caractéristique de la résistance à la compression

$M_{y,Rk}$ valeur caractéristique de la résistance à la flexion par rapport à l'axe *y-y*

$M_{z,Rk}$ valeur caractéristique de la résistance à la flexion par rapport à l'axe *z-z*

Annexe A

C_{my} facteur de moment uniforme équivalent

C_{mz} facteur de moment uniforme équivalent

C_{mLT} facteur de moment uniforme équivalent

μ_y facteur

μ_z facteur

$N_{cr,y}$ effort normal critique de flambement élastique par flexion selon l'axe *y-y*

$N_{cr,z}$ effort normal critique de flambement élastique par flexion selon l'axe *z-z*

C_{yy} facteur

C_{yz} facteur

C_{zy} facteur

C_{zz} facteur

w_y facteur

w_z facteur

n_{pl} facteur

$\overline{\lambda}_{max}$ maximum de $\overline{Z}_y$ et $\overline{Z}_z$

b_{LT} facteur

c_{LT} facteur

d_{LT} facteur

e_{LT} facteur

ψ_y rapport des moments d'extrémité (axe *y-y*)

$C_{my,0}$ facteur

$C_{mz,0}$ facteur

a_{LT} facteur

I_T inertie de torsion de St. Venant

I_y moment d'inertie de flexion autour de l'axe *y-y*

$M_{i,Ed}(x)$ moment de flexion maximal au premier ordre

$|\delta_x|$ flèche maximale locale le long de la barre

Symboles utilisés dans la partie C

d diamètre nominal du boulon, diamètre de l'axe d'articulation ou diamètre de la fixation

d_0 diamètre du trou pour un boulon, un rivet ou un axe d'articulation

$d_{0,t}$ taille du trou pour la zone tendue, en général le diamètre du trou, mais, pour les trous oblongs perpendiculaires à la zone tendue, il convient d'utiliser la longueur de ces trous

$d_{o,v}$ taille du trou pour la zone cisaillée, en général le diamètre du trou, mais, pour les trous oblongs parallèles à la zone cisaillée, il convient d'utiliser la longueur de ces trous

d_c hauteur libre de l'âme du poteau

d_m moyenne entre surangle et surplat de la tête de boulon ou de l'écrou, en prenant la plus petite

$f_{H,Rd}$ valeur de calcul de la pression de Hertz

e_1 pince longitudinale entre le centre d'un trou de fixation et le bord adjacent d'une pièce quelconque, mesurée dans la direction de l'effort transmis (voir figure 3.1)

e_2 pince transversale entre le centre d'un trou de fixation et le bord adjacent d'une pièce quelconque, perpendiculairement à la direction de l'effort transmis (voir figure 3.1)

e_3 distance entre l'axe d'un trou oblong et l'extrémité ou bord adjacent d'une pièce quelconque (voir figure 3.1)

e_4 distance entre le centre de l'arrondi d'extrémité d'un trou oblong et l'extrémité ou bord adjacent d'une pièce quelconque (voir figure 3.1)

l_{eff} longueur efficace d'une soudure d'angle

n nombre de surfaces de frottement ou nombre de trous de fixation dans le plan de cisaillement

p_1 entraxe des fixations dans une rangée dans la direction de la transmission des efforts (voir figure 3.1)

$p_{1,0}$ entraxe des fixations dans une rangée extérieure dans la direction de la transmission des efforts (voir figure 3.1)

$p_{1,i}$ entraxe des fixations dans une rangée intérieure dans la direction de la transmission des efforts (voir figure 3.1)

p_2 pince, mesurée perpendiculairement à la direction de la transmission des efforts, entre des rangées de fixations adjacentes (voir figure 3.1)

r numéro de rangée de boulons

s_s longueur d'appui rigide

t_a épaisseur de la cornière-tasseau

t_{fc} épaisseur de la semelle de poteau

t_p épaisseur de la plaque située sous la tête ou l'écrou

t_w épaisseur de l'âme ou de la cornière

t_{wc} épaisseur de l'âme de poteau

A aire de la section de tige lisse du boulon

A_{vc} aire de cisaillement du poteau (voir l'EN 1993-1-1)

A_s aire résistante du boulon ou de la tige d'ancrage

$A_{v,eff}$ aire de cisaillement efficace

$B_{p,Rd}$ résistance de calcul au cisaillement par poinçonnement de la tête de boulon et de l'écrou

E module d'élasticité

$F_{p,Cd}$ effort de précontrainte de calcul

$F_{t,Ed}$ effort de traction de calcul par boulon à l'état limite ultime

$F_{t,Rd}$ résistance de calcul à la traction par boulon

$F_{T,Rd}$ résistance à la traction d'une semelle de tronçon en T équivalent

$F_{v,Rd}$ résistance de calcul au cisaillement par boulon

$F_{b,Rd}$ résistance de calcul en pression diamétrale par boulon

$F_{s,Rd,ser}$ résistance de calcul au glissement par boulon à l'état limite de service

$F_{s,Rd}$ résistance de calcul au glissement par boulon à l'état limite ultime

$F_{v,Ed,ser}$ effort de cisaillement de calcul par boulon à l'état limite de service

$F_{v,Ed}$ effort de cisaillement de calcul par boulon à l'état limite ultime

$M_{j,Rd}$ moment résistant de calcul d'un assemblage

$V_{wp,Rd}$ résistance plastique en cisaillement d'un panneau d'âme de poteau

z bras de levier

μ coefficient de frottement

L_b longueur du boulon soumise à allongement, prise égale à la longueur de serrage (épaisseur totale du matériau et des rondelles), plus la moitié de la somme de la hauteur de la tête et de la hauteur d'écrou ou longueur du boulon d'ancrage soumise à allongement, prise égale à la somme de 8 fois le diamètre nominal du boulon, de la couche de scellement, de l'épaisseur de la plaque, de la rondelle et de la moitié de la hauteur de l'écrou

Q effet de levier

$\Sigma F_{t,Rd}$ valeur totale de $F_{t,Rd}$ pour tous les boulons dans le tronçon en T

$\Sigma \ell_{eff,1}$ valeur de $\Sigma \ell_{eff}$ pour le mode 1

$\Sigma \ell_{eff,2}$ valeur de $\Sigma \ell_{eff}$ pour le mode 2

e_{min}, m et t_f comme indiqué dans la figure 6.2

$f_{y,bp}$ limite d'élasticité des contreplaques

t_{bp} épaisseur des contreplaques

e_w $d_w/4$

d_w diamètre de la rondelle, ou surangle de la tête de boulon ou de l'écrou, selon le cas

PARTIE A

Eurocode 0
Bases de calcul

Eurocode 1
Actions sur les structures

CHAPITRE 1

Bases de calcul des structures

1. Généralités

La norme européenne EN 1990 définit des principes et exigences en matière de sécurité, d'aptitude au service et de durabilité des structures, décrit des bases pour le dimensionnement et la vérification de celles-ci, et fournit des lignes directrices concernant les aspects de la fiabilité structurale qui s'y rattachent.

Elle est destinée à être utilisée conjointement avec les EN 1991 à 1999.

2. Exigences

Une structure doit être conçue pour une durée de vie donnée.

Elle doit être dimensionnée et réalisée de manière :

- à résister aux actions, à l'incendie, aux événements accidentels (conditions de résistance) ;
- à répondre à certaines aptitudes au service avec un niveau de fiabilité requis (conditions d'utilisation ou conditions de service).

La durée de vie d'un ouvrage dépend de sa nature et de son environnement. Elle varie de 10 ans pour une structure provisoire à 100 ans pour un bâtiment monumental ou ouvrage d'art, voire plus.

Une structure de bâtiment courant a une durée de vie indicative de 50 ans.

3. Principes du calcul aux états limites

La vérification d'une structure se fait suivant les principes de calcul aux états limites et en envisageant toutes les situations de projet possibles telles que :

* les situations de projet durables :   conditions normales d'utilisation
* les situations de projet transitoires :   exécution, réparation…
* les situations de projet accidentelles : incendie, choc, défaillance d'un élément…
* les situations de projet sismiques :   séismes.

3.1 Les états limites ultimes ELU

Ils concernent la sécurité des personnes et des structures et font l'objet de vérifications portant sur :

* une perte d'équilibre ;
* une défaillance due à une déformation excessive ;
* une rupture ou perte de stabilité ;
* une défaillance provoquée par la fatigue.

Pour les structures courantes de bâtiments, les vérifications ELU portent essentiellement sur la résistance et la stabilité des éléments structuraux. Les combinaisons d'actions ELU à envisager sont des combinaisons d'actions pondérées (censées représenter, avec le niveau de fiabilité requis, les situations les plus défavorables encourues par l'ouvrage durant sa durée de vie).

Dans ce cas, la vérification ELU se traduit par une condition du type :

$$E_d \leq R_d$$

E_d : valeur de calcul de l'effet des actions (sollicitation, contrainte…)

R_d : valeur de calcul de la résistance (les résistances de calcul sont définies dans l'EN 1993 pour les structures acier).

3.2 Les états limites de service ELS

Ils concernent l'aptitude au service des structures et font l'objet de vérifications portant sur :

* le fonctionnement de la structure (conditions de déformation en utilisation normale) ;
* le confort des personnes (vibrations) ;
* l'aspect de la construction.

Pour les structures courantes de bâtiments, les vérifications ELS portent essentiellement sur la déformation des structures. Les combinaisons d'actions ELS à envisager sont des combinaisons d'actions non pondérées (censées représenter les situations normales d'utilisation).

Dans ce cas, une vérification ELS se traduit par une condition du type :

$$E_d \leq C_d$$

E_d : valeur de calcul de l'effet des actions (déformation, fréquence…)

C_d : valeur limite du critère ELS (flèche admissible…).

Les définitions des déformations sont données en annexe A1.

Les critères ELS sont définis dans l'EN 1993 pour les structures acier.

4. Variables de base

4.1 Actions sur les structures

Parmi les actions F à prendre en compte, on distinguera :
- les actions permanentes   G   (poids propre…) ;
- les actions variables   Q   (charges d'exploitation, charges climatiques…) ;
- les actions accidentelles   A   (explosions, chocs…).

4.1.1 Valeur caractéristique d'une action

La valeur caractéristique d'une action, notée F_k, est sa principale valeur représentative (valeur la plus fiable, par exemple s_k : valeur de la charge de neige définie par le règlement « neige »).

4.1.2 Valeurs représentatives des actions variables

Suivant la nature de la vérification (ELU, ELS) et le caractère de l'action (dominante ou secondaire), l'action variable sera représentée par :
- sa valeur représentative Q_k (valeur de référence pour toute action variable dominante) ;
- sa valeur de combinaison $\psi_0\,Q_k$ (valeur pour toute action variable d'accompagnement, pour les vérifications ELU et ELS irréversibles) ;
- sa valeur fréquente $\psi_1\,Q_k$ (pour les bâtiments, le temps de dépassement correspond à 1 % de la durée de référence) ;
- sa valeur quasi permanente $\psi_2\,Q_k$ (pour les planchers de bâtiments, le temps de dépassement correspond à 50 % de la durée de référence).

4.1.3 Valeurs de calcul des actions

La valeur de calcul F_d est la valeur à considérer dans les combinaisons d'actions :

$$F_d = \gamma_F \cdot F_{rep} \qquad \text{avec} \qquad F_{rep} = \psi_i \cdot F_k$$

γ_F : coefficient partiel pour l'action qui tient compte de la possibilité d'écarts défavorables des valeurs de l'action par rapport aux valeurs représentatives (coefficient de sécurité ou coefficient de pondération), les valeurs des coefficients γ sont précisées pour chaque partie.

4.2 Propriétés des matériaux

Les propriétés des matériaux sont représentées par leurs valeurs caractéristiques X_k ou R_k, valeurs précisées dans les EN 1992 à 1999.

Lors des vérifications, c'est la valeur de calcul de la propriété du matériau qui est utilisée :

$$R_d = R_k/\gamma_M \qquad \gamma_M : \text{coefficient partiel pour le matériau.}$$

Par exemple, pour les structures acier :
- la vérification ELU des éléments fait généralement référence à f_y/γ_{M0} ou à f_y/γ_{M1} ;
- la vérification ELU des assemblages fait généralement référence à f_u/γ_{M2}

avec :

f_y : limite d'élasticité de l'acier

f_u : limite de rupture de l'acier

$\gamma_{M0} = 1{,}0$

$\gamma_{M1} = 1{,}0$

$\gamma_{M2} = 1{,}25$.

4.3   Données géométriques

Les dimensions spécifiées dans le projet (valeurs indiquées sur les plans) peuvent être prises comme valeurs caractéristiques. Les imperfections qu'il convient de prendre en compte pour le dimensionnement des éléments structuraux sont données dans les EN 1992 à 1999 (tolérances de montage, faux aplomb...).

5.   Analyse structurale et dimensionnement assistés par l'expérimentation

L'analyse structurale (calculs de structures) doit faire appel à des méthodes, modèles mécaniques, logiciels, reconnus et adaptés. Les dimensions sont généralement les dimensions nominales (dimensions initiales indiquées sur les plans) ; tout écart sur des données géométriques ayant des effets significatifs doit être pris en considération.

Selon le cas, l'analyse structurale peut faire appel à :

- une analyse élastique linéaire (1er ordre) ;
- une analyse non linéaire (2e ordre) ;
- une analyse plastique.

La représentation des actions statiques doit adopter des modèles compatibles avec les chargements subis par la structure.

Les actions indirectes doivent être introduites dans l'analyse, soit sous forme de déformations imposées soit sous forme de forces équivalentes.

Les actions dynamiques peuvent, dans certaines conditions, être considérées comme quasi statiques si elles intègrent un coefficient de majoration dynamique équivalent.

Les structures sensibles aux effets dynamiques doivent faire l'objet d'une analyse dynamique.

L'étude du comportement de la structure en cas d'incendie doit être basée sur des scénarios de calcul d'incendie (voir EN 1991-1-2).

Enfin, dans certains cas (modèles de calcul appropriés indisponibles, composants similaires en grand nombre), il est possible de proposer un dimensionnement assisté par l'expérimentation (voir annexe D).

6. Vérification par la méthode des coefficients partiels

Lors d'une vérification vis-à-vis d'un état limite, il convient de combiner les actions concomitantes. Les combinaisons d'actions envisagées portent généralement sur une action permanente G combinée avec une ou plusieurs actions variables Q_i. Lorsque plusieurs actions variables sont susceptibles de coexister, il convient de distinguer :

- l'action variable dominante Q_1
- les actions variables d'accompagnement Q_2, Q_3, Q_4 …
  - Q_2 est considérée comme action variable d'accompagnement principale
  - Q_3, Q_4 … sont les actions variables d'accompagnement secondaires.

L'utilisation des règles d'application de l'EN 1990 est limitée aux vérifications des ELS et ELU des structures soumises à des charges statiques, y compris les cas où les effets dynamiques sont déterminés à l'aide de charges quasi statiques.

Pour l'analyse non linéaire et la fatigue, il convient d'appliquer les règles spécifiques contenues dans les différentes parties des EN 1991 à 1999.

6.1 Vérifications et combinaisons d'actions ELU

L'EN 1990 couvre toutes les vérifications ELU relatives à tous les Eurocodes. C'est ainsi qu'il y a lieu de vérifier les états limites ultimes suivants :

- EQU : Perte d'équilibre statique de la structure ou d'une partie de celle-ci, il faut vérifier que :

$$E_{d,dst} \leq E_{d,stb}$$

  où : $E_{d,dst}$ est la valeur de calcul de l'effet des actions déstabilisatrices ;

  $E_{d,stb}$ est la valeur de calcul de l'effet des actions stabilisatrices.

- STR : Défaillance interne ou déformation excessive de la structure ou d'éléments structuraux, lorsque la résistance des matériaux de la structure domine, il faut vérifier que :

$$E_d \leq R_d$$

  où : E_d est la valeur de calcul de l'effet des actions, tel qu'une force interne, un moment ou un vecteur représentant plusieurs forces internes ou moments ;

  R_d est la valeur de calcul de la résistance correspondante.

- GEO : Défaillance ou déformation excessive du sol, lorsque la résistance du sol ou de la roche est significative pour la résistance.
- FAT : Défaillance de la structure ou d'éléments structuraux due à la fatigue.

Les combinaisons d'actions ELU à considérer dépendent des situations de projet envisagées. C'est ainsi que l'EN 1990 énumère :

- des combinaisons d'actions pour les situations de projet durables ou transitoires (combinaisons fondamentales) ;
- des combinaisons d'actions pour les situations de projet accidentelles ;
- des combinaisons d'actions pour les situations de projet sismiques ;

Les valeurs des coefficients γ et ψ sont précisées en annexe A1 (ainsi que dans l'Annexe nationale).

Un tableau restrictif des valeurs des coefficients à appliquer et des combinaisons à envisager est fourni en annexe 2 : « Tableau pratique ».

6.2   Vérifications et combinaisons d'actions ELS

L'EN 1990 couvre également toutes les vérifications ELS relatives à tous les Eurocodes. C'est ainsi qu'il y a lieu d'envisager, selon la situation de projet et les exigences d'aptitude au service, les combinaisons suivantes :

- les combinaisons caractéristiques : normalement utilisées pour les situations des états limites irréversibles ;
- les combinaisons fréquentes : normalement utilisées pour des états limites réversibles ;
- les combinaisons quasi permanentes : normalement utilisées pour des effets à long terme et l'aspect de la structure.

Une vérification ELS consiste à :

- définir un critère d'aptitude au service : les exigences d'aptitude au service sont convenues avec le client ou l'autorité nationale (voir annexe A1 et EN 1993 pour les structures acier) ;
- vérifier que :

$$E_d \leq C_d$$

où : C_d est la valeur limite de calcul du critère d'aptitude au service considéré,

E_d est la valeur de calcul des effets d'actions spécifiée dans le critère d'aptitude au service, déterminée sur la base de la combinaison appropriée.

Un tableau restrictif (à usage pratique) des valeurs des coefficients à appliquer et des combinaisons à envisager est fourni en annexe 2 de ce chapitre.

Annexe 1. Application pour les bâtiments

La présente annexe fournit des règles et des méthodes pour établir des combinaisons d'actions pour les bâtiments sur le territoire français. Elle fournit les valeurs des coefficients ψ et γ à utiliser.

Tableau A1.1 - Valeurs recommandées des coefficients pour les bâtiments

Action	Ψ_0	Ψ_1	Ψ_2
Charges d'exploitation des bâtiments selon la catégorie : EN 1991-1-1			
Catégorie A : habitations, zones résidentielles	0,7	0,5	0,3
Catégorie B : bureaux	0,7	0,5	0,3
Catégorie C : lieux de réunion	0,7	0,7	0,6
Catégorie D : commerces	0,7	0,7	0,6
Catégorie E : stockages	1,0	0,9	0,8
Catégorie F : zones de trafic, véhicules de poids ≤ 30 kN	0,7	0,7	0,6
Catégorie G : zones de trafic, véhicules de 30 kN $\leq$ poids ≤ 160 kN	0,7	0,5	0,3
Catégorie H : toits	0	0	0
Charges dues à la neige sur les bâtiments : EN 1991-1-3			
Finlande, Islande, Norvège, Suède, Saint-Pierre-et-Miquelon	0,7	0,5	0,2
Autres États membres CEN, pour lieux situés à une altitude A* > 1 000 m	0,7	0,5	0,2
Autres États membres CEN, pour lieux situés à une altitude A* $\leq$ 1 000 m	0,5	0,2	0
Charges dues au vent sur les bâtiments : EN 1991-1-4	0,6	0,2	0
Température dans les bâtiments (hors incendie) : EN 1991-1-5	0,6	0,5	0

*A : altitude par rapport au niveau de la mer.

A1.3 – Combinaisons d'actions ELU

L'EN 1990 (section 6) définit plusieurs formats de combinaisons ELU en fonction du type d'ELU rencontré (EQU, STR, GEO, FAT) et de la situation de projet envisagée (durable, transitoire, accidentelle, sismique).

Restriction d'étude

Situations de projets durables

Pour les vérifications ELU concernant la résistance des éléments structuraux des bâtiments en acier en situation de projet durable (vérifications les plus courantes), l'Annexe nationale préconise la prise en compte des **combinaisons d'actions fondamentales** définies par l'expression 6.10 suivante :

$$\sum \gamma_{G,j} \cdot G_{k,j} \;\text{«+»}\; \gamma_P \cdot P \;\text{«+»}\; \gamma_{Q,1} \cdot Q_{k,1} \;\text{«+»}\; \sum \gamma_{Q,i} \cdot \Psi_{0,i} \cdot Q_{k,i} \qquad j \geq 1 \,;\, i > 1 \qquad (6.10)$$

où

$\quad$ «+»$\quad$ signifie « doit être combiné à »,

$\quad$ $\sum$$\quad$ signifie « l'effet combiné de »,

$\quad$ P$\quad$ représente l'action due à une précontrainte.

Tableau A1.2(B) - Valeurs de calculs d'actions (STR)

Situations de projet durables et transitoires	Actions permanentes		Action variable dominante	Actions variables d'accompagnement	
	Défavorables	Favorables		Principale (le cas échéant)	Autres
Équation 6.10	$\gamma_{Gj,sup}\, G_{kj,sup}$	$\gamma_{Gj,inf}\, G_{kj,inf}$	$\gamma_{Q,1}\, Q_{k,1}$		$\gamma_{Q,i}\, \psi_{0,i}\, Q_{k,i}$
Valeur des coefficients γ	$\gamma_{Gj,sup} = 1{,}35$	$\gamma_{Gj,inf} = 1{,}0$	$\gamma_{Q,1} = 1{,}5$ (0 si favorable)		$\gamma_{Q,i} = 1{,}5$ (0 si fav.)

Note : Si la variabilité de G ne peut pas être considérée comme faible, deux valeurs doivent être utilisées : une valeur supérieure $G_{k,sup}$ et une valeur inférieure $G_{k,inf}$ (exemple : charge permanente d'une terrasse végétalisée selon la teneur en eau de la terre).

Situations de projet accidentelles

Il convient de prendre égaux à 1,0 les coefficients partiels d'actions pour les ELU dans les situations de projet accidentelles.

Pour les vérifications ELU concernant la résistance des éléments structuraux des bâtiments en acier en situation de projet accidentelle, l'Annexe nationale préconise la prise en compte des **combinaisons d'actions accidentelles** définies par l'expression 6.11b suivante :

$$\sum G_{k,j}\ \text{«+»}\ P\ \text{«+»}\ A_d\ \text{«+»}\ \psi_{2,1}\cdot Q_{k,1}\ \text{«+»}\ \sum \psi_{2,i}\cdot Q_{k,i} \qquad j \geq 1\ ; i > 1 \qquad (6.11b)$$

où A_d représente l'action accidentelle,

Ψ_2 est le coefficient définissant la valeur quasi permanente de l'action,

à condition que l'action accidentelle ne soit pas due à l'incendie (sinon, voir EN 1991-1-2), ni au séisme.

Note : Dans certaines situations accidentelles (choc, incendie ou survie après un événement ou une situation accidentels), l'EN 1990 préconise de faire un choix entre $\psi_{2,1}\cdot Q_{k,1}$ et $\psi_{1,1}\cdot Q_{k,1}$.

A1.4 – Combinaisons d'actions ELS

L'EN 1990 (section 6) définit également plusieurs formats de combinaisons ELS qui couvrent les champs d'application des différents Eurocodes.

Restriction d'étude

Combinaisons caractéristiques

Pour les vérifications ELS concernant la durabilité de la structure et la conservation des hypothèses retenues pour son dimensionnement, ainsi que le bon comportement des ouvrages de second œuvre auxquels des déformations sont imposées du fait même de leur liaison mécanique aux éléments structuraux, l'EN 1990 préconise la prise en compte des **combinaisons d'actions caractéristiques** définies par l'expression 6.14b suivante :

$$\sum G_{k,j}\ \text{«+»}\ P+ Q_{k,1}\ \text{«+»}\ \sum \psi_{0,i}\cdot Q_{k,i} \qquad j \geq 1\ ; i > 1 \qquad (6.14b)$$

Note : Les combinaisons fréquentes (expression 6.15b) et quasi permanentes (expression 6.16b) permettent de couvrir toutes les vérifications ELS relatives à l'ensemble des situations évoquées dans les Eurocodes (EN 1992 à 1999).

Critères d'aptitude au service

Les critères d'aptitude au service sont énoncés dans les Eurocodes (EN 1992 à 1999), ils concernent essentiellement les déformations verticales (notées *w*) et horizontales (notées *u*) des structures, mais ils peuvent également porter sur l'aspect de la structure ou des conditions de confort (vibrations).

Les critères d'aptitude au service et les combinaisons ELS qui s'y rapportent sont définis dans les Eurocodes concernés.

Pour les structures en acier, les conditions ELS portant sur les critères de déformations les plus exigeants concernent généralement les combinaisons ELS caractéristiques (les plus défavorables).

Les schémas suivants définissent les différentes notations utilisées pour les déformations.

Figure A1.1. Définitions des flèches verticales

w_1 : Partie initiale de la flèche sous les charges permanentes de la combinaison d'actions correspondante selon les expressions (6.14a) à (6.16b).

w_3 : Partie additionnelle de la flèche due aux actions variables de la combinaison d'actions correspondante selon les expressions 6.14a à 6.16b.

w_c : Contre-flèche dans l'élément structural non chargé.

Ces flèches permettent de déterminer :

la flèche totale : $w_{tot} = w_1 + w_3$;

la flèche résiduelle totale w_{max} incluant la contre-flèche w_c

$$w_{max} = w_1 + w_3 - w_c .$$

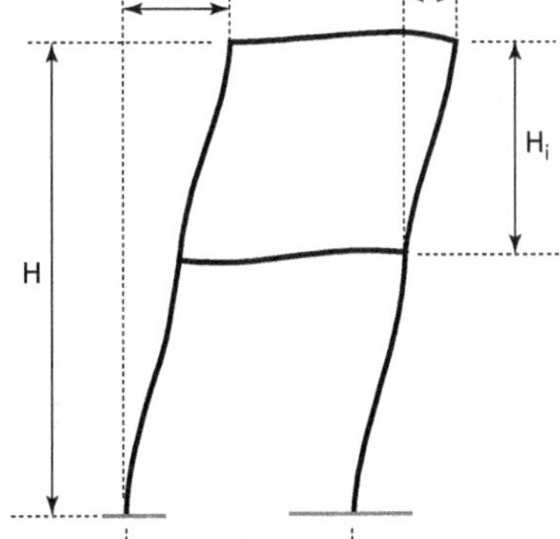

u : déplacement horizontal général sur la hauteur H du bâtiment

u_i : déplacement horizontal sur la hauteur H_i d'un étage

Figure A1.2. Définition des déplacements horizontaux

Annexe 2. Tableau pratique

Le tableau suivant donne un aperçu des combinaisons d'actions à envisager pour un **bâtiment en acier** situé en France métropolitaine dans le cadre restrictif suivant :

- les vérifications ELU ne concernent que la résistance des éléments structuraux en situation de projet durable (ou transitoire) ;
- les vérifications ELS ne concernent que les déformations de la structure sous combinaisons caractéristiques ;
- le bâtiment est soumis aux actions suivantes :
  - Actions permanentes G_k limitées à une seule valeur notée   G   (*Gravity load*)
  - Actions variables Q_k limitées aux seules actions :
    - Charges d'exploitation notées   I   (*Imposed load*)
    - Charges climatiques
      Actions dues à la neige notées   S   (*Snow load*)
      Actions dues au vent notées   W   (*Wind load*)
- La seule action accidentelle envisagée est S_A.

  Remarque :

  L'annexe A1 notifie que selon l'utilisation du bâtiment, sa forme et son emplacement, les combinaisons d'actions peuvent être fondées sur deux actions variables au plus.

  L'Annexe nationale précise que la prise en compte de plus de deux actions variables est spécifiée, lorsqu'il y a lieu, pour le projet individuel.

	ELU		ELS
	Combinaisons fondamentales	**Combinaisons accidentelles**	**Combinaisons caractéristiques**
G + 1 action variable	1,35 G + 1,5 I 1,35 G + 1,5 S 1,35 G + 1,5 W G + 1,5 W (si soulèvement)	$G + S_A$	G + I G + S G + W
G + 2 actions variables	$1,35\ G + 1,5\ I\ + 1,5\ \psi_{0S}\ S$ $1,35\ G + 1,5\ I\ + 1,5\ \psi_{0W}\ W$ $1,35\ G + 1,5\ S\ + 1,5\ \psi_{0I}\ I$ $1,35\ G + 1,5\ S\ + 1,5\ \psi_{0W}\ W$ $1,35\ G + 1,5\ W + 1,5\ \psi_{0I}\ I$ $1,35\ G + 1,5\ W + 1,5\ \psi_{0S}\ S$	$G + S_A + \psi_{2I}\ I$ $G + S_A + \psi_{2W}\ W$ (mais $\psi_{2W} = 0$)	$G + I + \psi_{0S}\ S$ $G + I + \psi_{0W}\ W$ $G + S + \psi_{0I}\ I$ $G + S + \psi_{0W}\ W$ $G + W + \psi_{0I}\ I$ $G + W + \psi_{0S}\ S$
G + 3 actions variables (si mentionné dans le projet)	$1,35\ G + 1,5\ I + 1,5\ \psi_{0S}\ S + 1,5\ \psi_{0W}\ W$ $1,35\ G + 1,5\ S\ + 1,5\ \psi_{0I}\ I + 1,5\ \psi_{0W}\ W$ $1,35\ G + 1,5\ W + 1,5\ \psi_{0I}\ I\ + 1,5\ \psi_{0S}\ S$	$G + S_A + \psi_{2I}\ I + \psi_{2W}\ W$	$G + I + \psi_{0S}\ S + \psi_{0W}\ W$ $G + S + \psi_{0I}\ I + \psi_{0W}\ W$ $G + W + \psi_{0I}\ I + \psi_{0S}\ S$

Avec ψ_{0I} et ψ_{2I} dont les valeurs dépendent de la catégorie « d'exploitation », voir tableau A1.1

$\psi_{0S} = 0,7$ si altitude A > 1000 m ; $\psi_{0S} = 0,5$ si altitude A ≤ 1000 m.

$\psi_{0W} = 0,6$; $\psi_{2W} = 0$.

COMBINAISONS D'ACTIONS

	Combinaisons ELU		Combinaisons ELS
	Combinaisons fondamentales	Combinaisons accidentelles	Combinaisons caractéristiques
G + **1 action variable**	$1,35.G + 1,5.I$ $1,35.G + 1,5.S$ $1,35.G + 1,5.W^+$ (W$^+$ vent en appui) $G + 1,5.W^-$ (W$^-$ vent en soulèvement)	 $G + S_a$ $G + W_a^{\,+}$ $G + W_a^{\,-}$	$G + I$ $G + S$ $G + W^+$ $G + W^-$
G + **2 actions variables**	$1,35.G + 1,5.I + 0,75.S$ si alt. $\leq 1\,000$ m ($\psi_{0S} = 0,5$) $1,35.G + 1,5.I + 1,05.S$ si alt. $> 1\,000$ m ($\psi_{0S} = 0,7$) $1,35.G + 1,5.I + 0,9.W^+$ ($\psi_{0W} = 0,6$) $1,35.G + 1,5.S + 1,5.\psi_{0I}.I$ $1,35.G + 1,5.S + 0,9.W^+$ $1,35.G + 1,5.W^+ + 1,5.\psi_{0I}.I$ $1,35.G + 1,5.W^+ + 0,75.S$ si altitude $\leq 1\,000$ m $1,35.G + 1,5.W^+ + 1,05.S$ si altitude $> 1\,000$ m	 $G + S_a + \psi_{2I}.I$ Sans objet ($\psi_{2W} = 0$) $G + W_a + \psi_{2I}.I$ Sans objet ($\psi_{2S} = 0$) $G + W_a + 0,2.S$ si alt. $> 1\,000$ m	$G + I + 0,5.S$ si alt. $\leq 1\,000$ m $G + I + 0,7.S$ si alt. $> 1\,000$ m $G + I + 0,6.W^+$ $G + S + \psi_{0I}.I$ $G + S + 0,6.W^+$ $G + W^+ + \psi_{0I}.I$ $G + W^+ + 0,5.S$ si alt. $\leq 1\,000$ m $G + W^+ + 0,7.S$ si alt. $> 1\,000$ m

Remarques :

Certaines configurations particulières de neige ou de vent relèvent de situations de projet accidentelles (voir EN 1991-1-3 et EN 1991-1-4).

Si mentionné dans le projet, envisager les combinaisons G + 3 actions variables (voir tableau précédent).

Les coefficients ψ_{0I} et ψ_{2I} relatifs à la charge d'exploitation I dépendent de la catégorie de la surface chargée.

Catégorie	A	B	C	D	E	F	G	H
ψ_0	0,7	0,7	0,7	0,7	1,0	0,7	0,7	0
ψ_1	0,5	0,5	0,7	0,7	0,9	0,7	0,5	0
ψ_2	0,3	0,3	0,6	0,6	0,8	0,6	0,3	0

Actions générales

1. Généralités

1.1 Domaine d'application

(1) L'EN 1991-1-1 définit des actions et fournit des indications pour la conception structurale de bâtiments et d'ouvrages de génie civil, ainsi que des considérations géotechniques ; les éléments considérés sont les suivants :
- poids volumiques des matériaux de construction et des matériaux stockés ;
- poids propres des constructions ;
- charges d'exploitation des bâtiments.

(7) ...

1.2 Références normatives

...

1.3 Distinction entre principes et règles d'application

...

1.4 Termes et définitions

En complément de la liste de termes et définitions donnée dans l'EN 1990, on retiendra les définitions suivantes :

1.4.1   Poids volumique apparent

Le poids volumique apparent est le poids d'un matériau par unité de volume, pour une distribution normale de microvides, de vides et de pores.

1.4.2   Angle de talus naturel

L'angle de talus naturel est l'angle formé naturellement par les côtés d'un tas de matériaux en vrac avec l'horizontale.

1.4.3   Poids total autorisé en charge (PTAC)

Le poids total autorisé en charge est la somme du poids propre du véhicule et de sa charge utile autorisée.

1.4.4   Éléments structuraux

Les éléments structuraux comprennent l'ensemble de l'ossature et les structures d'appui.

1.4.5   Éléments non structuraux

Les éléments non structuraux incluent les éléments de finition et les éléments de décoration assemblés à la structure, y compris les revêtements de chaussée et les garde-corps non structuraux ; ils incluent également les équipements et réseaux fixés de manière permanente à ou dans la structure.

1.4.6   Cloisons

Murs non porteurs.

1.4.7   Cloisons mobiles

Les cloisons mobiles sont des cloisons qui peuvent être déplacées, ajoutées, supprimées ou reconstruites à un autre emplacement.

1.5   Symboles

Le § 1.6 de l'EN 1990 donne une liste générique de symboles ; les notations complémentaires sont spécifiques à cette partie de l'EN 1991. (*Cf.* liste des symboles page 22.)

2.   Classification des actions

2.1   Poids propre

(1) Il convient de classer les poids propres des ouvrages de construction comme actions permanentes fixes (voir 1.5.3 et 4.1.1 de l'EN 1990).

(2) Si le poids propre peut varier dans le temps, il convient de prendre en considération la valeur caractéristique supérieure et la valeur caractéristique inférieure.

(3) à (5)...

Les cloisons mobiles sont à traiter comme une charge d'exploitation supplémentaire.

2.2   Charges d'exploitation

(1)P Sauf indication contraire figurant dans la présente norme, les charges d'exploitation doivent être classées comme actions variables libres (voir EN 1990 : § 1.5.3 et 4.1.1).

(2) Lorsqu'on considère la situation de projet accidentelle impliquant un choc de véhicule ou des charges accidentelles dues à des machines, il convient de reprendre ces charges de l'EN 1991-1-7.

(3) Il convient de considérer les charges d'exploitation comme des actions quasi statiques. Les modèles de chargement peuvent inclure des effets dynamiques s'il n'y a pas de risque de résonance ou d'autre réponse dynamique significative de la structure...

...

(5)P Les actions provoquant une accélération significative de la structure ou d'éléments structuraux doivent être classées comme actions dynamiques et prises en compte dans une analyse dynamique.

3.   Situations de projet

3.1   Généralités

(1)P Les charges permanentes et les charges d'exploitation concernées doivent être déterminées pour chacune des situations de projet identifiées conformément à l'EN 1990 : § 3.2.

3.2   Charges permanentes

(1) Dans les combinaisons d'actions, il convient de considérer le poids propre total des éléments structuraux et des éléments non structuraux comme une action unique.

3.3   Charges d'exploitation

3.3.1   Généralités

(1)P Pour les surfaces devant supporter différentes catégories de charges, le dimensionnement doit considérer le cas de charge le plus critique.

(2)P Dans les situations de projet dans lesquelles les charges d'exploitation agissent en même temps que d'autres actions variables (vent, neige, etc.), les charges d'exploitation totales incluses dans le cas de charge doivent être considérées comme une action unique.

(3) Lorsque le nombre de variations de charges ou les effets des vibrations peut provoquer des phénomènes de fatigue, il convient d'établir un modèle de charge de fatigue.

(4) Pour les structures sensibles aux vibrations, il convient de prendre en considération des modèles dynamiques des charges d'exploitation, le cas échéant.

3.3.2   Dispositions complémentaires pour les bâtiments

(1) Sur les toitures, il convient de ne pas appliquer simultanément les charges d'exploitation et les charges dues à la neige et au vent.

…

(4) Il convient de spécifier les charges d'exploitation à prendre en considération pour les vérifications à l'état limite de service, en fonction des conditions de service et des exigences concernant les performances de la structure.

4.   Poids volumiques des matériaux de construction et des produits stockés

4.1   Généralités

(1) Il convient de spécifier les valeurs caractéristiques des poids volumiques des matériaux de construction et des matériaux stockés. Il convient d'utiliser les valeurs moyennes comme valeurs caractéristiques.

Note : L'annexe A donne les valeurs moyennes des poids volumiques et des angles de talus naturel pour les matériaux stockés.

5.   Poids propre des constructions

5.1   Représentation des actions

(1) Dans la plupart des cas, il convient de représenter le poids propre des constructions par une valeur caractéristique unique, et de le calculer sur la base des dimensions nominales et des valeurs caractéristiques des poids volumiques correspondants.

(2) Le poids propre des constructions inclut les structures et les éléments non structuraux, y compris les équipements fixes, les terres et le ballast.

(3) Les éléments non structuraux comprennent :
- les toitures ;
- les revêtements de sol et les revêtements muraux ;
- les cloisons et les doublages ;
- les mains courantes, les barrières de sécurité, les garde-corps et bordures ;
- les bardages ;

- les plafonds suspendus ;
- l'isolation thermique ;
- les équipements de pont ;
- les équipements techniques fixes.

(4) Les équipements fixes comprennent :
- les équipements des ascenseurs et escaliers roulants ;
- les équipements de chauffage, de ventilation, d'air conditionné ;
- les équipements électriques ;
- les tuyauteries sans leur contenu ;
- les réseaux de câbles et les gaines.

(5)P Les charges dues aux cloisons mobiles doivent être traitées comme des charges d'exploitation.

5.2 Valeurs caractéristiques du poids propre

5.2.1 Généralités

(1)P Les valeurs caractéristiques du poids propre, des dimensions et du poids volumique doivent être déterminées conformément à l'EN 1990, § 4.1.2.

(2) Il convient de considérer que les dimensions nominales sont celles indiquées sur les plans.

5.2.2 Dispositions complémentaires pour les bâtiments

(1) Pour des éléments manufacturés tels que planchers, façades, plafonds et équipements des bâtiments, des données peuvent être fournies par le fabricant.

6. Charges d'exploitation dans les bâtiments

6.1 Représentation des actions

(1) Les charges d'exploitation des bâtiments sont celles provoquées par l'occupation des locaux. Les valeurs indiquées dans la présente section tiennent compte :
- de l'usage normal que les personnes font des locaux ;
- des meubles et objets mobiles ;
- des véhicules ;
- des événements rares prévus tels que concentration des personnes ou de mobilier.

(2) Les charges d'exploitation spécifiées dans la présente partie sont modélisées par des charges uniformément réparties, par des charges linéiques ou des charges concentrées.

(3) Pour déterminer les charges d'exploitation, il convient de classer les planchers et les toitures en catégories en fonction de leur utilisation.

6.2   Dispositions des charges

6.2.1   Planchers, poutres et toitures

(1)P Pour le calcul d'un plancher à l'intérieur d'un bâtiment ou en toiture, la charge d'exploitation doit être considérée comme une action libre appliquée sur la partie la plus défavorable de la surface d'influence des effets de l'action considérés.

(2) Lorsque les charges des autres niveaux jouent un rôle, elles peuvent être considérées comme uniformément réparties (actions fixes).

(3)P Pour s'assurer que le plancher présente une résistance locale minimale, une vérification séparée doit être effectuée avec une charge concentrée qui, sauf indication contraire, ne doit pas être combinée avec des charges uniformément réparties ou avec d'autres actions variables.

Les charges d'exploitation correspondant à une catégorie unique peuvent être réduites au moyen d'un coefficient de réduction α_A, en fonction des aires portées par l'élément considéré, comme indiqué en 6.3.1.2 (10).

6.2.2   Poteaux et murs

(1) Pour le calcul des poteaux ou des murs recevant les charges de plusieurs étages, il convient de considérer que les charges d'exploitation totales sur le plancher de chacun des étages sont uniformément réparties.

(2) Lorsque les charges d'exploitation de plusieurs étages agissent sur les poteaux et murs, les charges d'exploitation totales peuvent être réduites par l'application d'un coefficient α_n comme indiqué en 6.3.1 (11) et 3.3.1 (2)P.

Clause nationale - Clause 6.2 : Par définition, les coefficients α_A et α_n ne sont pas à prendre en compte simultanément.

6.3   Valeurs caractéristiques des charges d'exploitation

6.3.1   Bâtiments résidentiels, sociaux, commerciaux ou administratifs

6.3.1.1   Catégories

(1)P Les surfaces des bâtiments résidentiels, sociaux, commerciaux ou administratifs doivent être classées selon leur usage spécifique, comme indiqué dans le tableau 6.1.

(2)P Indépendamment de cette classification, les effets dynamiques doivent être pris en compte dès lors qu'on s'attend à ce que l'occupation des locaux produise des effets dynamiques significatifs.

Tableau 6.1 - Catégories d'usages

Catégorie	Usage spécifique	Exemples
A	Habitation, résidentiel	Pièces des bâtiments et maisons d'habitation ; chambres et salles des hôpitaux ; chambres d'hôtels et de foyers ; cuisines et sanitaires
B	Bureaux	
C	Lieux de réunion (à l'exception des surfaces des catégories A, B et D)	**C1** : Espaces équipés de tables, etc., par exemple : écoles, cafés, restaurants, salles de banquet, salles de lecture, salles de réception **C2** : Espaces équipés de sièges fixes, par exemple : églises, théâtres ou cinémas, salles de conférences, amphithéâtres, salles de réunion, salles d'attente **C3** : Espaces ne présentant pas d'obstacles à la circulation des personnes, par exemple : salles de musées, salles d'expositions, etc. Et accès des bâtiments publics et administratifs, hôtels, hôpitaux, gares **C4** : Espaces permettant des activités physiques, par exemple : dancings, salles de gymnastique, scènes **C5** : Espaces susceptibles d'accueillir des foules importantes, par exemple : bâtiments destinés à des événements publics tels que salles de concerts, salles de sport y compris tribunes, terrasses et aires d'accès, quais de gare
D	Commerces	**D1** : Commerces de détail courants **D2** : Grands magasins

6.3.1.2 *Valeurs des actions*

(1)P Les surfaces chargées relevant des catégories indiquées dans le tableau 6.1 doivent être calculées en utilisant les valeurs caractéristiques q_k (charge uniformément répartie) et Q_k (charge concentrée).

Note : Des valeurs de q_k et Q_k sont données dans le tableau 6.2 ci-dessous. Lorsque ce tableau indique une fourchette de valeurs, la valeur à retenir peut être fixée par l'Annexe nationale…

Tableau 6.2 - Charges d'exploitation sur les planchers, balcons et escaliers dans les bâtiments

	Annexe nationale (NF)	
Catégorie de la surface chargée	q_k [kN/m²]	Q_k [kN]
Catégorie A :		
– planchers	1,5	2,0
– escaliers	2,5	2,0
– balcons	3,5	2,0
Catégorie B :	2,5	4,0
Catégorie C :		
– C1	2,5	3,0
– C2	4,0	4,0
– C3	4,0	4,0
– C4	5,0	7,0
– C5	5,0	4,5
Catégorie D :		
– D1	5,0	5,0
– D2	5,0	7,0

...

(5)P La charge concentrée doit être considérée comme agissant en un point quelconque du plancher, du balcon ou de l'escalier, sur une surface de forme adaptée, en fonction de l'usage et du type de plancher.

Note : On peut normalement considérer que cette surface a la forme d'un carré de 50 mm de côté...

(8) Sous réserve qu'un plancher permette une distribution latérale des charges, le poids propre des cloisons mobiles peut être pris en compte par une charge uniformément répartie q_k qu'il convient d'ajouter aux charges d'exploitation supportées par les planchers, obtenues à partir du tableau 6.2. Cette charge uniformément répartie dépend du poids propre des cloisons de la manière suivante :
- cloisons mobiles de poids propre $\leq$ 1,0 kN/m linéaire de mur : q_k = 0,5 kN/m² ;
- cloisons mobiles de poids propre $\leq$ 2,0 kN/m linéaire de mur : q_k = 0,8 kN/m² ;
- cloisons mobiles de poids propre $\leq$ 3,0 kN/m linéaire de mur : q_k = 1,2 kN/m².

...

(10) Conformément à 6.2.1(4), un coefficient de réduction α_A peut être appliqué aux valeurs de q_k des tableaux 6.2 et 6.10 pour les planchers et les toitures accessibles, catégorie 1 (voir tableau 6.9).

Clause nationale : Le coefficient de réduction α_A n'est utilisé que pour les catégories d'usages suivantes : A, B, C3, D1 et F.

Il n'y a pas de réduction à appliquer pour les autres catégories.

Ce coefficient est calculé selon l'expression

$$\alpha_A = 0{,}77 + A_0/A \leq 1 \qquad \text{avec} \qquad A_0 = 3{,}5 \text{ m}^2.$$

Conformément à 6.2.2(2) et sous réserve que la surface soit classée dans les catégories A à D selon le tableau 6.1, on peut, pour les poteaux et murs, multiplier la charge d'exploitation totale apportée par plusieurs étages par un coefficient de réduction α_n.

Clause nationale : Le coefficient de réduction α_n n'est utilisé que pour les catégories d'usages suivantes : A, B et F. Il n'y a pas de réduction à appliquer pour les autres catégories.

Ce coefficient est calculé selon les expressions suivantes :

$$\alpha_n = 0{,}5 + 1{,}36/n \qquad \text{pour la catégorie A} \qquad n \geq 2$$
$$\alpha_n = 0{,}7 + 0{,}8/n \qquad \text{pour les catégories B et F} \qquad n \geq 2.$$

6.3.2   Aires de stockage et locaux industriels

6.3.2.1 *Catégories*

(1)P Les aires de stockage et locaux industriels sont classés en deux catégories, conformément au tableau 6.3.

Tableau 6.3 - Catégories d'usages des aires de stockage et des locaux industriels

Catégorie	Usage spécifique	Exemples
E1	Surfaces susceptibles de recevoir une accumulation de marchandises, y compris aires d'accès	Aires de stockage, y compris stockages de livres et autres documents
E2	Usage industriel	

6.3.2.2 *Valeurs des actions*

(1)P Les surfaces chargées, classées selon les catégories indiquées dans le tableau 6.3, doivent être calculées en utilisant les valeurs caractéristiques q_k (charge uniformément répartie) et Q_k (charge concentrée) recommandées dans le tableau 6.4.

Tableau 6.4 - Charges d'exploitation sur les planchers du fait de stockage

Catégorie de l'aire chargée	q_k [kN/m²]	Q_k [kN]
E1	7,5	7,0

(2)P La valeur caractéristique de la charge d'exploitation doit être égale à la valeur maximale compte tenu des effets dynamiques le cas échéant. La disposition des charges doit être définie de manière à produire les conditions les plus défavorables admises en service.

(3) Il convient de déduire les valeurs caractéristiques des charges verticales sur les aires de stockage en tenant compte du poids volumique et des valeurs de calcul supérieures des hauteurs d'empilage. Lorsque les matériaux stockés exercent une force horizontale sur les murs, etc., il convient de déterminer celle-ci conformément à l'EN 1991-4.

…

(6) Il convient d'évaluer les charges sur les surfaces ou locaux industriels en tenant compte de l'usage prévu.

6.3.3   Garages et aires de circulation accessibles aux véhicules

Les catégories F et G sont définies dans l'EN 1991.

6.3.4   Toitures

6.3.4.1 *Catégories*

(1)P Les toitures sont classées, suivant leur accessibilité, en trois catégories, comme indiqué dans le tableau 6.9.

Tableau 6.9 - Classification des toitures

Catégorie	Usage spécifique
H	Toitures inaccessibles sauf pour entretien et réparations courantes
I	Toitures accessibles pour les usages des catégories A à D
K	Toitures accessibles pour des usages particuliers : hélistations, par exemple

(1) Pour les toitures de la catégorie H, il convient d'utiliser les charges d'exploitation données dans le tableau 6.10. Les charges d'exploitation correspondant aux toitures de la catégorie I sont données, suivant l'usage qui est le leur, dans les tableaux 6.2, 6.4 et 6.8.

6.3.4.2 *Valeurs des actions*

Pour les toitures de la catégorie H, les valeurs caractéristiques minimales Q_k et q_k qu'il convient d'utiliser sont données dans le tableau 6.10. Elles correspondent à la surface projetée de la toiture considérée.

Tableau 6.10 - Toitures de catégorie H : charges d'exploitation

	EN 1991		Annexe nationale (NF)	
Toiture	q_k [kN/m²]	Q_k [kN]	q_k [kN/m²]	Q_k [kN]
Catégorie H Pente < 15% + étanchéité Autres toitures	0,0 à 1,0	0,9 à 1,5	0,8 0	1,5 1,5

Notes : Annexe nationale

- La charge répartie q_k couvre une aire rectangulaire de 10 m², dont la forme et la localisation sont à choisir de la façon la plus défavorable pour la vérification à effectuer (sans toutefois que le rapport entre longueur et largeur dépasse la valeur 2).
- Ces charges d'exploitation ne valent que pour la justification des éléments au regard de leur rôle comme éléments structuraux de la toiture.
- Ces charges d'exploitation tiennent compte du matériel spécifique d'exploitation, ainsi que des effets dynamiques.
- Ces charges d'exploitation ne sont pas prises en compte simultanément avec les charges de neige ou les actions du vent.

(2) …

(3)P Pour les toitures, des vérifications distinctes doivent être effectuées pour la charge concentrée Q_k et pour la charge uniformément répartie q_k, agissant indépendamment l'une de l'autre.

6.4   Charges horizontales sur les garde-corps et les murs de séparation

Elles sont définies dans la norme EN 1991.

Annexe A

Tableaux des valeurs nominales des poids volumiques des matériaux de construction et des valeurs nominales des poids volumiques et des angles de talus naturel des matériaux stockés

Tableaux A.1 à A.6 - Matériaux de construction

Matériaux	Poids volumique γ [kN/m^3]
Béton (voir EN 206)	
béton léger	9,0 à 20,0
(dépend de la classe de masse volumique)	
béton de poids normal	24,0
béton lourd	>
	augmenter de 1 kN/m^3 dans le cas d'un taux d'armatures normal.
	augmenter de 1 kN/m^3 dans le cas de béton non durci
Mortier	
mortier de ciment	19,0 à 23,0
mortier de plâtre, mortier de chaux	12,0 à 18,0
mortier de chaux et de ciment	18,0 à 20,0
Éléments de maçonnerie	
éléments en terre crue, en béton, etc.	voir prEN 771-1 à 5
éléments en terre cuite	21,0
pierres naturelles	voir prEN 771-6
granite	27,0 à 30,0
calcaire dense	20,0 à 29,0
autres calcaires	20,0
ardoise	28,0
Bois	
(dépend de la classe de résistance, voir EN 338)	3,5 à 10,8
Lamellé collé	
(dépend de la classe de résistance, voir EN 1994)	3,5 à 4,4
Contreplaqué	
résineux	5,0
bouleau	7,0
panneaux lamellés et panneaux lattés	4,5
Panneaux agglomérés	
panneaux de particules	7,0 à 8,0
panneaux de fibragglo	12,0

Matériaux	Poids volumique γ [kN/m³]
Métaux	
aluminium	27,0
laiton	83,0 à 85,0
bronze	83,0 à 85,0
cuivre	87,0 à 89,0
fonte	71,0 à 72,5
fer forgé	76,0
plomb	112,0 à 114,0
acier	77,0 à 78,5
zinc	71,0 à 72,0
Autres matériaux	
verre brisé	22,0
verre en feuille	25,0
Matières plastiques	
plaques acryliques	12,0
billes de polystyrène expansé	0,3
mousse de verre expansé	1,4
Revêtements des ponts routiers	
asphalte coulé et béton bitumineux	24,0 à 25,0
mastic d'asphalte	18,0 à 22,0
asphalte roulé à chaud	23,0
Remplissage pour ponts	
sable (sec)	15,0 à 16,0
ballast, gravier (non compacté)	15,0 à 16,0
pierres	18,5 à 19,5
laitier concassé	13,5 à 14,5
argile	18,5 à 19,5

Extraits des tableaux A7 à A11 – Matériaux et produits stockés

Matériaux ou produits	Poids volumique γ [kN/m³]	Angle de talus naturel φ [°]
Granulats		
légers	9,0 à 20,0	30
normaux	20,0 à 30,0	30
lourds	> 30,0	30
Sable et gravier, en vrac	15,0 à 20,0	35
Sable	14,0 à 19,0	30
Laitier de haut-fourneau		
blocs	17,0	40
granulé	12,0	30
expansé et broyé	9,0	35
Sable de brique	15,0	35
Ciment		
en vrac	16,0	28
en sacs	15,0	–
Cendres volantes	10,0 à 14,0	25
Plâtre, broyé	15,0	25
Matières plastiques		
polyéthylène, polystyrène en granulés	6,4	30
résine polyester	11,8	–
Charbon		
briquettes (vrac)	8	35
coke	4,0 à 6,5	25
charbon brut de mine	10	35
Charbon de bois	4	–
Bois de chauffage	5,4	45
Produits de ferme		
fumier (avec paille sèche)	9,3	45
engrais NPK, granulés	8,0 à 12,0	25
céréales (cas général)	7,8	30
légumes racines (cas général)	8,8	–
pommes de terre (vrac)	7,6	35

Matériaux ou produits	Poids volumique γ [kN/m³]	Angle de talus naturel φ [°]
Produits alimentaires		
œufs sur plateaux	4,0 à 5,0	–
farine en vrac	6,0	25
farine en sacs	5,0	–
pommes en vrac	8,3	30
pommes en cageots	6,5	–
poires	5,9	–
tomates	6,8	–
carottes	7,8	–
pommes de terre (cageots)	4,4	–
sucre en tas peu compact	7,5 à 10,0	35
sucre dense et en sacs	16,0	–
Liquides		
Boissons		
eau, lait, bière, vin	10,0	
Huiles naturelles		
huile d'olive	8,8	
huile de lin	9,2	
glycérol (glycérine)	12,3	
Liquides et acides organiques		
alcool	7,8	
éther	7,4	
acide chlorhydrique (40 %)	11,8	
acide sulfurique (30 %)	13,7	
acide sulfurique (87 %)	17,7	
térébenthine, white spirit	8,3	
Hydrocarbures		
goudron	10,8 à 12,8	
pétrole brut	9,8 à 12,8	
gazole	8,3	
huile lubrifiante	8,8	
essence	7,4	
gaz liquéfié : butane	5,7	
gaz liquéfié : propane	5,0	
Autres liquides		
mercure	133	
peinture au minium	59	

Actions de la neige sur les structures

1. Généralités

1.1 Domaine d'application

Le présent document indique comment déterminer les valeurs des charges dues à la neige pour le calcul des constructions. Il concerne l'EN 1991-1-3.

Ce document <u>abrégé, simplifié de l'Eurocode</u>, est destiné à l'étude de bâtiments.

L'Eurocode ne traite pas d'aspects particuliers du chargement de neige, tels que :

- les chocs dus aux charges de neige glissant ou tombant d'une autre toiture ;
- l'amplification de l'action du vent qui pourrait résulter de la modification de la forme ou de la dimension du bâtiment due à la présence de neige ou de la formation de glace ;
- les charges dues à la glace ;
- la poussée latérale de la neige.

La présente norme est applicable jusqu'à l'altitude de 2 000 mètres.

L'utilisation de l'annexe B n'étant pas envisagée pour les études de bâtiments courants, cette annexe et les remarques qui lui sont liées, ne figurent pas dans le présent document.

1.2 Termes et définitions

1.3 Symboles et abréviations

(Voir page 22.)

2. Classification des actions de la neige

(1) Les charges de neige doivent être classées comme actions variables fixes, sauf lorsqu'il en est spécifié autrement dans la présente norme.

(2) Les charges de neige considérées dans la présente norme doivent être classées comme des actions statiques.

(3) Les charges exceptionnelles de neige (s_{Ad}) peuvent être traitées comme actions accidentelles.

3. Situations de projet

Nous adopterons les dispositions suivantes :

Le cas de neige sans accumulation (i) ainsi que le cas de neige avec accumulation (ii) ou (iii) relèvent de situations de projet durables/transitoires. Ces cas se combinent avec tout autre type d'action variable moyennant l'application des coefficients ψ_0 (voir EN 1990 : « Tableau des combinaisons d'actions »).

Le cas s_{Ad} relève d'une situation de projet accidentelle, il se combine avec tout autre type d'action variable d'accompagnement moyennant l'application des coefficients ψ_2 (voir EN 1990 : « Tableau des combinaisons d'actions »).

Clause A (1), notes 1 et 2, Annexe nationale : … Sauf si certaines conditions particulières d'exposition la justifient…, la situation de projet accidentelle (une chute exceptionnelle avec accumulation) n'a pas à être prise en compte.

Clause 3.3 (1), note 2, Annexe nationale : Il n'y a pas lieu de considérer des charges exceptionnelles dans le cadre de l'application de la section 6 (« Effets locaux »).

4. Charges de neige sur le sol

4.1 Valeurs caractéristiques

L'Annexe nationale spécifie les valeurs caractéristiques à utiliser.

L'annexe C donne la carte européenne de charge de neige au sol.

La France métropolitaine est divisée en régions climatiques définies ci-après et, plus précisément, selon les limites administratives départementales et cantonales.

La charge de neige sur le sol s_k par unité de surface est fonction de la localisation géographique et de l'altitude du lieu considéré : $s_k = s_{k,0} + \Delta s_i$

Δs_i (i = 1 ou 2)   est la valeur caractérisant l'influence de l'altitude.

Δs_2 s'applique à la seule zone E, Δs_1 s'applique à toutes les autres zones.

La charge exceptionnelle s_{Ad} n'est pas modifiée par l'altitude.

La carte « Neige » et les tableaux des départements et cantons figurent dans les pages suivantes.

Régions	A1	A2	B1	B2	C1	C2	D	E
Charges de neige sur le sol $s_{k,0}$ (kN /m²)	0,45	0,45	0,55	0,55	0,65	0,65	0,90	1,40
Charges de neige exceptionnelles s_{Ad} (kN /m²)	–	1,00	1,00	1,35	–	1,35	1,80	–

Altitude du lieu A en m	Influence de l'altitude Δs_1	Influence de l'altitude Δs_2
A ≤ 200 m	0	0
200 m < A ≤ 500 m	(0,10A – 20) / 100	(0,15A – 30) / 100
500 m < A ≤ 1 000 m	(0,15A – 45) / 100	(0,35A – 130) / 100
1 000 m < A ≤ 2 000 m	(0,35A – 245) / 100	(0,70A – 480) / 100

4.2 Autres valeurs représentatives

CARTE DE NEIGE

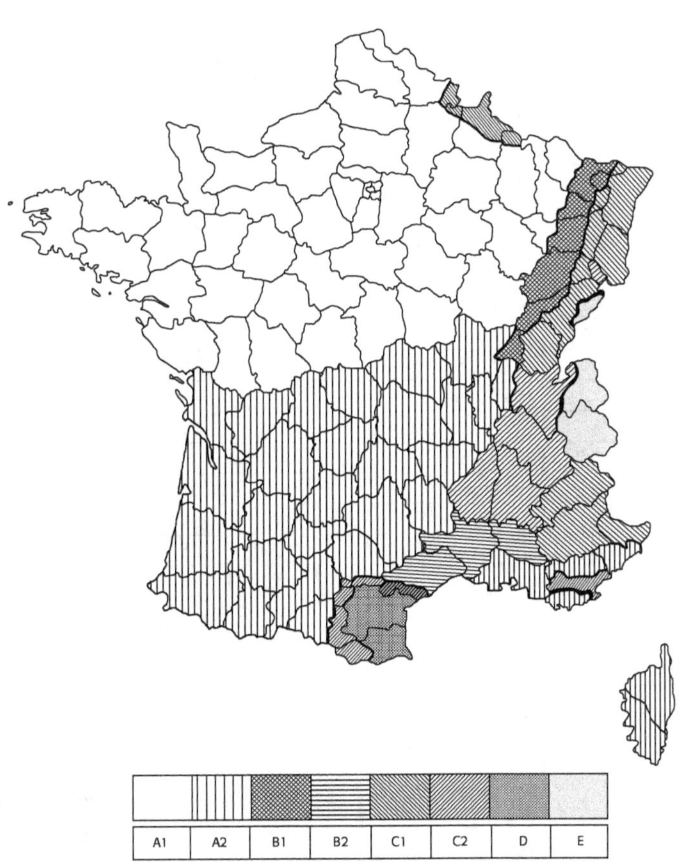

Les valeurs représentatives pour la charge de neige sur la toiture sont les suivantes :
- valeur de combinaison $\psi_{0S}.s$
- valeur fréquente $\psi_{1S}.s$ s charge de neige sur la toiture définie au § 5
- valeur quasi permanente $\psi_{2S}.s$

Tableau 4.1 - Valeurs des coefficients ψ pour les bâtiments

Sites	Ψ_{0S}	Ψ_{1S}	Ψ_{2S}
Pour tous les sites dont l'altitude A est supérieure à 1 000 m et pour Saint-Pierre-et-Miquelon.	0,70	0,50	0,20
Pour tous les sites dont l'altitude A est inférieure à 1 000 m sauf Saint-Pierre-et-Miquelon.	0,50	0,20	0,00

Département	Région(s)	Département	Région(s)	Département	Région(s)
01 Ain	A2 / C2	32 Gers	A2	64 Pyrénées-Atlantiques	A2
02 Aisne	A1 / C1	33 Gironde	A2	65 Hautes-Pyrénées	A2
03 Allier	A2	34 Hérault	B2 / C2	66 Pyrénées-Orientales	C2 / D
04 Alpes-de-Haute-Provence	C1	35 Ille-et-Vilaine	A1	67 Bas-Rhin	B1 / C1
05 Hautes-Alpes	C1	36 Indre	A1	68 Haut-Rhin	C1
06 Alpes-Maritimes	A2 / C1	37 Indre-et-Loire	A1	69 Rhône	A2
07 Ardèche	C2	38 Isère	C2	70 Haute-Saône	B1 / C1
08 Ardennes	A1 / C1	39 Jura	B1 / C1	71 Saône-et-Loire	A2 / B1
09 Ariège	A2 / C2	40 Landes	A2	72 Sarthe	A1
10 Aube	A1	41 Loir-et-Cher	A1	73 Savoie	C2 / E
11 Aude	C2 / D	42 Loire	A2	74 Haute-Savoie	C2 / E
12 Aveyron	A2	43 Haute-Loire	A2	75 Paris	A1
13 Bouches-du-Rhône	A2	44 Loire-Atlantique	A1	76 Seine-Maritime	A1
14 Calvados	A1	45 Loiret	A1	77 Seine-et-Marne	A1
15 Cantal	A2	46 Lot	A2	78 Yvelines	A1
16 Charente	A2	47 Lot-et-Garonne	A2	79 Deux-Sèvres	A1
17 Charente-Maritime	A2	48 Lozère	A2	80 Somme	A1
18 Cher	A1	49 Maine-et-Loire	A1	81 Tarn	A2 / C2
19 Corrèze	A2	50 Manche	A1	82 Tarn-et-Garonne	A2
2B Haute-Corse	A2	51 Marne	A1	83 Var	A2 / C2
2A Corse-du-Sud	A2	52 Haute-Marne	A1	84 Vaucluse	B2 / C2
21 Côte-d'Or	A1	53 Mayenne	A1	85 Vendée	A1
22 Côtes-d'Armor	A1	54 Meurthe-et-Moselle	A1/B1/C1	86 Vienne	A1
23 Creuse	A2	55 Meuse	A1 / C1	87 Haute-Vienne	A2
24 Dordogne	A2	56 Morbihan	A1	88 Vosges	A1/B1/C1
25 Doubs	B1/ C1/ E	57 Moselle	A1/B1/C1	89 Yonne	A1
26 Drôme	C2	58 Nièvre	A1	90 Territoire-de-Belfort	C2
27 Eure	A1	59 Nord	A1 / C1	91 Essonne	A1
28 Eure-et-Loir	A1	60 Oise	A1	92 Hauts-de-Seine	A1
29 Finistère	A1	61 Orne	A1	93 Seine-Saint-Denis	A1
30 Gard	B2	62 Pas-de-Calais	A1	94 Val-de-Marne	A1
31 Haute-Garonne	A2 / C2	63 Puy-de-Dôme	A2	95 Val-d'Oise	A1

Départements appartenant à plusieurs régions : découpage selon les cantons

Département	Région(s)	Cantons
Ain	A2	Bâgé-le-Châtel, Bourg-en-Bresse (tous cantons), Chalamont, Châtillon-sur-Chalaronne, Coligny, Meximieux, Miribel, Montluel, Montrevel-en-Bresse, Péronnas, Pont-d'Ain, Pont-de-Vaux, Pont-de-Veyle, Reyrieux, Saint-Trivier-de-Courtes, Saint-Trivier-sur-Moignans, Thoissey, Trévoux, Villars-les-Dombes, Viriat.
	C2	Tous les autres cantons.
Aisne	C1	Aubenton, Capelle (La), Hirson.
	A1	Tous les autres cantons.
Alpes-Maritimes	C1	Breil-sur-Roya, Guillaumes, Lantosque, Puget-Théniers, Roquebillière, St-Étienne-de-Tinée, St-Martin-Vésubie, St-Sauveur-sur-Tinée, Sospel, Tende, Villars-sur-Var.
	A2	Tous les autres cantons.
Ardennes	A1	Asfeld, Attigny, Buzancy, Château-Porcien, Chaumont-Porcien, Chesne (Le), Grandpré, Juniville, Machault, Monthois, Novion-Porcien, Rethel, Tourteron, Vouziers.
	C1	Tous les autres cantons.
Ariège	C2	Ax-les-Thermes, Cabannes (Les), Lavelanet, Mirepoix, Quérigut.
	A2	Tous les autres cantons.
Aude	C2	Belpech, Castelnaudary (tous cantons), Fanjeaux, Salles-sur-l'Hers.
	D	Tous les autres cantons.
Doubs	B1	Audeux, Besançon (tous cantons), Boussières, Marchaux.
	E	Maîche, Montbenoît, Morteau, Pierrefontaine-les-Varans, Russey (Le), Saint-Hippolyte.
	C1	Tous les autres cantons.
Haute-Garonne	C2	Revel.
	A2	Tous les autres cantons.
Hérault	C2	Béziers (tous cantons), Capestang, Olonzac, Saint-Chinian, Saint-Pons-de-Thomières.
	B2	Tous les autres cantons.
Jura	B1	Chaussin, Chemin, Dampierre, Dole (tous cantons), Gendrey, Montbarrey, Montmirey-le-Château, Rochefort-sur-Nenon.
	C1	Tous les autres cantons.
Meurthe-et-Moselle	B1	Arracourt, Baccarat, Bayon, Blâmont, Gerbéviller, Haroué, Lunéville (tous cantons).
	C1	Badonviller, Cirey-sur-Vezouze.
	A1	Tous les autres cantons.
Meuse	C1	Montmédy, Stenay.
	A1	Tous les autres cantons.
Moselle	B1	Albestroff, Behren-lès-Forbach, Château-Salins, Dieuze, Fénétrange, Forbach, Freyming-Merlebach, Grostenquin, Réchicourt-le-Château, Rohrbach-lès-Bitche, St-Avold (tous cantons), Sarralbe, Sarreguemines-Campagne, Stirring-Wendel, Vic-sur-Seille, Volmunster.
	C1	Bitche, Lorquin, Phalsbourg.
	A1	Tous les autres cantons.
Nord	C1	Avesnes-sur-Helpe (tous cantons), Haumont, Maubeuge (tous cantons), Trélon, Solre-le-Château.
	A1	Tous les autres cantons.
Pyrénées-Orientales	C2	Mont-Louis, Olette, Saillagouse.
	D	Tous les autres cantons.

Département	Région(s)	Cantons
Bas-Rhin	B1	Drulingen, Sarre-Union.
	C1	Tous les autres cantons.
Haute-Saône	C1	Champagney, Faucogney-et-la-Mer, Héricourt, Lure (tous cantons), Mélissey, Villersexel.
	B1	Tous les autres cantons.
Saône-et-Loire	B1	Beaurepaire-en-Bresse, Cuiseaux, Cuisery, Louhans, Montpont-en-Bresse, Montret, Pierre-de-Bresse, St-Germain-du-Bois, Tournus.
	A2	Tous les autres cantons.
Savoie	E	Aiguebelle, Aime, Albertville (tous cantons), Beaufort, Bourg-St-Maurice, Bozel, Châtelard (Le), Chambre (La), Chamoux-sur-Gelon, Grésy-sur-Isère, Lanslebourg-Mont-Cenis, Modane, Moutiers, St-Jean-de-Maurienne, St-Michel-de-Maurienne, Saint-Pierre-d'Albigny, Rochette (La), Ugine.
	C2	Tous les autres cantons.
Haute-Savoie	C2	Alby-sur-Chéran, Annemasse (tous cantons), Boëge, Cruseilles, Frangy, Douvaine, Reignier, Rumilly, St-Julien-en-Genevois, Seyssel.
	E	Tous les autres cantons.
Tarn	C2	Dourgne, Labruguière, Mazamet (tous cantons), St-Amans-Soult.
	A2	Tous les autres cantons.
Var	C2	Barjols, Besse-sur-Issole, Brignoles, Cotignac, Fréjus, Grimaud, Lorgues, Luc (Le), Muy (Le), St-Maximin-la-Ste-Baume, St-Raphaël, St-Tropez.
	A2	Tous les autres cantons.
Vaucluse	C2	Valréas.
	B2	Tous les autres cantons.
Vosges	A1	Bulgnéville, Châtenois, Coussey, Lamarche, Mirecourt, Neufchâteau, Vittel.
	B1	Bains-les-Bains, Bruyères, Charmes, Châtel-sur-Moselle, Darney, Dompaire, Épinal (tous cantons), Monthureux-sur-Saône, Plombières-les-Bains, Rambervillers, Remiremont, Xertigny.
	C1	Tous les autres cantons.

5. Charges de neige sur les toitures

5.1 Nature de la charge

Le calcul doit tenir compte du fait que la neige peut être distribuée de nombreuses manières différentes sur une toiture.

Parmi les facteurs qui influencent ces différentes distributions, il y a :

a) la forme de la toiture $\qquad\qquad\qquad$ μ_i

b) ses propriétés thermiques $\qquad\qquad$ C_t

c) la rugosité de la surface

d) la quantité de chaleur générée en dessous $\qquad$ C_t

e) la proximité d'autres bâtiments $\qquad$ C_e

f) le terrain environnant $\qquad\qquad$ C_e

g) les conditions météorologiques locales, en particulier l'importance des vents, les variations de température et la fréquence des précipitations (de pluie ou de neige).

5.2   Dispositions de charge

On doit prendre en compte les deux dispositions de charge fondamentales suivantes :

- la charge de neige sans redistribution et/ou accumulation (cas (i) ou cas S_A)
- la charge de neige avec redistribution et/ou accumulation (cas (ii) et éventuellement (iii))

Les charges de neige sur les toitures doivent être déterminées comme suit :

a) pour les situations de projet durables et transitoires : $s = \mu_i\, C_e\, C_t\, s_k$

b) pour les situations de projet accidentelles dans lesquelles l'action exceptionnelle est la charge de neige accidentelle : $s = \mu_i\, C_e\, C_t\, s_{Ad}$

Il convient de considérer la charge comme s'exerçant verticalement, et de la rapporter à une projection horizontale de la surface de la toiture.

Si un enlèvement ou une redistribution artificielle de la neige est prévu, la toiture devra être calculée pour des dispositions de charge adaptées.

Dans les régions où des pluies sur la neige peuvent provoquer des fontes suivies de gel, il convient d'augmenter les charges de neige sur les toitures, en particulier si la neige et la glace peuvent bloquer le système de drainage de la toiture.

Tableau 5.1

Topographie	C_e
Lorsque les conditions d'abri quasi permanentes de la toiture, dues aux bâtiments voisins, conduisent à empêcher pratiquement le déplacement de la neige par le vent.	1,25
Dans tous les autres cas.	1,0

Les bâtiments normalement chauffés étant systématiquement isolés, il convient de prendre $C_t = 1$ sauf spécifications particulières dûment justifiées du projet individuel.

Lorsque la toiture comporte des zones dont la pente vis-à-vis de l'écoulement de l'eau est inférieure à 3 %, il y a lieu, pour tenir compte de l'augmentation en cas de pluie de la densité de la neige résultant des difficultés d'évacuation de l'eau, de majorer la charge de neige sur ces zones de 0,2 kN/m².

La majoration doit être appliquée non seulement à la zone à faible pente considérée, mais également sur une distance de 2 mètres dans toutes les directions au-delà de ses limites.

La figure ci-dessous montre les surfaces où appliquer la majoration dans le cas particulier d'une noue, lorsque la pente du fil d'eau à l'intersection est faible (inférieure à 3 %) et celle de chacun des deux versants supérieure ou égale à 3 %. La zone à pente faible d'écoulement est en effet, dans ce cas, réduite à la ligne d'intersection, et les surfaces où appliquer la majoration sont uniquement celles correspondant à la distance des 2 mètres indiquée plus haut.

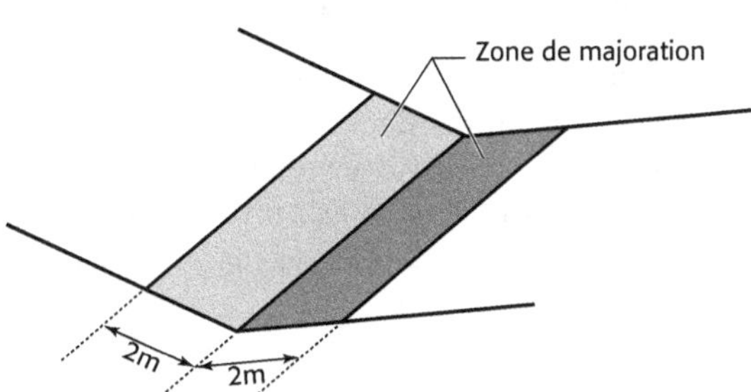

5.3   Coefficients de forme pour les toitures

5.3.1   Généralités

Cet article donne les coefficients de forme des toitures pour les dispositions de charge de neige sans accumulation et avec accumulation pour tous les types de toitures considérés dans l'Eurocode.

Tableau 5.2 - Coefficients de forme

α (angle du toit avec l'horizontale)	$0° \leq \alpha \leq 30°$	$30° \leq \alpha \leq 60°$	$\alpha \geq 60°$
μ_1	0,8	$0,8(60 - \alpha)/30$	0
μ_2	$0,8 + 0,8\,\alpha\,/30$	1,6	–

5.3.2   Toitures à un seul versant

Le coefficient de forme μ_1 à utiliser pour les toitures à un seul versant est donné par le tableau 5.2 et par la figure 5.2. Les valeurs données dans le tableau 5.2 s'appliquent lorsque la neige n'est pas empêchée de glisser de la toiture. Lorsqu'il y a des barres ou d'autres obstacles au déplacement de la neige, ou encore lorsqu'il y a un acrotère en rive basse de la toiture, il convient de ne pas prendre pour le coefficient de forme μ_1 de valeur inférieure à 0,8.

Il convient d'utiliser la disposition de charge de la figure 5.2, aussi bien pour les cas de charge avec accumulation (cas (ii)) que sans accumulation (cas (i) et S_A).

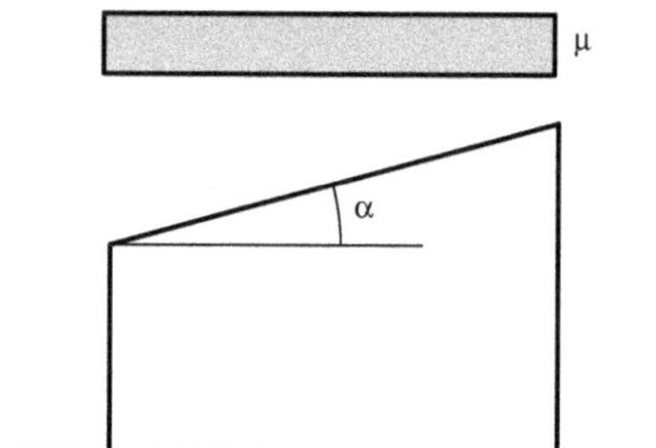

Figure 5.2 - Coefficient de forme pour une toiture à versant unique

5.3.3   Toitures à deux versants

Les coefficients de forme à utiliser sont donnés sur la figure 5.3, μ_1 étant indiqué dans le tableau 5.2. Les valeurs données dans le tableau 5.2 s'appliquent lorsque la neige n'est pas empêchée de glisser de la toiture. Lorsqu'il y a des barres ou d'autres obstacles au déplacement de la neige, ou encore lorsqu'il y a un acrotère en rive basse de la toiture, il convient de ne pas prendre pour le coefficient de forme μ_1 de valeur inférieure à 0,8.

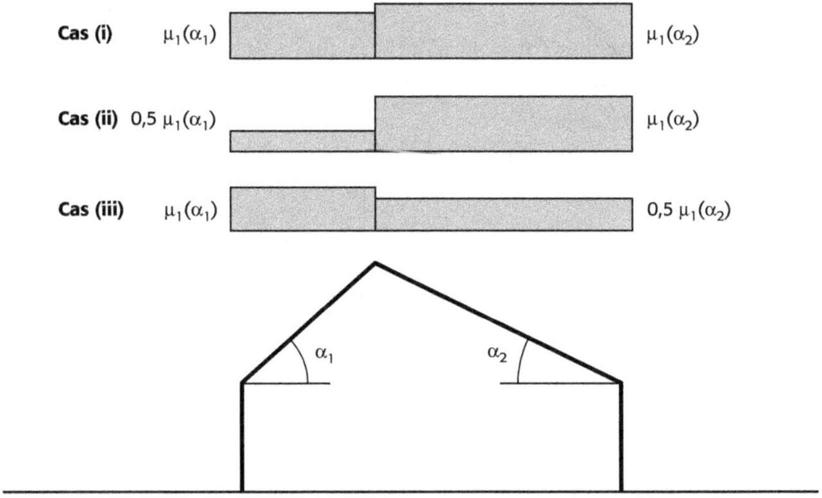

Figure 5.3 - Coefficients de forme pour une toiture à deux versants

La disposition de charge sans accumulation à considérer est représentée par le cas (i).

Les deux dispositions de charge avec accumulation à considérer sont représentées par les cas (ii) ou (iii).

5.3.4 Toitures à versants multiples

Les coefficients de forme à utiliser sont donnés dans le tableau 5.2. La disposition de charge sans accumulation à considérer est représentée par le cas (i) de la figure 5.4. La disposition de charge avec accumulation à considérer est représentée par le cas (ii) de la figure 5.4.

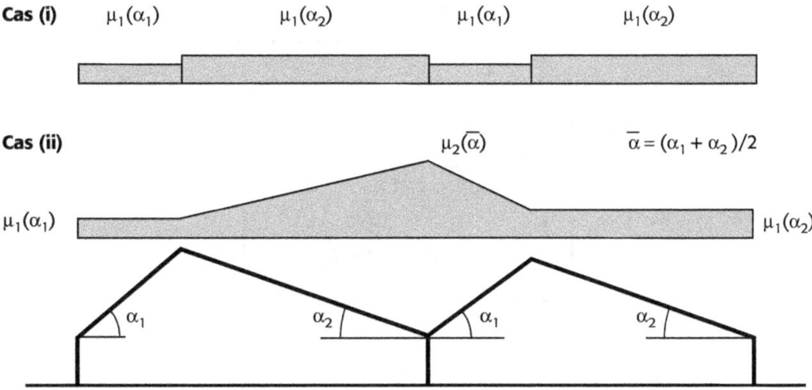

Figure 5.4 - Coefficients de forme pour une toiture à versants multiples

5.3.5   Toitures cylindriques

(1) Les valeurs du coefficient de forme μ_3 à utiliser pour les toitures cylindriques, en l'absence de barre à neige, sont représentées sur la figure 5.6, et données par les équations suivantes :

Pour $\beta > 60°$,	$\mu_3 = 0$	(5.4)
Pour $\beta \leq 60°$,	$\mu_3 = 0{,}2 + 10 \cdot h/b$	(5.5)

Note 1 : La valeur maximale recommandée pour μ_3 est 2,0 (voir la figure 5.5).

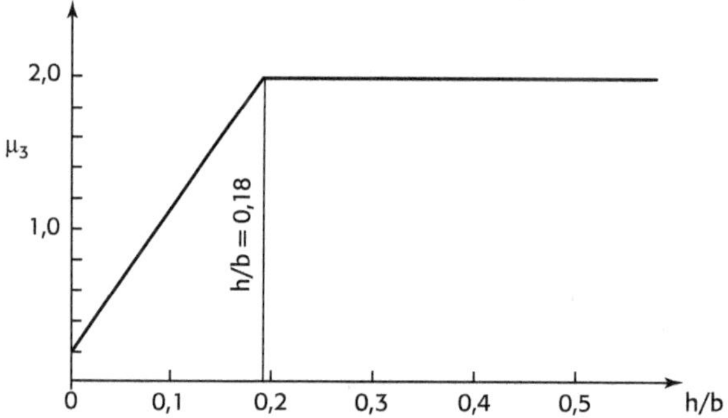

Figure 5.5 - Coefficient de forme pour une toiture cylindrique en fonction du rapport h / b pour $\beta \leq 60°$ (h, b et β sont définis à la figure 5.6)

Note 2 : Lorsqu'il y a des barres à neige, la valeur du coefficient de forme du cas (i) de la figure 5.6 est maintenue égale à 0,8.

(2) La disposition de charge sans accumulation à considérer est représentée par le cas (i) de la figure 5.6.

(3) La disposition de charge avec accumulation à considérer est représentée par le cas (ii) de la figure 5.6, sauf éventuellement en cas de conditions locales particulières.

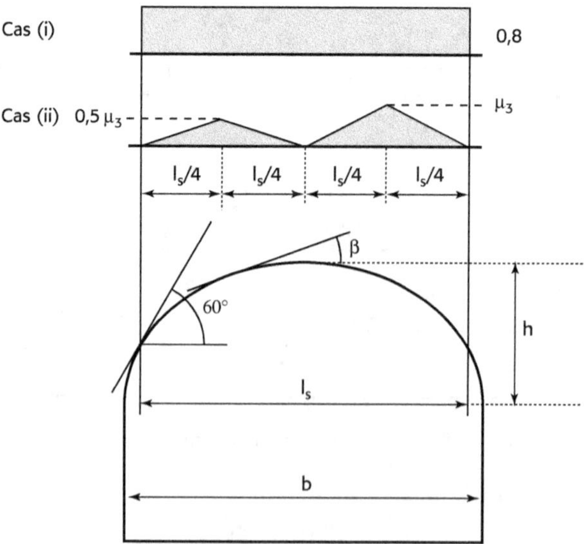

Figure 5.6 - Coefficients de forme pour une toiture cylindrique

5.3.6   Toitures attenant à des constructions plus élevées ou très proches d'elles

Les coefficients de forme à utiliser pour les toitures adossées à des constructions plus élevées sont représentés sur la figure 5.7 et donnés par les équations suivantes :

$$\mu_1 = 0,8 \qquad \text{(en supposant que la toiture est horizontale)}$$
$$\mu_2 = \mu_s + \mu_w$$

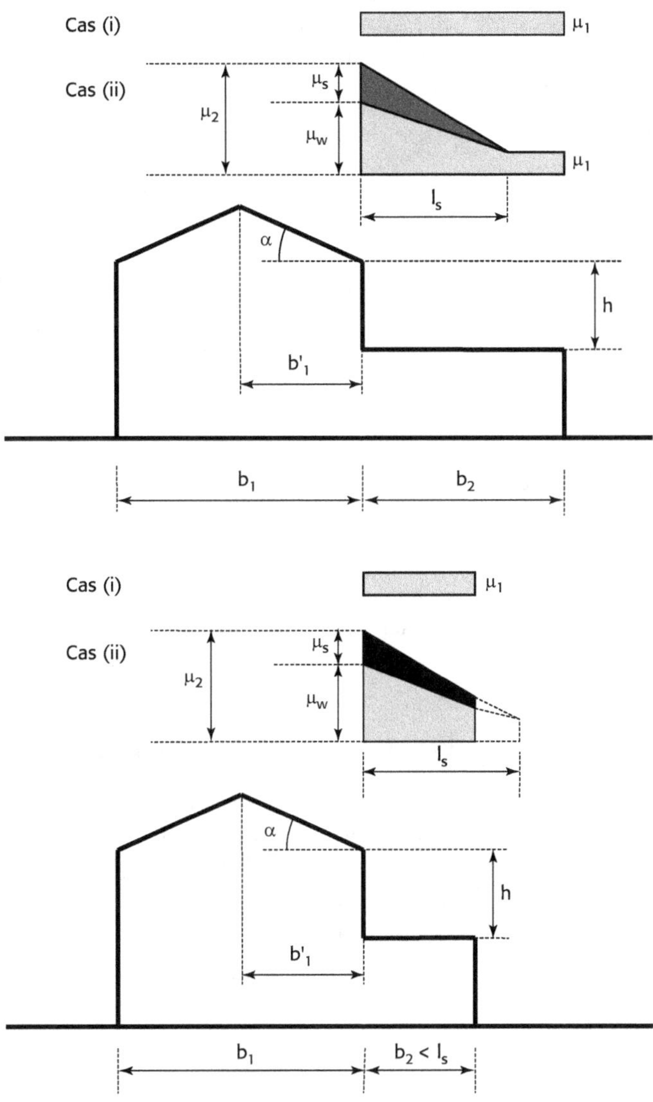

Figure 5.7 - Coefficients de forme pour une toiture attenante à une construction plus élevée

μ_s est le coefficient de forme pour la neige qui a glissé de la construction voisine :

- pour $\alpha \leq 15°$ $\mu_s = 0$
- pour $\alpha > 15°$ μ_s est déterminé par l'application d'une charge additionnelle égale à la moitié de la charge maximale totale sur le versant adjacent de la toiture supérieure, calculée selon 5.3.3.

μ_w est le coefficient de forme pour la charge de neige due au vent.

$\mu_w = (b_1 + b_2) / 2h$ avec les limitations $\mu_w \leq \gamma h / s_k$ et $0{,}8 \leq \mu_w \leq 2{,}8$.

γ est le poids volumique de la neige, lequel pour ce calcul peut être pris égal à 2 kN/m³.

$l_s = 2h$ avec $5\ m \leq l_s \leq 15\ m$ (l_s longueur d'accumulation).

Note : Si $\alpha > 15°$, le coefficient de forme du versant supérieur, μ_s, prend la valeur suivante : $\mu_s = \mu'_1 \times b'_1 / l_s$, où μ'_1 est le coefficient de forme du versant supérieur et b_1 la largeur de ce même versant (voir figure 5.7).

Si $b_2 < l_s$, le coefficient en rive de la toiture inférieure est obtenu par interpolation entre μ_1 et μ_2.

La disposition de charge sans accumulation à considérer est représentée sur la figure 5.7 par le cas (i). La disposition de charge avec accumulation à considérer est représentée sur la figure 5.7 par le cas (ii).

6. Effets locaux

6.1 Généralités

Cette section donne les forces à appliquer pour les vérifications locales relatives aux accumulations de la neige au droit de saillies et d'obstacles.

6.2 Accumulation au droit de saillies et d'obstacles

En cas de vent, une accumulation de la neige peut se produire sur toute la toiture présentant des obstacles. Il convient d'adopter les valeurs suivantes pour les coefficients de forme et les longueurs d'accumulation, pour des toitures quasi horizontales :

$\mu_1 = 0{,}8$ $\mu_2 = \gamma h / s_k$ avec la limitation suivante : $0{,}8 \leq \mu_2 \leq 2$

γ est le poids volumique de la neige $\gamma = 2\ kN/m^3$

$l_s = 2h$ avec la limitation $5\ m \leq l_s \leq 15\ m$

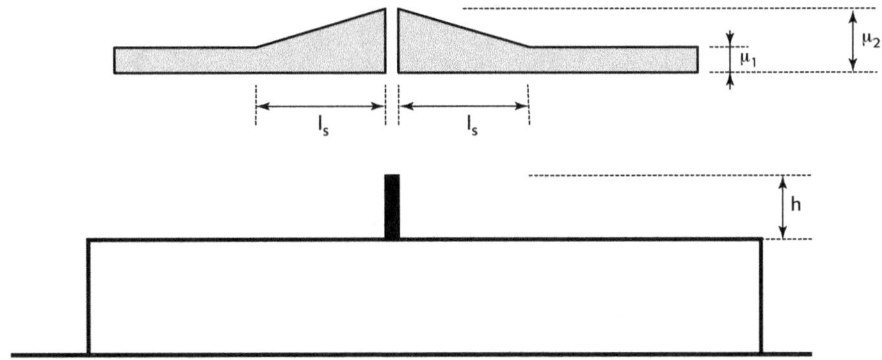

Figure 6.1 - Coefficient de forme pour charge de neige aux saillies et obstacles

Dans le cas de deux acrotères, la figure 6.1 devient la suivante avec $\mu_2 \leq 1,6$

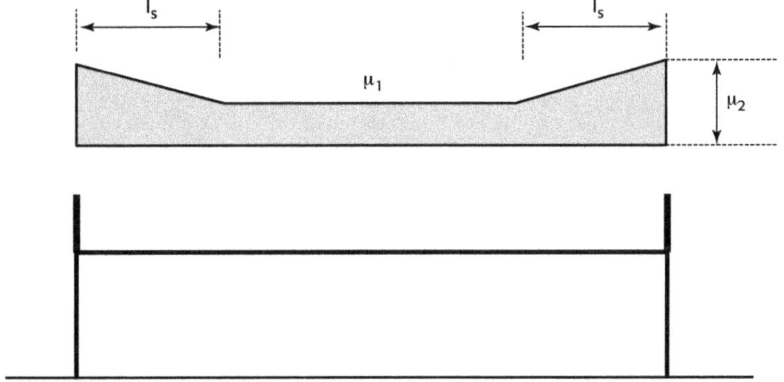

CHAPITRE 4

Actions du vent
sur les structures

1. Généralités

Ce chapitre de l'ouvrage concerne l'EN 1991-1-4.

3. Modélisation des actions du vent

3.1 Nature

(1) Les actions du vent varient en fonction du temps et s'appliquent directement sur les surfaces extérieures des constructions fermées et, du fait de la « porosité » de la surface extérieure, agissent également indirectement sur les surfaces intérieures. Elles peuvent également affecter directement la surface intérieure des constructions ouvertes. Les pressions qui s'exercent sur les éléments de la surface engendrent des forces perpendiculaires à la surface de la construction ou des éléments « individuels » de façade. Par ailleurs, lorsque le vent balaye de larges surfaces de la construction, des forces de frottement non négligeables peuvent se développer tangentiellement à ces surfaces.

3.2 Représentations des actions du vent

(1) L'action du vent est représentée par un ensemble simplifié de pressions ou de forces dont les effets sont <u>équivalents aux effets extrêmes du vent turbulent</u>.

3.3   Classification des actions du vent

(1) Sauf spécification contraire, il convient de classer les actions du vent comme des actions fixes variables (voir l'EN 1990, 4.1.1).

3.4   Valeurs caractéristiques

(1) Les actions du vent calculées selon l'EN 1991-1-4 sont des valeurs caractéristiques (voir EN 1990, 4.1.2). Elles sont déterminées à partir des valeurs de référence de la vitesse ou de la pression dynamique. Conformément à l'EN 1990 4-12 (7)P, les valeurs de référence sont des valeurs caractéristiques dont la probabilité de dépassement sur une période d'un an est égale à 0,02, ce qui équivaut à une période moyenne de retour de 50 ans.

Note : Tous les coefficients ou modèles permettant de calculer les actions du vent à partir des valeurs de référence sont choisis de sorte que la probabilité des actions du vent calculées ne soit pas supérieure à la probabilité de ces valeurs de référence.

3.5   Modèles

(1) L'effet du vent sur la construction (à savoir la réponse de la structure) dépend de la taille, de la forme et des propriétés dynamiques de la construction. La présente partie couvre la réponse dynamique due à la turbulence longitudinale (dans la direction du vent) en résonance avec les vibrations également dans la direction du vent d'un mode fondamental de flexion dont la déformée garde le même signe en tout point.

Il convient de calculer la réponse des structures, selon la section 5 à partir de la pression dynamique de pointe, q_p, à la hauteur de référence dans le champ de vent non perturbé, et avec les coefficients de force et de pression ainsi que le coefficient structural $c_s c_d$ (voir section 6). q_p dépend du climat du lieu, de la rugosité du terrain et de l'orographie, ainsi que de la hauteur de référence. q_p est égale à la pression dynamique moyenne du vent augmentée de la contribution des fluctuations rapides de pression.

4.   Vitesse du vent et pression dynamique

4.1   Base de calcul

(1) La vitesse du vent et la pression dynamique comprennent une composante moyenne et une composante fluctuante.

Il convient de déterminer la vitesse moyenne du vent v_m à partir de la vitesse de référence du vent v_b qui dépend du climat du lieu, telle que décrite en 4.2, ainsi que la variation du vent en fonction de la hauteur déterminée à partir de la rugosité du terrain et de l'orographie telles que décrit en 4.3. La pression dynamique de pointe est déterminée en 4.5.

La composante fluctuante du vent est caractérisée par l'intensité de turbulence définie en 4.4.

Note : L'Annexe nationale peut fournir des informations climatiques nationales à partir desquelles il est possible d'obtenir directement, pour les catégories de terrain considérées, la vitesse moyenne du vent v_m, la pression dynamique de pointe q_p, et d'autres valeurs supplémentaires.

4.2   Valeurs de référence

(1)P La valeur de base de la vitesse de référence du vent, $v_{b,o}$, est la vitesse moyenne sur 10 min caractéristique, indépendamment de la direction du vent et de la période de l'année, à une hauteur de 10 m au-dessus du sol en terrain dégagé, de type « rase campagne », à végétation basse telle que de l'herbe et des obstacles isolés séparés les uns des autres d'au moins vingt fois leur hauteur.

Note 1 : Ce terrain correspond à une catégorie de terrain II dans le tableau 4.1.

Note 2 : La valeur de base de la vitesse de référence du vent, $v_{b,o}$, pour un pays donné, est donnée dans l'Annexe nationale.

(2)P La vitesse de référence du vent doit être calculée à partir de l'expression (4.1) :

$$v_b = c_{dir} \cdot c_{season} \cdot v_{b,o} \tag{4.1}$$

où

v_b est la vitesse de référence du vent, définie en fonction de la direction de ce dernier et de la période de l'année à une hauteur de 10 m au-dessus d'un sol relevant de la catégorie de terrain II ;

$v_{b,o}$ est la valeur de base de la vitesse de référence du vent (voir (1)P) ;

c_{dir} est le coefficient de direction (voir note 2) ;

c_{season} est le coefficient de saison (voir note 3).

Note 1 : Il n'y a pas lieu de tenir compte de l'influence de l'altitude sur la vitesse de référence du vent v_b.

Note 2 : Le coefficient de direction c_{dir} **est pris égal à 1,0.** En France métropolitaine, une valeur réduite peut être utilisée selon la zone géographique et le secteur angulaire avoisinant la direction de vent (voir figure 4.4, Annexe nationale).

Note 3 : La valeur du coefficient de saison, c_{season}, **doit être prise égale à 1,0** si la durée de la situation de projet n'est pas entièrement incluse dans la période d'avril à septembre. Durant la période précitée un coefficient minorant peut être utilisé selon la zone géographique (voir figure 4.5, Annexe nationale).

Les pages suivantes montrent cette modification dans le détail.

4.2 (1) Annexe Nationale – Vitesse de référence et régions climatiques en France

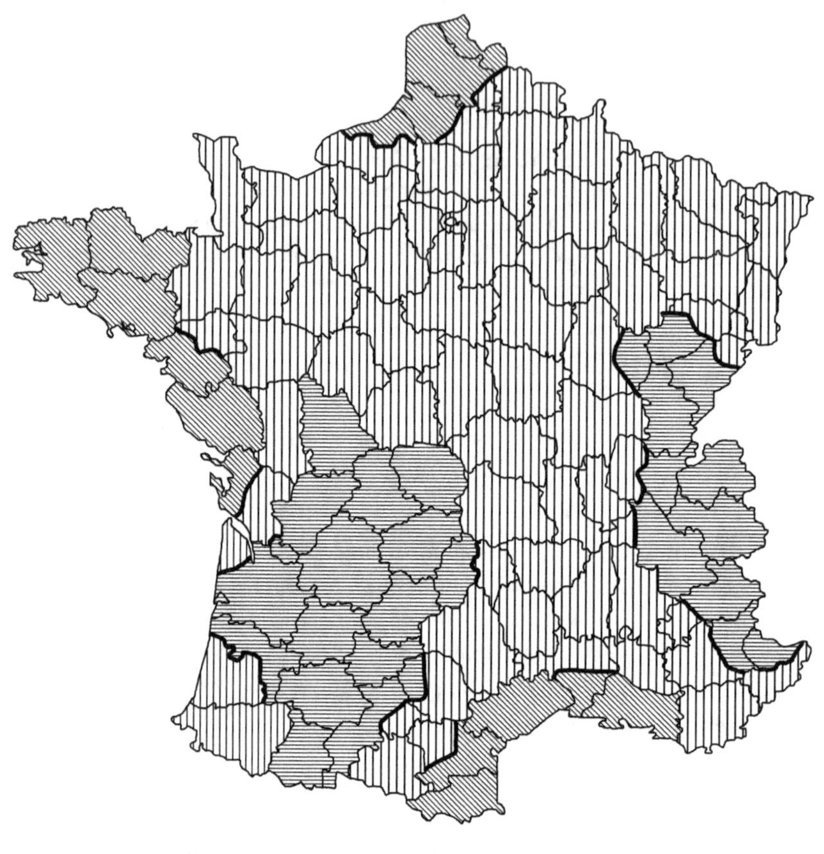
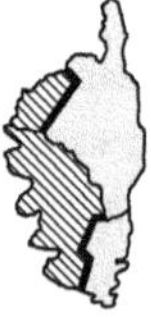

Régions :	1	2	3	4
Valeur de base de la vitesse de référence du vent $v_{b,0}$ [m/s]	22	24	26	28

Départements d'Outre-Mer	Guadeloupe	Guyane	Martinique	Réunion
Vitesse de référence $v_{b,0}$ [m/s]	36	17	32	34

Figure 4.3 (NF) - Carte de la valeur de base de la vitesse de référence en France

Tableau 4.3(NF)– Définition des régions climatiques selon les départements

Département	Région(s)	Département	Région(s)	Département	Région(s)
01 Ain	1 ; 2	32 Gers	1	64 Pyrénées-Atlantiques	2
02 Aisne	2	33 Gironde	1 ; 2	65 Hautes-Pyrénées	1
03 Allier	2	34 Hérault	3	66 Pyrénées-Orientales	3
04 Alpes-de-Haute-Provence	1 ; 2	35 Ille-et-Vilaine	2	67 Bas-Rhin	2
05 Hautes-Alpes	1 ; 2	36 Indre	2	68 Haut-Rhin	2
06 Alpes-Maritimes	1 ; 2	37 Indre-et-Loire	2	69 Rhône	2
07 Ardèche	2	38 Isère	1 ; 2	70 Haute-Saône	1 ; 2
08 Ardennes	2	39 Jura	1	71 Saône-et-Loire	2
09 Ariège	2	40 Landes	1 ; 2	72 Sarthe	2
10 Aube	2	41 Loir-et-Cher	2	73 Savoie	1
11 Aude	2 ; 3	42 Loire	2	74 Haute-Savoie	1
12 Aveyron	2	43 Haute-Loire	2	75 Paris	2
13 Bouches-du-Rhône	3	44 Loire-Atlantique	2 ; 3	76 Seine-Maritime	2 ; 3
14 Calvados	2	45 Loiret	2	77 Seine-et-Marne	2
15 Cantal	1 ; 2	46 Lot	1	78 Yvelines	2
16 Charente	1	47 Lot-et-Garonne	1	79 Deux-Sèvres	2
17 Charente-Maritime	1 ; 2 ; 3	48 Lozère	2	80 Somme	2 ; 3
18 Cher	2	49 Maine-et-Loire	2	81 Tarn	1 ; 2
19 Corrèze	1	50 Manche	2	82 Tarn-et-Garonne	1
2B Haute-Corse	3 ; 4	51 Marne	2	83 Var	2
2A Corse-du-Sud	3 ; 4	52 Haute-Marne	2	84 Vaucluse	2
21 Côte-d'Or	1 ; 2	53 Mayenne	2	85 Vendée	3
22 Côtes-d'Armor	3	54 Meurthe-et-Moselle	2	86 Vienne	1
23 Creuse	1	55 Meuse	2	87 Haute-Vienne	1
24 Dordogne	1	56 Morbihan	3	88 Vosges	2
25 Doubs	1 ; 2	57 Moselle	2	89 Yonne	2
26 Drôme	2	58 Nièvre	2	90 Territoire de Belfort	2
27 Eure	2	59 Nord	2 ; 3	91 Essonne	2
28 Eure-et-Loir	2	60 Oise	2	92 Hauts-de-Seine	2
29 Finistère	3	61 Orne	2	93 Seine-Saint-Denis	2
30 Gard	2 ; 3	62 Pas-de-Calais	2 ; 3	94 Val-de-Marne	2
31 Haute-Garonne	1 ; 2	63 Puy-de-Dôme	2	95 Val-d'Oise	2

Tableau 4.4(NF) – Départements appartenant à plusieurs régions : découpage selon les cantons

Département	Région(s)	Cantons
01 – Ain	2	Bâgé-le-Châtel, Chalamont, Châtillon-sur-Chalaronne, Coligny, Meximieux, Miribel, Montluel, Montrevel-en-Bresse, Pont-de-Vaux, Pont-de-Veyle, Reyrieux, Saint-Triviers-de-Courtes, Saint-Triviers-sur-Moignans, Thoissey, Trévoux, Villars-les-Dombes
	1	Tous les autres cantons
04 – Alpes-de-Haute-Provence	1	Annot, Barcelonnette, Colmars, Entrevaux, La Javie, Le Lauzet-Ubaye, Saint-André-les-Alpes, Seyne
	2	Tous les autres cantons
05 – Hautes-Alpes	2	Aspres-sur-Buëch, Barcillonnette, Laragne-Montéglin, Orpierre, Ribiers, Rosans, Serres, Tallard, Veynes
	1	Tous les autres cantons
06 – Alpes-Maritimes	1	Guillaumes, Puget-Théniers, Saint-Étienne-de-Tinée, Saint-Martin-Vésubie, Saint-Sauveur-sur-Tinée, Villars-sur-Var
	2	Tous les autres cantons
11 – Aude	2	Alaigne, Alzonne, Belpech, Carcassonne (tous cantons), Castelnaudary (tous cantons), Chalabre, Conques-sur-Orbiel, Fanjeaux, Limoux, Mas-Cabardès, Montréal, Saissac, Salles-sur-l'Hers
	3	Tous les autres cantons
15 – Cantal	2	Allanche, Chaudes-Aigues, Condat, Massiac, Murat, Pierrefort, Ruynes-en-Margeride, Saint-Flour (tous cantons)
	1	Tous les autres cantons
17 – Charente-Maritime	1	Montendre, Montguyon, Montlieu-la-Garde
	2	Archiac, Aulnay, Burie, Cozes, Gémozac, Jonzac, Loulay, Matha, Mirambeau, Pons, Saintes (tous cantons), Saint-Genis-de-Saintonge, Saint-Hilaire-de-Villefranche, Saint-Jean-d'Angély, Saint-Porchaire, Saint-Savinien, Saujon, Tonnay-Boutonne,
	3	Tous les autres cantons
2A – Corse-du-Sud	4	Bonifacio, Figari, Levie, Porto-Vecchio, Serra-di-Scopamène
	3	Tous les autres cantons
2B – Haute-Corse	3	Belgodère, Calenzana, Calvi, l'Île-Rousse
	4	Tous les autres cantons
21 – Côte-d'Or	1	Auxonne, Chenôve, Dijon (tous cantons), Fontaine-Française, Fontaine-les-Dijon, Genlis, Grancey-le-Château-Neuvelle, Is-sur-Tille, Mirebeau-sur-Bèze, Pontailler-sur-Saône, Saint-Jean-de-Losne, Saint-Seine-l'Abbaye, Selongey
	2	Tous les autres cantons
25 – Doubs	2	Audincourt, Clerval, Etupes, Hérimoncourt, l'Isle-sur-le-Doubs, Maîche, Montbéliard (tous cantons), Pont-de-Roide, Saint-Hippolyte, Sochaux, Valentigney
	1	Tous les autres cantons
30 – Gard	3	Aigues-Mortes, Aimargues, Aramon, Beaucaire, Bouillargues, Saint-Gilles, Marguerittes, Nîmes (tous cantons), Quissac, Saint-Mamert-du-Gard, Sommières, Vauvert
	2	Tous les autres cantons
31 – Haute-Garonne	2	Auterive, Caraman, Cintegabelle, Lanta, Montgiscard, Nailloux, Revel, Villefranche-de-Lauragais
	1	Tous les autres cantons

33 – Gironde	2	Castelnau-de-Médoc, Lesparre-Médoc, Pauillac, Saint-Laurent-Médoc, Saint-Vivien-de-Médoc
	1	Tous les autres cantons
38 – Isère	2	Beaurepaire, Heyrieux, Roussillon, Saint-Jean-de-Bournay, Vienne (tous cantons)
	1	Tous les autres cantons
40 – Landes	2	Amou, Castets, Dax (tous cantons), Montfort-en-Chalosse, Mugron, Peyrehorade, Pouillon, Saint-Martin-de-Seignanx, Saint-Vincent-de-Tyrosse, Soustons, Tartas (tous cantons)
	1	Tous les autres cantons
44 – Loire-Atlantique	2	Ancenis, Blain, Châteaubriant, Derval, Guémené-Penfao, Ligné, Moisdon-la-Rivière, Nort-sur-Erdre, Nozay, Riaillé, Rougé, Saint-Julien-de-Vouvantes, Saint-Marc-la-Jaille, Saint-Nicolas-de-Redon, Varades
	3	Tous les autres cantons
59 – Nord	2	Arleux, Anzin, Avesnes-sur-Helpe (tous cantons), Bavay, Berlaimont, Bouchain, Cambrai (tous cantons), Carnières, Cateau-Cambrésis (le), Clary, Condé-sur-l'Escaut, Denain, Douai (tous cantons), Hautmont, Landrecies, Marchiennes, Marcoing, Maubeuge (tous cantons), Solre-le-Château, Orchies, Quesnoy (le) (tous cantons), Saint-Amand-les-Eaux (tous cantons), Solesmes, Trélon, Valenciennes (tous cantons)
	3	Tous les autres cantons
62 – Pas-de-Calais	2	Bapaume, Bertincourt, Croisilles, Marquion, Vitry-en-Artois
	3	Tous les autres cantons
70 – Haute-Saône	1	Autrey-lès-Gray, Champlitte, Dampierre-sur-Salon, Fresne-Saint-Mamès, Gray, Gy, Marnay, Montbozon, Pesmes, Rioz, Scey-sur-Saône-et-Saint-Albin
	2	Tous les autres cantons
76 – Seine-Maritime	3	Bacqueville-en-Caux, Blangy-sur-Bresle, Cany-Barville, Eu, Dieppe (tous cantons), Envermeu, Fontaine-le-Dun, Offranville, Saint-Valery-en-Caux
	2	Tous les autres cantons
80 – Somme	2	Ailly-sur-Noye, Albert, Bray-sur-Somme, Chaulnes, Combles, Ham, Montdidier, Moreil, Nesle, Péronne, Roisel, Rosières-en-Santerre, Roye
	3	Tous les autres cantons
81 – Tarn	1	Cadalen, Castelnau-de-Montmiral, Cordes-sur-Ciel, Gaillac, Graulhet, Lavaur, Lisle-sur-Tarn, Rabastens, Saint-Paul-Cap-de-Joux, Salvagnac, Vaour
	2	Tous les autres cantons

Limites cantonales selon la carte administrative de la France, publiée par IGN – Paris 1997 (Édition 2)

NOTE 1 : La carte de la vitesse de référence du vent en France a été établie sur la base d'une étude statistique des données météorologiques enregistrées dans un grand nombre de stations. Les mesures de mauvaise qualité, notamment celles obtenues avec l'anémomètre ancien à quatre coupelles, ont été écartées. Les mesures retenues ont ensuite été corrigées spécifiquement par direction de vent, lorsque l'environnement de mesures s'écartait des conditions de référence. Enfin, l'analyse n'a porté que sur les stations disposant d'au moins 15 années de mesures. Malgré ces précautions, l'incertitude, inévitable et inhérente au processus statistique, est de l'ordre de 10 % sur la vitesse de référence en un lieu donné. C'est pourquoi les études statistiques entreprises spécifiquement pour un projet ne sont pas recommandées, dans la mesure où elles peuvent sous-estimer, voire méconnaître les problèmes de qualité des données météorologiques et les incertitudes liées aux méthodes employées. Ces études statistiques restent cependant utiles dans certains cas, notamment pour les sites montagneux, à condition de bien rattacher (mesures sur le site pendant plusieurs mois, calcul numérique, études en soufflerie sur modèle topographique) les conditions de vent dans le site considéré et dans les stations météorologiques proches.

4.3   Vent moyen

4.3.1   Variation avec la hauteur

(1) La vitesse moyenne du vent $v_m(z)$ à une hauteur z au-dessus du sol dépend de la rugosité du terrain et de l'orographie, ainsi que de la vitesse de référence du vent v_b. Il convient de la déterminer à l'aide de l'expression (4.3) :

$$v_m(z) = c_r(z).\, c_o(z).v_b \qquad (4.3)$$

où

$c_r(z)$ coefficient de rugosité, indiqué en 4.3.2 ;

$c_o(z)$ coefficient d'orographie = 1,0, sauf spécification contraire : cas d'orographie marquée ou complexe (voir Annexe nationale, 4.3.3 (1)).

4.3.2   Rugosité du terrain

(1) Le coefficient de rugosité du terrain, $c_r(z)$, tient compte de la variabilité de la vitesse moyenne du vent sur le site de la construction, due à :

– la hauteur au-dessus du niveau du sol ;
– la rugosité du terrain en amont de la construction dans la direction du vent considérée.

Note : La procédure permettant de calculer $c_r(z)$ peut être donnée dans l'Annexe nationale. La procédure recommandée pour calculer le coefficient de rugosité à la hauteur z est donnée par l'expression (4.4) et est fondée sur un profil logarithmique de la vitesse :

$$c_r(z) = k_r \cdot \ln\left(\frac{z}{z_0}\right) \qquad \text{pour} \quad z_{min} \le z \le z_{max} \qquad (4.4)$$

$$c_r(z) = c_r(z_{min}) \qquad \text{pour} \quad z \le z_{min}$$

où

z_0 est la longueur de rugosité ;

k_r est le facteur de terrain dépendant de la longueur de rugosité z_0 ;

$$k_r = 0,19 \cdot \left(\frac{z_0}{z_{0,II}}\right)^{0,07} \qquad (4.5)$$

z_0 et z_{min} dépendent de la catégorie du terrain, valeurs données dans le tableau 4.1.

Tableau 4.1 - Catégories et paramètres de terrain NF P06-114-1

	Catégorie de terrain ou de rugosité	z_0 (m)	z_{min} (m)
0	Mer ou zones côtières exposées aux vents de mer ; lacs et plans d'eau parcourus par le vent sur une distance d'au moins 5 km.	0,005	1
II	Rase campagne, avec ou sans quelques obstacles isolés (arbres, bâtiments…) séparés les uns des autres de plus de 40 fois leur hauteur.	0,05	2
IIIa	Campagne avec des haies, vignobles, bocage, habitat dispersé…	0,20	5
IIIb	Zones urbanisées ou industrielles, bocage dense, vergers…	0,50	9
IV	Zones urbaines dont au moins 15 % de la surface sont recouverts de bâtiments dont la hauteur moyenne est supérieure à 15 m, forêts	1,0	15

4.4   Pression dynamique de pointe

Il y a lieu de déterminer la pression dynamique de pointe $q_p(z)$ à la hauteur z, qui est induite par la vitesse moyenne et les fluctuations rapides de vitesse :

$$q_p(z) = c_e(z) \cdot q_b \tag{4.8}$$

où

$\quad q_b \quad$ pression dynamique de référence du vent donnée : $q_b = 0,5 \cdot \rho \cdot v_b^2$;

$\quad \rho \quad$ masse volumique de l'air, les valeurs de ρ peuvent être données dans l'Annexe nationale. La valeur recommandée est de **1,225 kg/m^3** ;

$\quad c_e(z) \quad$ coefficient d'exposition.

Dans le cas d'un terrain plat, le coefficient d'exposition $c_e(z)$ est représenté sur la figure 4.2 en fonction de la hauteur au-dessus du sol et de la catégorie de terrain telle que définie dans le tableau 4.1.

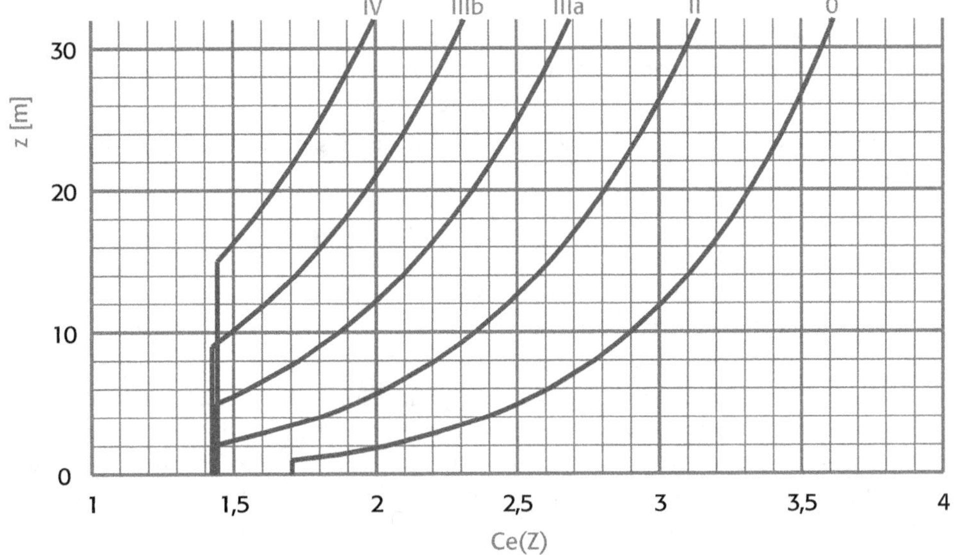

Figure 4.2 - Représentation du coefficient d'exposition $c_e(z)$ pour $c_0=1$ et $k_l=1$

k_l, le coefficient de turbulence est défini en 4.4 (non repris ici).

$c_e(z)$ peut se calculer par la formule :

$$c_e(z) = c_r(z)^2 \left[1+7 \frac{k_r}{c_r(z)} \right] = k_r^2 \cdot \ln\left(\frac{z}{z_0}\right)\left[7+\ln\left(\frac{z}{z_0}\right)\right]$$

avec

$$k_r = 0,19 \cdot \left(\frac{z_0}{0,05}\right)^{0,07}$$

5.   Actions du vent

5.1   Généralités

(1)P Les actions du vent sur les constructions et les éléments de construction doivent être déterminées en tenant compte tant de la pression extérieure que de la pression intérieure du vent.

5.2   Pression aérodynamique sur les surfaces

(1) Il convient de déterminer la pression aérodynamique agissant sur les surfaces extérieures, w_e, à partir de l'expression suivante :

$$w_e = q_p(z_e) \cdot c_{pe}$$ (5.1)

où

$q_p(z_e)$ est la pression dynamique de pointe ;

z_e est la hauteur de référence pour la pression extérieure définie en section 7 ;

c_{pe} est le coefficient de pression pour la pression extérieure.

(2) Il convient de déterminer la pression aérodynamique agissant sur les surfaces intérieures d'une construction w_i à partir de l'expression suivante :

$$w_i = q_p(z_i) \cdot c_{pi}$$ (5.2)

où

$q_p(z_i)$ est la pression dynamique de pointe ;

z_i est la hauteur de référence pour la pression intérieure définie en section 7 ;

c_{pi} est le coefficient de pression pour la pression intérieure.

(3) La pression nette exercée sur un mur, un toit ou un élément est égale à la différence entre les pressions s'exerçant sur les surfaces opposées en tenant bien compte de leurs signes. Une pression exercée en direction de la surface est considérée comme positive, tandis qu'une succion, qui s'éloigne de la surface, est considérée comme négative. Des exemples sont donnés sur la figure ci-dessous :

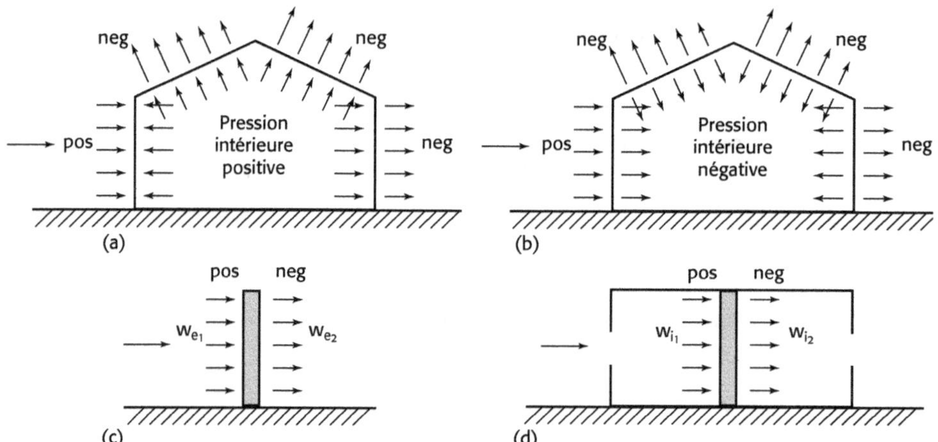

Figure 5.1 - Pression exercée sur les surfaces

5.3   Forces exercées par le vent

(1) Il convient de déterminer les forces exercées par le vent sur l'ensemble de la construction ou un composant :
- en calculant les forces à l'aide des coefficients de force (voir (2)) :
- ou en calculant les forces à partir des pressions de surface (voir (3)).

(2) La force exercée par le vent F_w agissant sur une construction ou un élément de construction peut être déterminée directement en utilisant l'expression (5.3) :

$$F_w = c_s \cdot c_d \cdot c_f \cdot q_p(z_e) \cdot A_{ref} \qquad (5.3)$$

ou par sommation vectorielle sur les éléments de construction individuels (tels qu'indiqués en 7.2.2) à l'aide de l'expression (5.4) :

$$F_w = c_s \cdot c_d \cdot \sum_{\text{éléments}} c_f \cdot q_p(z_e) \cdot A_{ref} \qquad (5.4)$$

où

$c_s \cdot c_d$ coefficient structural tel que défini en section 6 ;

c_f coefficient de force applicable à la construction ou à l'élément de construction, donné en section 7 ou en section 8 ;

$q_p(z_e)$ pression dynamique de pointe (définie en 4.5) à la hauteur de référence z_e (définie en section 7 ou en section 8) ;

A_{ref} aire de référence de la construction ou de l'élément de construction, indiquée en section 7 ou en section 8.

Note : La section 7 donne les valeurs c_f applicables aux constructions ou aux éléments de construction tels que les prismes, cylindres, toitures, panneaux de signalisation, plaques et structures en treillis, etc. Ces valeurs incluent les effets de frottement. La section 8 donne les valeurs c_f applicables aux ponts.

(3) La force exercée par le vent, F_w, agissant sur une construction ou un élément de construction peut être déterminée par sommation vectorielle des forces F_{we}, F_{wi}, et F_{fr} calculées à partir des pressions extérieure et intérieure en utilisant les expressions (5.5) et (5.6) et des forces de frottement résultant du frottement du vent parallèlement aux surfaces extérieures, elles-mêmes calculées à l'aide de l'expression (5.7).

Forces extérieures : $$F_{w,e} = c_s \cdot c_d \cdot \sum_{\text{surfaces}} w_e \cdot A_{ref} \qquad (5.5)$$

Forces intérieures : $$F_{w,e} = c_s \cdot c_d \cdot \sum_{\text{surfaces}} w_i \cdot A_{ref} \qquad (5.6)$$

Forces de frottement : $$F_{fr} = c_{fr} \cdot q_p(z_e) \cdot A_{fr} \qquad (5.7)$$

$c_s \cdot c_d$ coefficient structural tel que défini en section 6 ; on pourra prendre $c_s \cdot c_d = 1$;

w_e pression extérieure exercée sur la surface élémentaire à la hauteur z_e ;

w_i pression intérieure exercée sur la surface élémentaire à la hauteur z_i ;

A_{ref} aire de référence de la surface élémentaire ;

c_{fr} coefficient de frottement issu de 7.5 ;

A_{fr} aire de la surface extérieure parallèle au vent, indiquée en 7.5.

Note 1 : Dans le cas des éléments (par exemple, murs, toitures), la force exercée par le vent est égale à la différence entre les forces résultantes externe et interne.

Note 2 : Les forces de frottement F_{fr} agissent dans la direction des composantes du vent parallèles aux surfaces extérieures.

(4) Les effets de frottement du vent sur la surface peuvent être négligés lorsque l'aire totale de toutes les surfaces parallèles au vent (ou faiblement inclinées par rapport à la direction du vent) est inférieure ou égale à quatre fois l'aire totale de toutes les surfaces extérieures perpendiculaires au vent (au vent et sous le vent).

7. Coefficients de pression et de force

7.1 Généralités

Il convient d'utiliser la présente section pour déterminer les coefficients aérodynamiques appropriés aux constructions. Le coefficient aérodynamique approprié se présente de la manière suivante, selon la construction concernée :

- coefficients de pression intérieure et extérieure (voir 7.1.1 (1)) ;
- coefficients de pression nette (voir 7.1.1 (2)) ;
- coefficients de frottement (voir 7.1.1 (3)) ;
- coefficients de force (voir 7.1.1 (4)).

7.1.1 Choix du coefficient aérodynamique

(1) Il convient de déterminer les coefficients de pression pour :
- les bâtiments, en utilisant 7.2 tant pour les pressions intérieures que pour les pressions extérieures ;
- les cylindres à base circulaire, en utilisant 7.2.9 pour les pressions intérieures et 7.9.1 pour les pressions extérieures.

Note 1 : Les coefficients de pression extérieure donnent l'effet du vent sur les surfaces extérieures des bâtiments ; les coefficients de pression intérieure donnent l'effet du vent sur les surfaces intérieures des bâtiments.

Note 2 : Les coefficients de pression extérieure sont répartis en coefficients globaux et en coefficients locaux. Les coefficients locaux donnent les coefficients de pression pour les surfaces chargées d'aire égale à 1 m². Ils peuvent être utilisés pour le calcul des petits éléments et des fixations. Les coefficients globaux donnent les coefficients de pression pour les surfaces chargées d'aire égale à 10 m². Ils peuvent être utilisés pour les surfaces chargées d'aire supérieure à 10 m².

(2) Il convient de déterminer les coefficients de pression nette pour :
- les toitures isolées en utilisant les données du tableau 7.3 ;
- les murs isolés, les acrotères et les clôtures en utilisant les données du tableau 7.4.

Note : Les coefficients de pression nette donnent l'effet résultant du vent par unité d'aire sur une construction, un élément de construction ou un composant.

(3) Il convient de déterminer les coefficients de frottement pour les murs et les surfaces définis en 5.3 (3) et (4), en utilisant les données du tableau 7.5.

(4) Il convient de déterminer les coefficients de force pour :
- les panneaux de signalisation, en utilisant les données de 7.4.3 ;
- les éléments structuraux de section transversale rectangulaire, en utilisant les données de 7.6 ;
- les éléments structuraux de section à arêtes vives, en utilisant les données de 7.7 ;
- les éléments structuraux de section polygonale régulière, en utilisant les données de 7.8 ;
- les cylindres à base circulaire, en utilisant les données de 7.9.2 et 7.9.3 ;
- les sphères, en utilisant les données de 7.10 ;
- les structures en treillis et les échafaudages, en utilisant les données de 7.11 ;
- les drapeaux, en utilisant les données de 7.12.

Un facteur de réduction dépendant de l'élancement effectif de la construction peut être appliqué, en utilisant les données de 7.13.

Note : Les coefficients de force donnent l'effet global du vent sur une construction, un élément ou un composant de la construction, considéré dans sa totalité, y compris le frottement, lorsqu'il n'est pas spécifiquement exclu.

7.2   Coefficients de pression pour les bâtiments

7.2.1   Généralités

(1) Les coefficients de pression extérieure c_{pe} applicables aux bâtiments et aux parties de bâtiments dépendent de la dimension de la surface chargée A, qui est la surface de la construction produisant l'action du vent dans la section à calculer. Les coefficients de pression extérieure sont donnés pour des surfaces chargées A de 1 m^2 et 10 m^2 dans les tableaux relatifs aux configurations de bâtiment appropriées ; ils sont notés $c_{pe,1}$ pour les coefficients locaux, et $c_{pe,10}$ pour les coefficients globaux.

Note 1 : Les valeurs de $c_{pe,1}$ sont destinées au calcul des petits éléments et de leurs fixations, d'aire inférieure ou égale à 1 m^2, tels que des éléments de façade et de toiture. Les valeurs de $c_{pe,10}$ peuvent être utilisées pour le calcul de la structure portante générale des bâtiments.

Note 2 : L'Annexe nationale peut fournir une méthode de calcul des coefficients de pression extérieure pour les surfaces chargées de plus de 1 m^2, sur la base des coefficients de pression extérieure $c_{pe,1}$ et $c_{pe,10}$. La procédure recommandée pour des surfaces chargées allant jusqu'à 10 m^2 est indiquée à la figure 7.2.

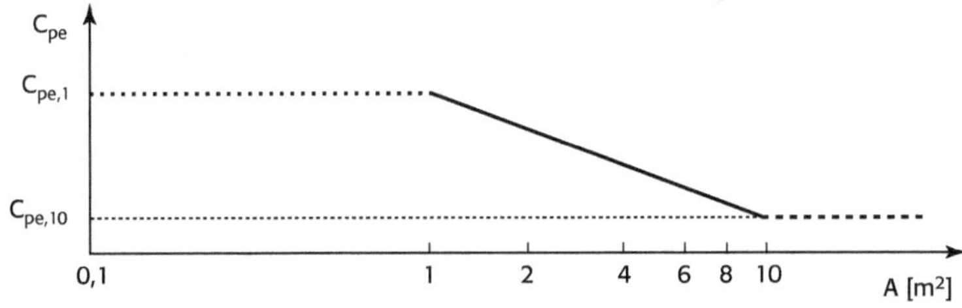

Figure 7.2 - Procédure recommandée pour la détermination du coefficient de pression extérieure c_{pe} dans le cas des bâtiments, pour une aire chargée comprise entre 1 m^2 et 10 m^2

La figure est fondée sur les éléments suivants :

$$\text{pour } 1 \text{ m}^2 < A < 10 \text{ m}^2 \qquad c_{pe} = c_{pe,1} - (c_{pe,1} - c_{pe,10}) \log_{10}A.$$

(2) Il convient d'utiliser les valeurs $c_{pe,10}$ et $c_{pe,1}$ indiquées dans les tableaux 7.1 à 7.5 pour les directions orthogonales du vent, à savoir 0°, 90° et 180°. Ces valeurs représentent les valeurs les plus défavorables obtenues dans une gamme de directions de vent $\theta = \pm 45°$, de chaque côté de la direction orthogonale considérée.

(3) Pour les avancées de toit, la pression exercée sur la face inférieure de l'avant-toit est égale à la pression applicable à la zone du mur vertical directement relié à l'avancée de toit ; la pression exercée sur la face supérieure de l'avant-toit est égale à la pression de la zone, définie pour la toiture elle-même.

7.2.2 Murs verticaux des bâtiments à plan rectangulaire

(1) Les hauteurs de référence, z_e, pour les murs au vent des bâtiments à plan rectangulaire (zone D, voir figure 7.5) dépendent du facteur de forme h/b et sont toujours les hauteurs supérieures des différentes parties des murs. Elles sont indiquées à la figure 7.4 pour les trois cas suivants, pour un bâtiment :

- si h ≤ b : une seule zone en élévation ;
- si b < h ≤ 2 b : deux zones en élévation comprenant :
  - une partie inférieure du sol à une hauteur b,
  - une partie supérieure de la hauteur b à la hauteur h ;
- si h > 2 b : plusieurs zones en élévation comprenant :
  - une partie inférieure du sol à une hauteur b,
  - une partie supérieure de la hauteur h sur une hauteur égale à b,
  - une zone médiane, comprise entre les parties supérieure et inférieure, qui peut être répartie en bandes horizontales avec une hauteur h_{strip}.

Note : Les règles relatives à la distribution de la pression dynamique sur le mur sous le vent et les murs latéraux (zones A, B, C et E, voir figure 7.5) peuvent être données dans l'Annexe nationale ou être définies pour le projet particulier. La procédure recommandée consiste à prendre la hauteur du bâtiment comme hauteur de référence.

(2) Les coefficients de pression extérieure $c_{pe,10}$ et $c_{pe,1}$ pour les zones A, B, C, D et E sont définis à la figure 7.5.

Note 1 : Les valeurs de $c_{pe,10}$ et $c_{pe,1}$ peuvent être indiquées dans l'Annexe nationale. Les valeurs recommandées sont données dans le tableau 7.1, selon le rapport h/d. Une interpolation linéaire peut être appliquée pour les valeurs intermédiaires de h/d. Les valeurs du tableau 7.1 s'appliquent aussi aux murs des bâtiments à toitures inclinées, telles que les toitures à un ou deux versants.

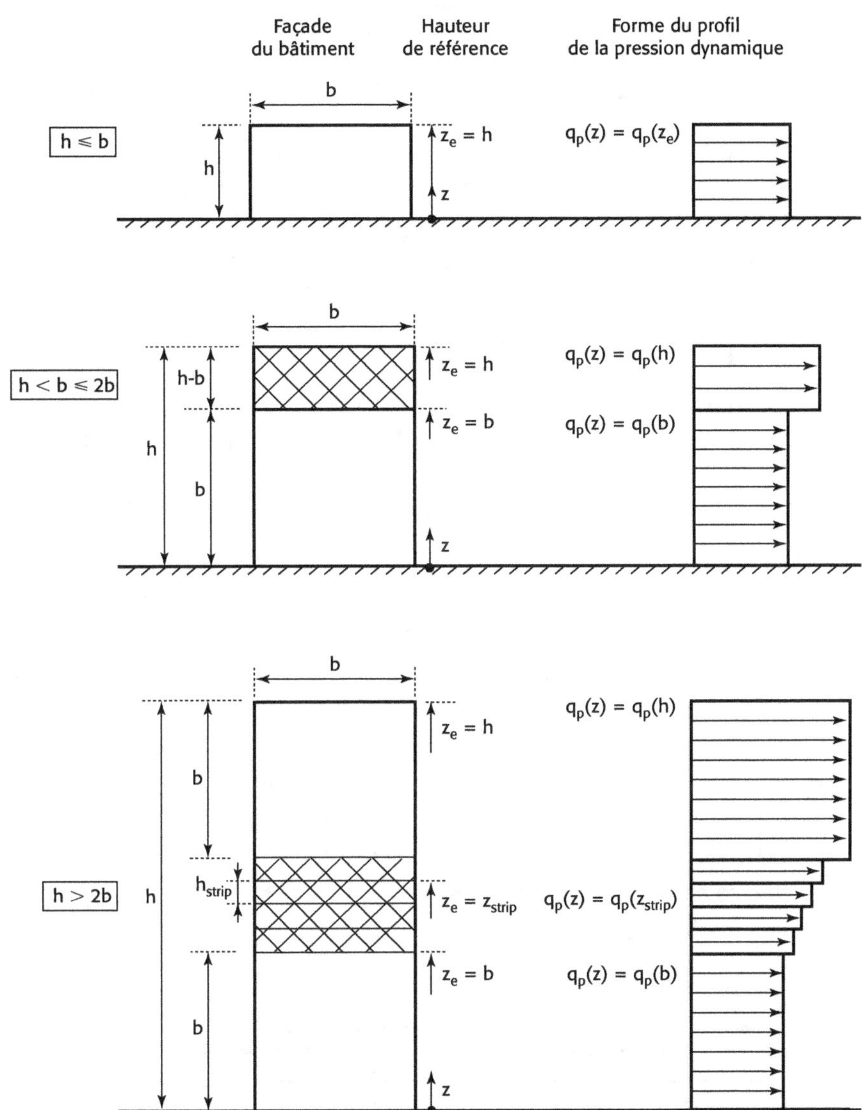

Figure 7.4 - Hauteur de référence, z_e, dépendant de h et b, et profil correspondant de pression dynamique

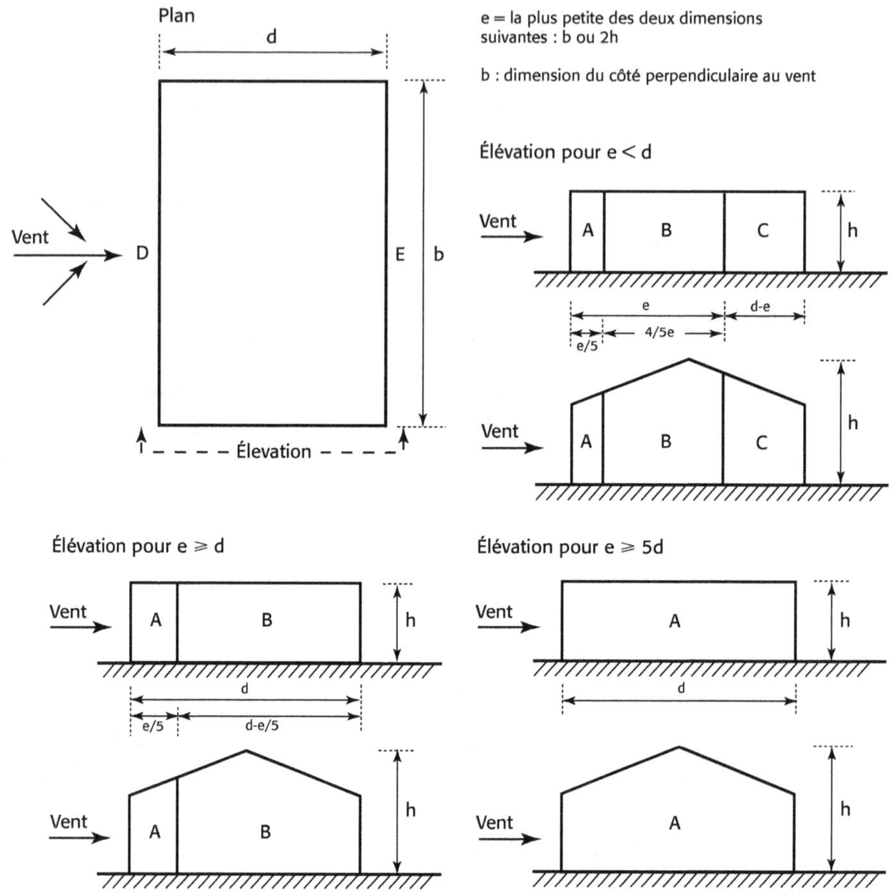

Figure 7.5 - Légende relative aux murs verticaux

Tableau 7.1 - Valeurs recommandées des coefficients de pression extérieure
pour les murs verticaux des bâtiments à plan rectangulaire

Zones	A		B		C		D		E	
h/d	$c_{pe,10}$	$c_{pe,1}$	$c_{pe,10}$	$c_{pe,1}$	$c_{pe,10}$	$c_{pe,1}$	$c_{pe,10}$	$c_{pe,1}$	$c_{pe,10}$	$c_{pe,1}$
5	−1,2	−1,4	−0,8	−1,1	−0,5	−0,5	+ 0,8	+ 1,0	−0,7	−0,7
1	−1,2	−1,4	−0,8	−1,1	−0,5	−0,5	+ 0,8	+ 1,0	−0,5	−0,5
≤ 0,25	−1,2	−1,4	−0,8	−1,1	−0,5	−0,5	+ 0,7	+ 1,0	−0,3	−0,3

Note 2 : Pour les bâtiments avec h/d > 5, la charge totale du vent peut être fondée sur les dispositions données aux sections 7.6 à 7.8 et 7.9.2.

(3) Dans les cas où la force aérodynamique s'exerçant sur un bâtiment est calculée par l'application des coefficients de pression c_{pe} sur les faces au vent et sous le vent (zones D et E) du bâtiment de manière simultanée, le défaut de corrélation entre les pressions aérodynamiques au vent et sous le vent peut devoir être pris en considération.

Note : Le défaut de corrélation entre les pressions aérodynamiques au vent et sous le vent peut être traité comme suit. Pour les bâtiments avec h/d > 5, la force résultante est multipliée par 1. Pour les bâtiments avec h/d < 1, la force résultante est multipliée par 0,85. Il convient d'appliquer une interpolation linéaire pour les valeurs intermédiaires de h/d.

7.2.3   Toitures-terrasses

(1) Les toitures-terrasses sont définies comme ayant une pente (α) telle que $-5° < \alpha < 5°$.

(2) Il convient de diviser la toiture en zones telles que représentées à la figure 7.6.

(3) La hauteur de référence qu'il convient d'utiliser pour les toitures-terrasses et les toitures à rives arrondies ou à brisis mansardés est égale à h. La hauteur de référence qu'il convient d'utiliser pour les toitures-terrasses avec acrotères est égale à $h + h_p$ (voir figure 7.6).

(4) Les coefficients de pression pour chaque zone sont donnés dans le tableau 7.2.

(5) Il convient de déterminer le coefficient de pression résultante exercée sur l'acrotère en utilisant les données du paragraphe 7.4.

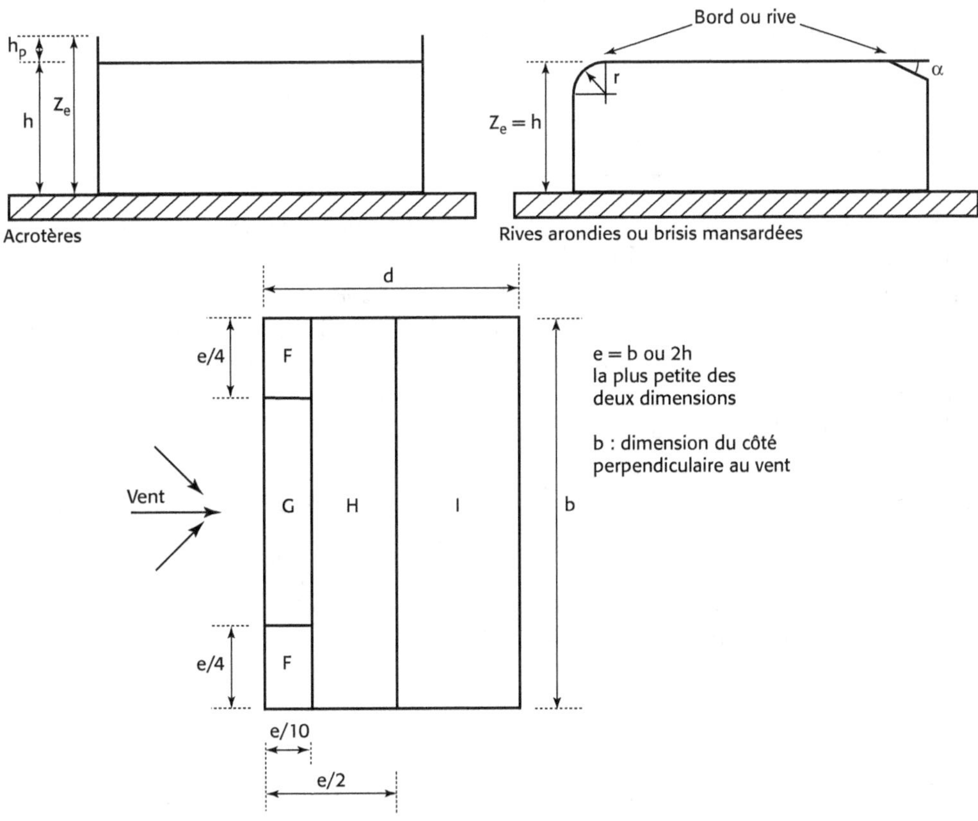

Figure 7.6 - Légende applicable aux toitures-terrasses

Tableau 7.2 - Coefficients de pression extérieure applicables aux toitures-terrasses

Type de toiture		Zones							
		F		G		H		I	
	Coefficients	$c_{pe,10}$	$c_{pe,1}$	$c_{pe,10}$	$c_{pe,1}$	$c_{pe,10}$	$c_{pe,1}$	$c_{pe,10}$	$c_{pe,1}$
Rives à arêtes vives		$-1,8$	$-2,5$	$-1,2$	$-2,0$	$-0,7$	$-1,2$	+0,2 / −0,2	
Avec acrotères	$h_p/h = 0,025$	$-1,6$	$-2,2$	$-1,1$	$-1,8$	$-0,7$	$-1,2$	+0,2 / −0,2	
Avec acrotères	$h_p/h = 0,05$	$-1,4$	$-2,0$	$-0,9$	$-1,6$	$-0,7$	$-1,2$	+0,2 / −0,2	
Avec acrotères	$h_p/h = 0,10$	$-1,2$	$-1,8$	$-0,8$	$-1,4$	$-0,7$	$-1,2$	+0,2 / −0,2	
Rives arrondies	$r/h = 0,05$	$-1,0$	$-1,5$	$-1,2$	$-1,8$	$-0,4$		+0,2 / −0,2	
Rives arrondies	$r/h = 0,10$	$-0,7$	$-1,2$	$-0,8$	$-1,4$	$-0,3$		+0,2 / −0,2	
Rives arrondies	$r/h = 0,20$	$-0,5$	$-0,8$	$-0,5$	$-0,8$	$-0,3$		+0,2 / −0,2	
Brisis mansardés	$\alpha = 30°$	$-1,0$	$-1,5$	$-1,0$	$-1,9$	$-0,3$		+0,2 / −0,2	
Brisis mansardés	$\alpha = 45°$	$-1,2$	$-1,8$	$-1,3$	$-0,4$	$-0,4$		+0,2 / −0,2	
Brisis mansardés	$\alpha = 60°$	$-1,3$	$-1,9$	$-1,3$	$-1,9$	$-0,5$		+0,2 / −0,2	

Note 1 : Pour les toitures avec acrotères ou rives arrondies, une interpolation linéaire peut être utilisée pour les valeurs intermédiaires de h_p/h et r/h.

Note 2 : Pour les toitures à brisis mansardés, une interpolation linéaire entre $\alpha = 30, 45°$ et $\alpha = 60°$ peut être utilisée. Pour $\alpha > 60°$, une interpolation linéaire entre les valeurs pour $\alpha = 60°$ et les valeurs applicables aux toitures-terrasses à arêtes vives peut être utilisée.

Note 3 : En zone I, où des valeurs positives et négatives sont données, chacune des deux valeurs doit être prise en considération.

Note 4 : Pour le brisis mansardé lui-même, les coefficients de pression extérieure sont donnés dans le tableau 7.4a « Coefficients de pression extérieure applicables aux toitures à deux versants » (direction du vent $\theta = 0$), en considérant les zones F et G selon l'angle de pente du brisis.

Note 5 : Pour la rive arrondie elle-même, les coefficients de pression extérieure sont obtenus par l'interpolation linéaire le long de l'arrondi, entre les valeurs relatives au mur et celles relatives à la toiture.

7.2.4 Toitures à un seul versant

(1) Il convient de diviser la toiture, y compris les avancées de toitures, en zones telles que représentées à la figure 7.7.

(2) La hauteur de référence z_e qu'il convient d'utiliser est égale à h.

(3) Les coefficients de pression qu'il convient d'utiliser pour chaque zone sont donnés dans le tableau 7.3.

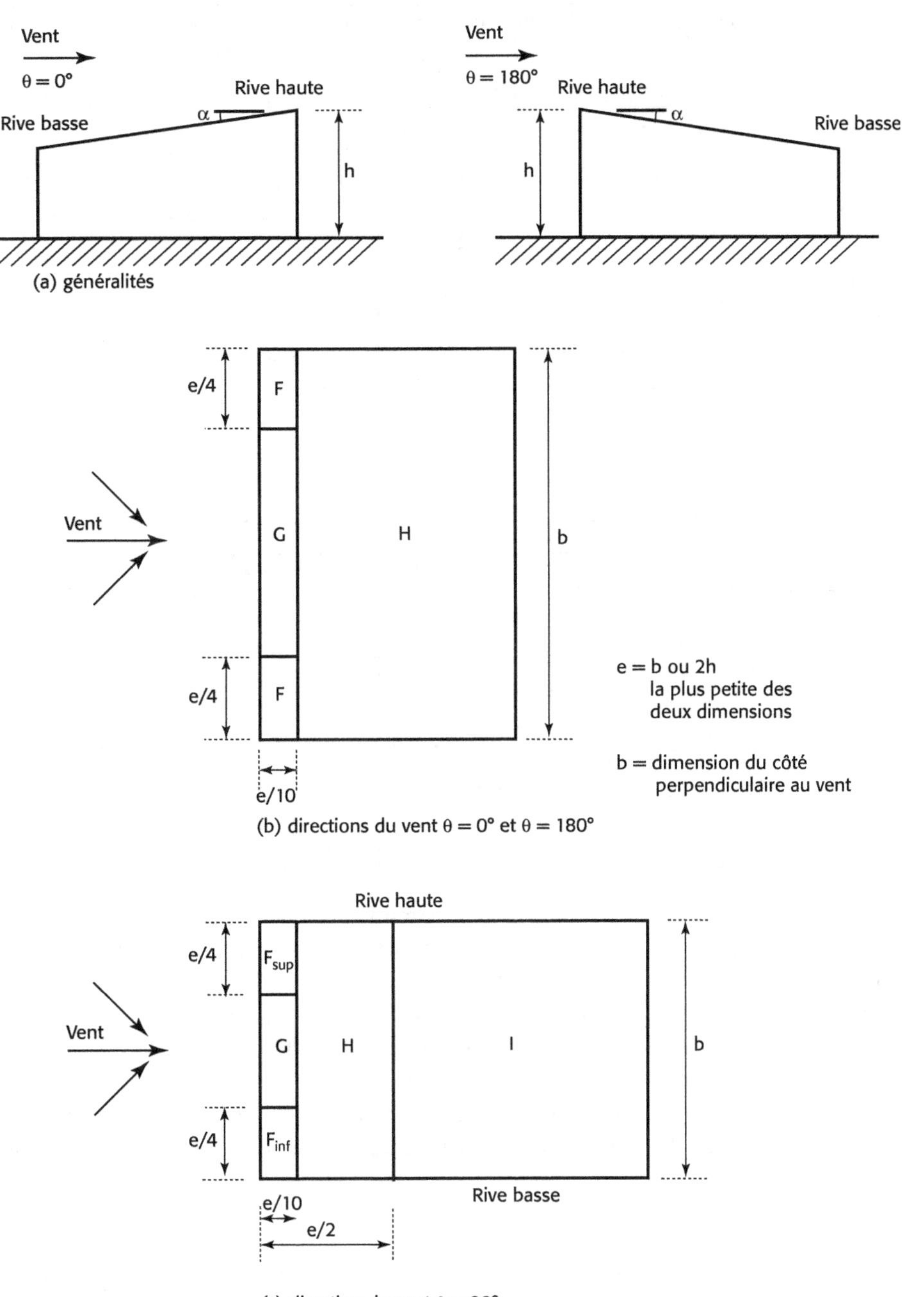

Figure 7.7 - Légende applicable aux toitures à un seul versant

Tableau 7.3a - Coefficients de pression extérieure applicables aux toitures à un seul versant

Angle de pente α	Zones pour la direction du vent θ = 0°						Zones pour la direction du vent θ = 180°					
	F		G		H		F		G		H	
	$c_{pe,10}$	$c_{pe,1}$	$c_{pe,10}$	$c_{pe,1}$	$c_{pe,10}$	$c_{pe,1}$	$c_{pe,10}$	$c_{pe,1}$	$c_{pe,10}$	$c_{pe,1}$	$c_{pe,10}$	$c_{pe,1}$
5°	−1,7	−2,5	−1,2	−2,0	−0,6	−1,2	−2,3	−2,5	−1,3	−2,0	−0,8	−1,2
	+0,0		+0,0		+0,0							
15°	−0,9	−2,0	−0,8	−1,5	−0,3		−2,5	−2,8	−1,3	−2,0	−0,9	−1,2
	+0,2		+0,2		+0,2							
30°	−0,5	−1,5	−0,5	−1,5	−0,2		−1,1	−2,3	−0,8	−1,5	−0,8	
	+0,7		+0,7		+0,4							
45°	−0,0		−0,0		−0,0		−0,6	−1,3	−0,5		−0,7	
	+0,7		+0,7		+0,6							
60°	+0,7		+0,7		+0,7		−0,5	−1,0	−0,5		−0,5	
75°	+0,8		+0,8		+0,8		−0,5	−1,0	−0,5		−0,5	

Tableau 7.3b - Coefficients de pression extérieure applicables aux toitures à un seul versant

Angle de pente α	Zones pour la direction du vent θ = 90°									
	F_{sup}		F_{inf}		G		H		I	
	$c_{pe,10}$	$c_{pe,1}$	$c_{pe,10}$	$c_{pe,1}$	$c_{pe,10}$	$c_{pe,1}$	$c_{pe,10}$	$c_{pe,1}$	$c_{pe,10}$	$c_{pe,1}$
5°	-2,1	-2,6	-2,1	-2,4	-1,8	-2,0	-0,6	-1,2	-0,5	
15°	-2,4	-2,9	-1,6	-2,4	-1,9	-2,5	-0,8	-1,2	-0,7	-1,2
30°	-2,1	-2,9	-1,3	-2,0	-1,5	-2,0	-1,0	-1,3	-0,8	-1,2
45°	-1,5	-2,4	-1,3	-2,0	-1,4	-2,0	-1,0	-1,3	-0,9	-1,2
60°	-1,2	-2,0	-1,2	-2,0	-1,2	-2,0	-1,0	-1,3	-0,7	-1,2
75°	-1,2	-2,0	-1,2	-2,0	-1,2	-2,0	-1,0	-1,3	-0,5	

Note 1 : Avec θ = 0° (voir tableau 7.3a), la pression varie rapidement entre des valeurs positives et négatives pour un angle de pente α allant de +5° à +45° ; c'est pourquoi des valeurs positives et négatives sont indiquées pour ces pentes. Pour ces toitures, il convient de prendre en considération deux cas : un cas présentant toutes les valeurs positives, et un cas présentant toutes les valeurs négatives. Un mélange de valeurs positives et négatives sur un même versant n'est pas admis.

Note 2 : Pour les angles de pente intermédiaire, une interpolation linéaire peut être utilisée entre valeurs de même signe. Les valeurs égales à 0,0 sont données à cette fin d'interpolation.

7.2.5 Toitures à deux versants

(1) Il convient de diviser la toiture, y compris les avancées de toitures, en zones telles que représentées à la figure 7.8.

(2) La hauteur de référence z_e qu'il convient d'utiliser est égale à h.

(3) Les coefficients de pression qu'il convient d'utiliser pour chaque zone sont donnés dans le tableau 7.4.

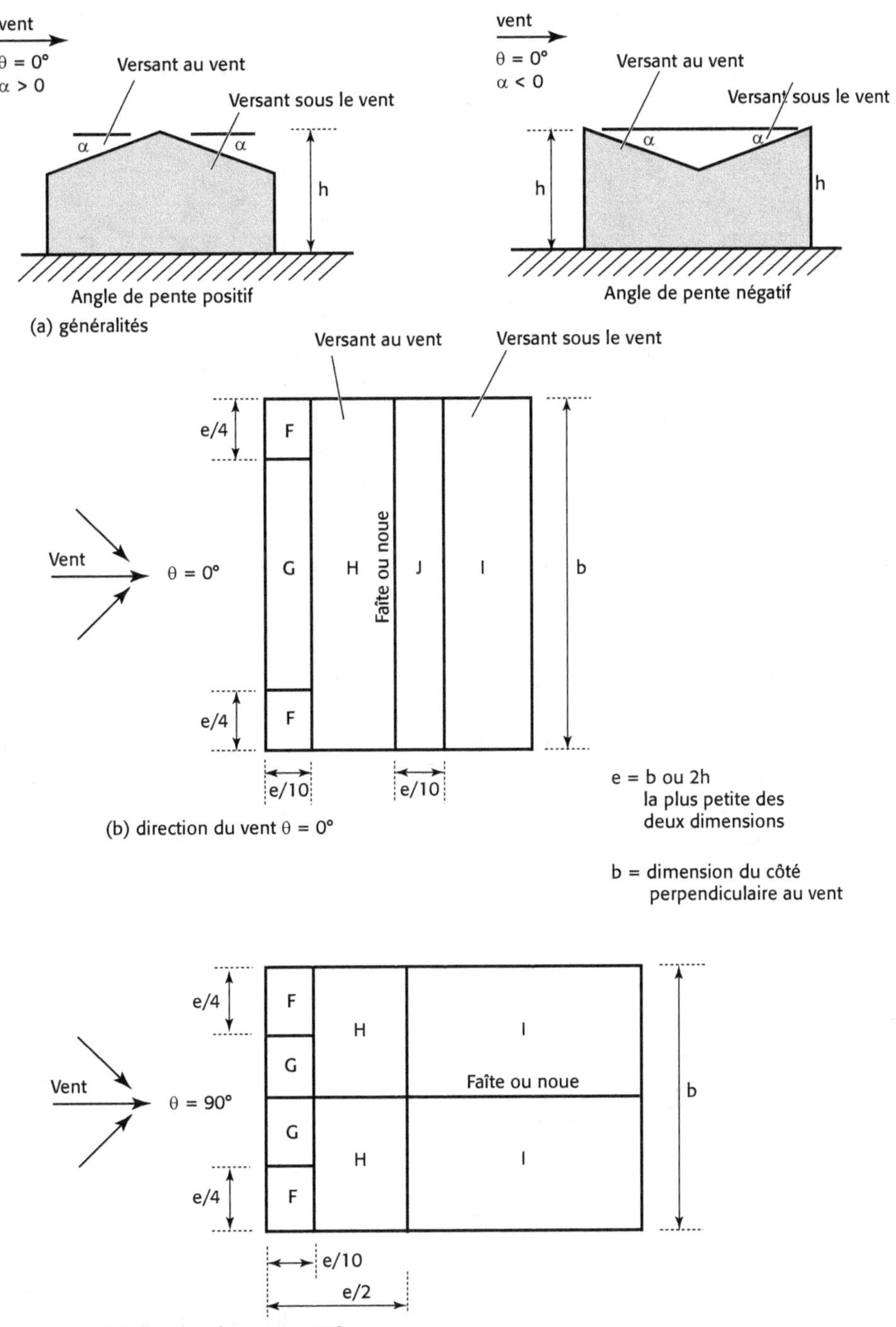

Figure 7.8 - Légende applicable aux toitures à deux versants

Tableau 7.4a - Coefficients de pression extérieure applicables aux toitures à deux versants

Angle de pente α		F $c_{pe,10}$	F $c_{pe,1}$	G $c_{pe,10}$	G $c_{pe,1}$	H $c_{pe,10}$	H $c_{pe,1}$	I $c_{pe,10}$	I $c_{pe,1}$	J $c_{pe,10}$	J $c_{pe,1}$
−45°		−0,6		−0,6		−0,8		−0,7		−1,0	−1,5
−30°		−1,1	−2,0	−0,8	−1,5	−0,8		−0,6		−0,8	−1,4
−15°		−2,5	−2,8	−1,3	−2,0	−0,9	−1,2	−0,5		−0,7	−1,2
−5°	dépression	−2,3	−2,5	−1,2	−2,0	−0,8	−1,2	−0,6		−0,6	
	surpression							+0,2		+0,2	
5°	dépression	−1,7	−2,5	−1,2	−2,0	−0,6	−1,2	−0,6		−0,6	
	surpression	+0,0		+0,0		+0,0		+0,2		+0,2	
15°	dépression	−0,9	−2,0	−0,8	−1,5	−0,3		−0,4		−1,0	−1,5
	surpression	+0,2		+0,2		+0,2		+0,0		+0,0	
30°	dépression	−0,5	−1,5	−0,5	−1,5	−0,2		−0,4		−0,5	
	surpression	+0,7		+0,7		+0,4		+0,0		+0,0	
45°	dépression	−0,0		−0,0		−0,0		−0,2		−0,3	
	surpression	+0,7		+0,7		+0,6		0,0		0,0	
60°		+0,7		+0,7		+0,7		−0,2		−0,3	
75°		+0,8		+0,8		+0,8		−0,2		−0,3	

Note 1 : Avec θ = 0°, la pression varie rapidement entre des valeurs positives et négatives sur le versant au vent, pour un angle de pente α allant de −5° à +45° ; c'est pourquoi des valeurs positives et négatives sont indiquées pour ces pentes. Pour ces toitures, il convient de prendre en considération quatre cas de figure avec lesquels les plus grandes ou les plus petites valeurs de toutes les zones F, G et H sont combinées aux plus grandes ou aux plus petites valeurs des zones I et J. Un mélange de valeurs positives et négatives sur un même versant n'est pas admis.

Note 2 : Pour les angles de pentes intermédiaires de même signe, une interpolation linéaire peut être utilisée entre valeurs de même signe. (Ne pas effectuer d'interpolation entre α = +5° et α = −5°, mais utiliser les données relatives aux toitures-terrasses définies en 7.2.3.) Les valeurs égales à 0,0 sont données à cette fin d'interpolation.

Tableau 7.4b - Coefficients de pression extérieure applicables aux toitures à deux versants

Angle de pente α	F $c_{pe,10}$	F $c_{pe,1}$	G $c_{pe,10}$	G $c_{pe,1}$	H $c_{pe,10}$	H $c_{pe,1}$	I $c_{pe,10}$	I $c_{pe,1}$
−45°	−1,4	−2,0	−1,2	−2,0	−1,0	−1,3	−0,9	−1,2
−30°	−1,5	−2,1	−1,2	−2,0	−1,0	−1,3	−0,9	−1,2
−15°	−1,9	−2,5	−1,2	−2,0	−0,8	−1,2	−0,8	−1,2
−5°	−1,8	−2,5	−1,2	−2,0	−0,7	−1,2	−0,6	−1,2
5°	−1,6	−2,2	−1,3	−2,0	−0,7	−1,2	−0,6	
15°	−1,3	−2,0	−1,3	−2,0	−0,6	−1,2	−0,5	
30°	−1,1	−1,5	−1,4	−2,0	−0,8	−1,2	−0,5	
45°	−1,1	−1,5	−1,4	−2,0	−0,9	−1,2	−0,5	
60°	−1,1	−1,5	−1,2	−2,0	−0,8	−1,0	−0,5	
75°	−1,1	−1,5	−1,2	−2,0	−0,8	−1,0	−0,5	

7.2.7   Toitures multiples (shed)

(1) Les coefficients de pression applicables aux directions 0°, 90° et 180° pour chaque travée d'une toiture multiple peuvent être calculés à partir du coefficient de pression pour chaque travée individuelle.

Il convient de calculer les coefficients de modification applicables aux pressions (locales et globales) relatives aux directions du vent 0° et 180° sur chaque travée à partir :

- des données définies en 7.2.4 pour les toitures à un seul versant, modifiées pour leur position selon la figure 7.10 a et b ;
- des données définies en 7.2.5 pour les toitures à deux versants pour $\alpha < 0$, modifiées pour leur position selon la figure 7.10 c et d.

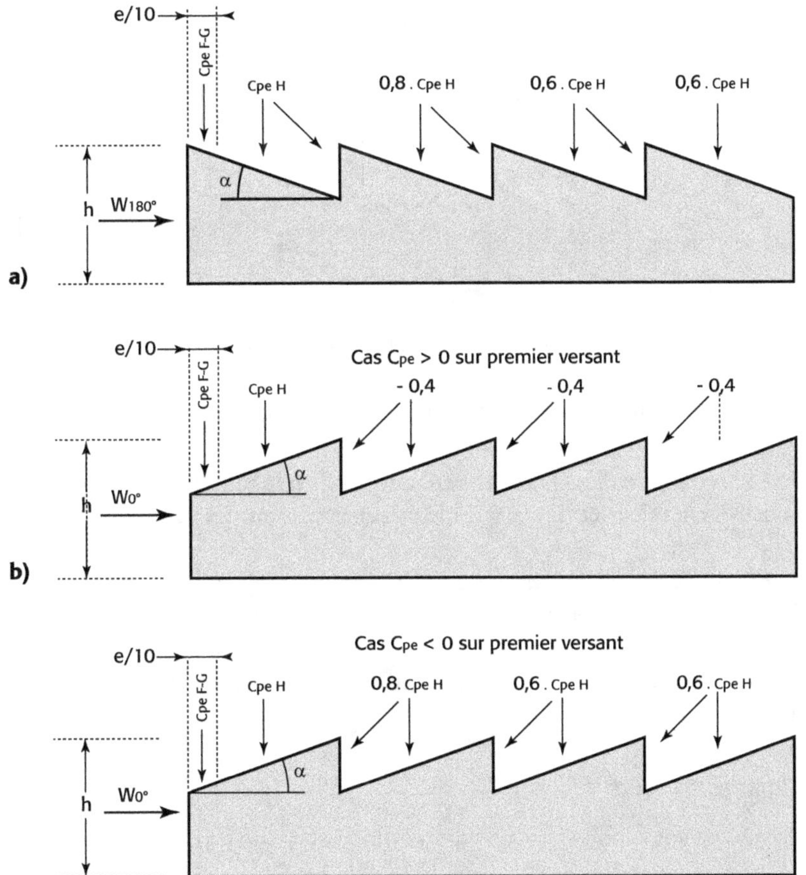

Figure 7.10 a) à b) - Légende applicable aux toitures multiples

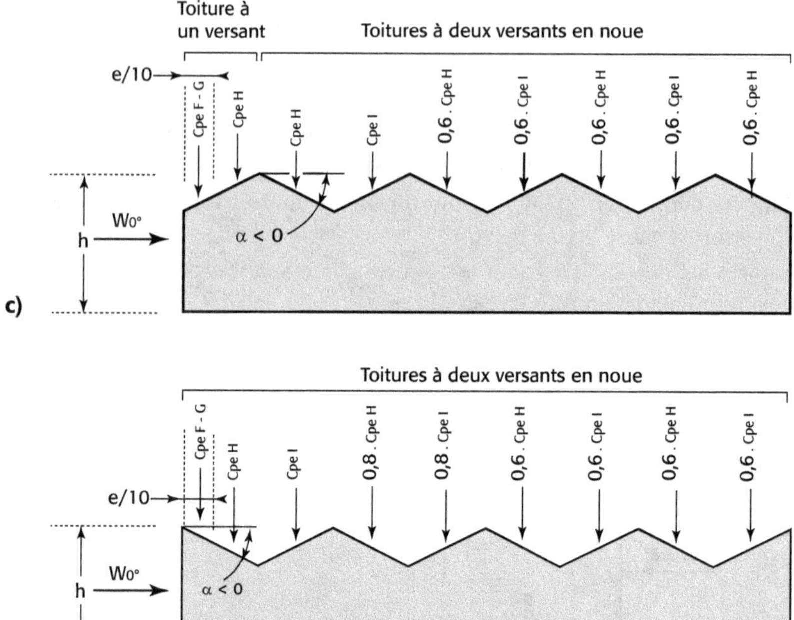

Figure 7.10 c) à d) - Légende applicable aux toitures multiples

Note 1 : Pour la configuration b), il convient de considérer deux cas selon le signe du coefficient c_{pe} applicable à la première toiture.

Note 2 : Dans la configuration c), la première valeur c_{pe} est la valeur c_{pe} de la toiture à un seul versant, la deuxième valeur et toutes les valeurs suivantes sont les valeurs c_{pe} de la toiture à deux versants à noue.

(2) Il convient de ne considérer les zones F/G/J que pour le versant au vent. Il est recommandé de prendre en considération les zones H et I pour chaque travée de la toiture multiple.

(3) La hauteur de référence z_e qu'il convient d'utiliser est égale à la hauteur h telle que définie à la figure 7.10.

7.2.8 Toitures en voûte

(1) La présente section s'applique aux toitures cylindriques circulaires.

Les valeurs recommandées de $c_{pe,10}$ sont indiquées à la figure 7.11 pour différentes zones. La hauteur de référence qu'il convient d'utiliser est égale à $z_e = h + f$.

Pour $0 < h/d < 0,5$, $c_{pe,10}$ est obtenue par interpolation linéaire.

Pour $0,2 \leq f/d \leq 0,3$ et $h/d \geq 0,5$, deux valeurs de $c_{pe,10}$ doivent être prises en considération.

(2) Il convient que les coefficients de pression utilisés pour les murs des bâtiments rectangulaires dont la toiture est en voûte, soient ceux définis en 7.2.2.

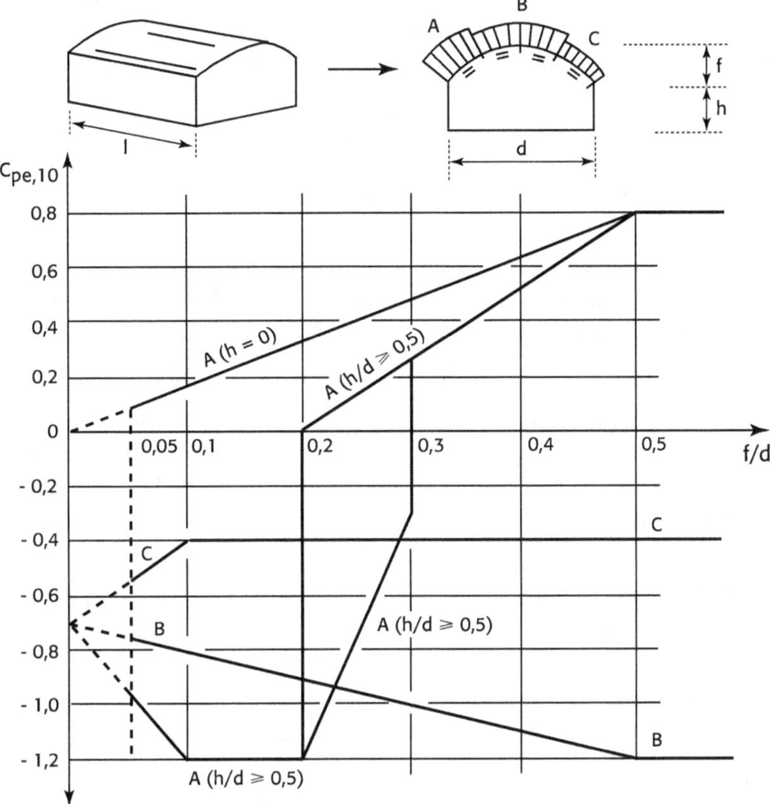

Figure 7.11 - Valeurs recommandées des coefficients de pression extérieure $c_{pe,10}$
pour les toitures en voûte à base rectangulaire

7.2.9   Pression intérieure

(1)P Les pressions intérieure et extérieure doivent être considérées comme agissant simultanément. La combinaison la plus défavorable des pressions extérieure et intérieure doit être envisagée pour chaque combinaison d'ouvertures potentielles et autres sources de fuites d'air.

(2) Le coefficient de pression intérieure, c_{pi}, dépend de la dimension et de la répartition des ouvertures dans l'enveloppe du bâtiment.

Lorsque, sur au moins deux faces du bâtiment (façades ou toiture), l'aire totale des ouvertures existant sur chacune d'elles représente 30 % de l'aire de cette face, alors on devra utiliser les règles définies en 7.3 (toitures isolées) et 7.4 (murs isolés et acrotères).

Note : Les ouvertures d'un bâtiment comprennent des ouvertures de petites dimensions telles que fenêtres ouvertes, ouvrants, cheminées, etc., ainsi qu'une perméabilité de fond telle que fuites d'air autour des portes, fenêtres, équipements techniques, et fuites à travers l'enveloppe du bâtiment. La perméabilité de fond se situe généralement dans la plage comprise entre 0,01 % et 0,1 % de l'aire de la face. Des informations supplémentaires figurent dans l'Annexe nationale.

(3) Lorsqu'une ouverture extérieure, telle qu'une porte ou une fenêtre, est dominante en position ouverte mais est considérée fermée à l'état limite ultime, lors de vents violents extrêmes, il convient de considérer la situation avec la porte ou la fenêtre ouverte comme une situation de projet accidentelle conformément à l'EN 1990.

Note : La vérification de la situation de projet accidentelle se révèle importante pour les murs intérieurs de grande hauteur (avec un risque élevé de danger) lorsque le mur doit supporter entièrement l'action extérieure du vent du fait de la présence d'ouvertures dans l'enveloppe du bâtiment.

(4) Une **face d'un bâtiment** est généralement considérée comme **dominante lorsque l'aire de ses ouvertures est au moins égale à deux fois l'aire des ouvertures et des fuites d'air dans les autres faces du bâtiment.**

Note : Ceci peut également s'appliquer aux volumes internes individuels au sein du bâtiment.

(5) Dans le cas d'un **bâtiment ayant une face dominante, la pression intérieure se calcule comme une fraction de la pression extérieure au niveau des ouvertures de cette face :**
- lorsque l'aire des ouvertures dans la face dominante est **égale à deux fois l'aire des ouvertures dans les autres faces,**

$$c_{pi} = 0{,}75 \cdot c_{pe}\,; \tag{7.1}$$

- lorsque l'aire des ouvertures dans la face dominante **est au moins égale à trois fois l'aire des ouvertures dans les autres faces,**

$$c_{pi} = 0{,}90 \cdot c_{pe}\,; \tag{7.2}$$

- lorsque ces ouvertures sont situées dans des zones avec des valeurs différentes de pression extérieure, il est recommandé d'utiliser une valeur moyenne pondérée en surface de c_{pe} ;
- lorsque l'aire des ouvertures dans la face dominante est **comprise entre 2 et 3 fois l'aire des ouvertures dans les autres faces, il peut être fait appel à l'interpolation linéaire** pour calculer c_{pi}.

(6) Pour les **bâtiments sans face dominante,** il convient de déterminer le coefficient de pression intérieure c_{pi} à partir de la figure 7.13, ledit coefficient étant fonction du rapport de la hauteur à la profondeur du bâtiment, h/d, et du rapport d'ouverture µ pour chaque direction du vent θ, qu'il y a lieu de déterminer à partir de l'expression (7.3) :

$$\mu = \frac{\Sigma \ \textit{aire des ouvertures où } c_{pe} \textit{ est négatif ou nul}}{\Sigma \ \textit{aire de toutes les ouvertures}} \tag{7.3}$$

Note : Pour les valeurs comprises entre h/d = 0,25 et h/d = 1,0, une interpolation linéaire peut être utilisée :

$$c_{pi}\left(\frac{h}{d}\right) = c_{pi}(0{,}25) + \frac{c_{pi}(1) - c_{pi}(0{,}25)}{0{,}75} \times \left(\frac{h}{d} - 0{,}25\right).$$

Note 1 : Ceci s'applique aux façades et aux toitures des bâtiments avec et sans cloisons intérieures.

Note 2 : Lorsqu'il se révèle impossible, ou lorsqu'il n'est **pas considéré justifié d'évaluer** µ pour un cas particulier, il convient alors de donner au c_{pi} **la valeur la plus sévère de + 0,2 et −0,3.**

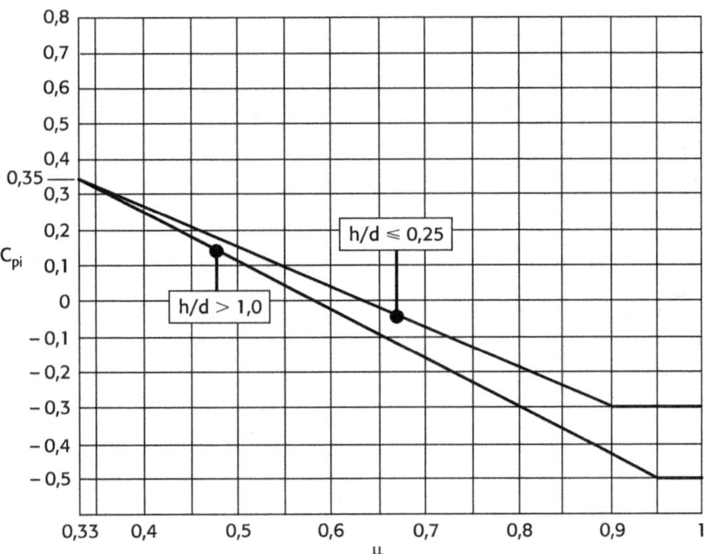

Figure 7.13 - Coefficients de pression intérieure applicables pour des ouvertures uniformément réparties

(7) La hauteur de référence z_i, qu'il convient d'utiliser pour les pressions intérieures est égale à la hauteur de référence z_e pour les pressions extérieures (voir 5.1 (1)P) exercées sur les faces qui contribuent, par leurs ouvertures, à la création de la pression intérieure. Lorsqu'il existe plusieurs ouvertures, il est recommandé d'utiliser la plus grande valeur de z_e pour déterminer z_i.

7.3   Toitures isolées

(1) Une toiture isolée est définie comme la toiture d'une construction ne comportant pas de murs permanents, tels que stations-service, hangars agricoles ouverts, etc.

(2) Le degré d'obstruction sous une toiture isolée est représenté à la figure 7.15. Il dépend de l'obstruction φ, qui est le rapport de l'aire des obstructions éventuelles (mais vraisemblables) sous la toiture, divisée par l'aire de la section transversale sous la voûte, les deux aires étant mesurées perpendiculairement à la direction du vent.

Note : $\varphi = 0$ représente une toiture isolée sans rien en dessous, et $\varphi = 1$ représente une toiture isolée entièrement obstruée par des objets disposés sur toute la hauteur de la seule rive sous le vent (il ne s'agit pas d'un bâtiment fermé).

(3) Les coefficients de force globale c_f, et les coefficients de pression nette $c_{p,net}$, indiqués dans les tableaux 7.6 à 7.8 pour $\varphi = 0$ et $\varphi = 1$, tiennent compte de l'effet combiné du vent agissant à la fois sur les surfaces supérieure et inférieure des toitures isolées quelles que soient les directions du vent. Les valeurs intermédiaires peuvent être déterminées par interpolation linéaire.

(4) Il convient d'utiliser les valeurs de $c_{p,net}$ pour $\varphi = 0$ pour les éléments situés, dans la direction du vent, au-delà de la position d'obstruction maximale.

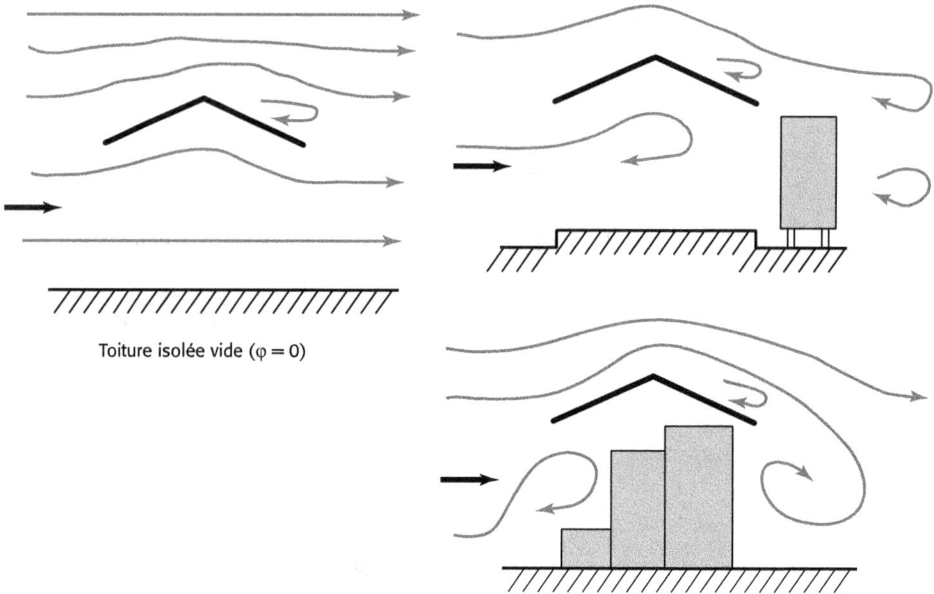

Figure 7.15 - Écoulement de l'air autour des toitures isolées

(5) Le coefficient de force globale représente la force résultante. Le coefficient de pression nette représente la pression locale maximale pour toutes les directions du vent. Il est recommandé d'utiliser ce dernier pour le calcul des éléments de toiture et les fixations.

(6) Chaque toiture isolée doit pouvoir supporter les cas de charges définis ci-dessous :
- pour une toiture isolée à un seul versant (tableau 7.6), il convient de placer le centre de pression à d/4 à partir du bord exposé au vent (d = dimension dans la direction du vent, figure 7.16) ;
- pour une toiture isolée à deux versants (tableau 7.7), il convient de placer le centre de pression au centre de chaque versant (figure 7.17). Il est, par ailleurs, recommandé qu'une toiture isolée à deux versants puisse résister à un chargement maximal ou minimal sur un de ses versants, l'autre versant ne recevant pas de charge ;
- dans le cas d'une toiture isolée multiple, comportant plusieurs travées, le chargement de chaque travée peut être calculé en appliquant les coefficients de réduction ψ_{mc} indiqués dans le tableau 7.8, aux valeurs $c_{p,net}$ données dans le tableau 7.7.

Pour les toitures isolées à double enveloppe, il convient de calculer la paroi imperméable et ses fixations avec $c_{p,net}$, et la paroi perméable avec $1/3 \cdot c_{p,net}$.

(7) Il convient de prendre en considération les forces de frottement (voir 7.5).

(8) La hauteur de référence z_e qu'il convient d'utiliser est égale à h telle que représentée aux figures 7.16 et 7.17.

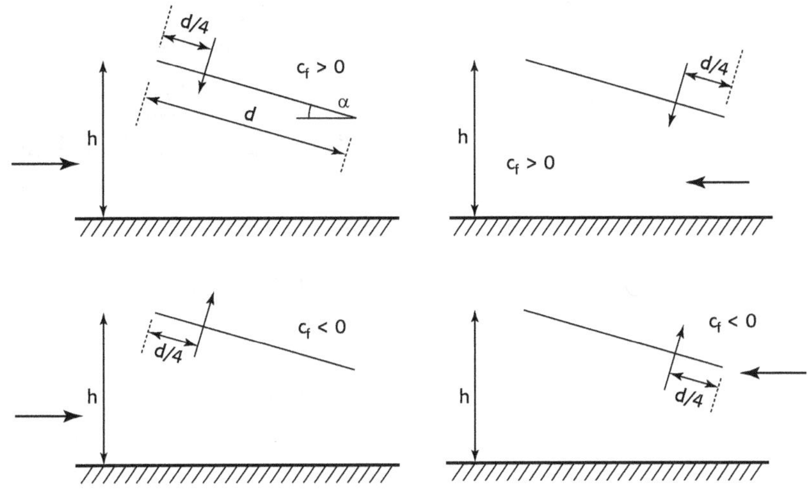

Figure 7.16 - Emplacement du centre de force pour les toitures isolées à un seul versant

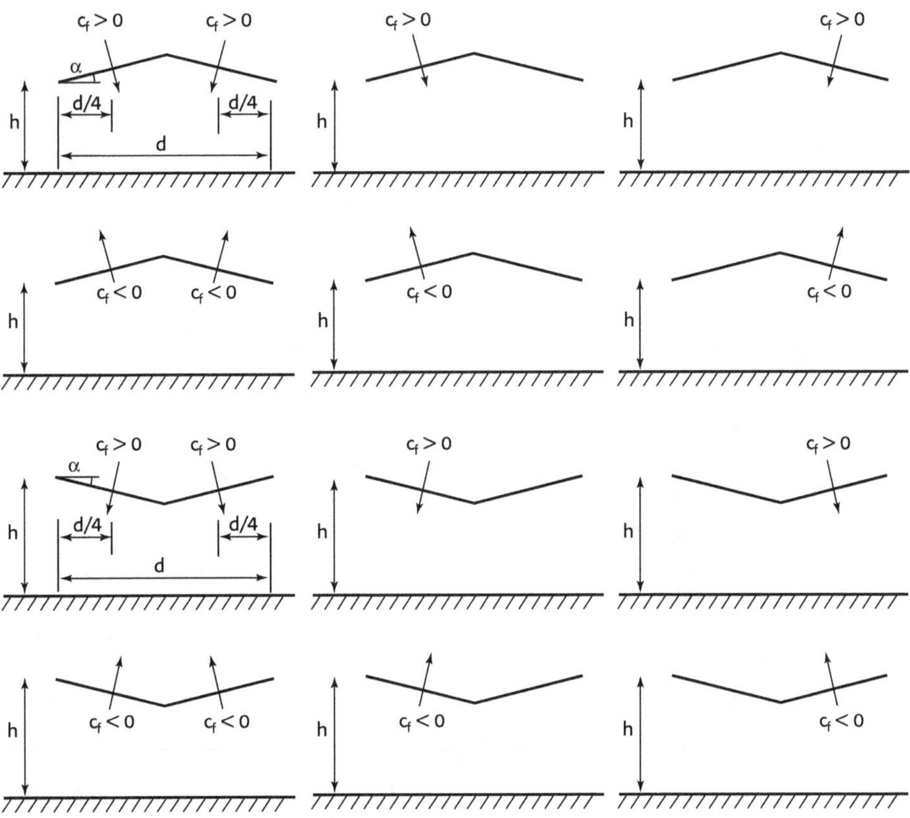

Figure 7.17 - Dispositions des charges obtenues à partir des coefficients de force
pour les toitures isolées à deux versants

Tableau 7.6 - Valeurs de $c_{p,net}$ et c_f pour les toitures isolées à un seul versant

Coefficients de pression nette $c_{p,net}$

Plan repère

Angle de toiture α	Obstructions ϕ	Coefficients de force globaux c_f	Zone A	Zone B	Zone C
0°	Maximum quel que soit φ	+ 0,2	+ 0,5	+ 1,8	+ 1,1
	Minimum $\varphi = 0$	– 0,5	– 0,6	– 1,3	– 1,4
	Minimum $\varphi = 1$	– 1,3	– 1,5	– 1,8	– 2,2
5°	Maximum quel que soit φ	+ 0,4	+ 0,8	+ 2,1	+ 1,3
	Minimum $\varphi = 0$	– 0,7	– 1,1	– 1,7	– 1,8
	Minimum $\varphi = 1$	– 1,4	– 1,6	– 2,2	– 2,5
10°	Maximum quel que soit φ	+ 0,5	+ 1,2	+ 2,4	+ 1,6
	Minimum $\varphi = 0$	– 0,9	– 1,5	– 2,0	– 2,1
	Minimum $\varphi = 1$	– 1,4	– 2,1	– 2,6	– 2,7
15°	Maximum quel que soit φ	+ 0,7	+ 1,4	+ 2,7	+ 1,8
	Minimum $\varphi = 0$	– 1,1	– 1,8	– 2,4	– 2,5
	Minimum $\varphi = 1$	– 1,4	– 1,6	– 2,9	– 3,0
20°	Maximum quel que soit φ	+ 0,8	+ 1,7	+ 2,9	+ 2,1
	Minimum $\varphi = 0$	– 1,3	– 2,2	– 2,8	– 2,9
	Minimum $\varphi = 1$	– 1,4	– 1,6	– 2,9	– 3,0
25°	Maximum quel que soit φ	+ 1,0	+ 2,0	+ 3,1	+ 2,3
	Minimum $\varphi = 0$	– 1,6	– 2,6	– 3,2	– 3,2
	Minimum $\varphi = 1$	– 1,4	– 1,5	– 2,5	– 2,8
30°	Maximum quel que soit φ	+ 1,2	+ 2,2	+ 3,2	+ 2,4
	Minimum $\varphi = 0$	– 1,8	– 3,0	– 3,8	– 3,6
	Minimum $\varphi = 1$	– 1,4	– 1,5	– 2,2	– 2,7

Note : Le signe + indique une action nette descendante du vent (surpression). Le signe – indique une action nette ascendante du vent (dépression).

Tableau 7.7 - Valeurs de $c_{p,net}$ et c_f pour les toitures isolées à deux versants

Coefficients de pression nette $c_{p,net}$

Plan repère

Angle de toiture α	Obstructions ϕ	Coefficients de force globaux c_f	Zone A	Zone B	Zone C	Zone D
$-20°$	Maximum quel que soit φ	+ 0,7	+ 0,8	+ 1,6	+ 0,6	+ 1,7
	Minimum $\varphi = 0$	− 0,7	− 0,9	− 1,3	− 1,6	− 0,6
	Minimum $\varphi = 1$	− 1,3	− 1,5	− 2,4	− 2,4	− 0,6
$-15°$	Maximum quel que soit φ	+ 0,5	+ 0,6	+ 1,5	+ 0,7	+ 1,4
	Minimum $\varphi = 0$	− 0,6	− 0,8	− 1,3	− 1,6	− 0,6
	Minimum $\varphi = 1$	− 1,4	− 1,6	− 2,7	− 2,6	− 0,6
$-10°$	Maximum quel que soit φ	+ 0,4	+ 0,6	+ 1,4	+ 0,8	+ 1,1
	Minimum $\varphi = 0$	− 0,6	− 0,8	− 1,3	− 1,5	− 0,6
	Minimum $\varphi = 1$	− 1,4	− 1,6	− 2,7	− 2,6	− 0,6
$-5°$	Maximum quel que soit φ	+ 0,3	+ 0,5	+ 1,5	+ 0,8	+ 0,8
	Minimum $\varphi = 0$	− 0,5	− 0,7	− 1,3	− 1,6	− 0,6
	Minimum $\varphi = 1$	− 1,3	− 1,5	− 2,4	− 2,4	− 0,6
$+5°$	Maximum quel que soit φ	+ 0,3	+ 0,6	+ 1,8	+ 1,3	+ 0,4
	Minimum $\varphi = 0$	− 0,6	− 0,6	− 1,4	− 1,4	− 1,1
	Minimum $\varphi = 1$	− 1,3	− 1,3	− 2,0	− 1,8	− 1,5
$+10°$	Maximum quel que soit φ	+ 0,4	+ 0,7	+ 1,8	+ 1,4	+ 0,4
	Minimum $\varphi = 0$	− 0,7	− 0,7	− 1,5	− 1,4	− 1,4
	Minimum $\varphi = 1$	− 1,3	− 1,3	− 2,0	− 1,8	− 1,8
$+15°$	Maximum quel que soit φ	+ 0,4	+ 0,9	+ 1,9	+ 1,4	+ 0,4
	Minimum $\varphi = 0$	− 0,8	− 0,9	− 1,5	− 1,4	− 1,8
	Minimum $\varphi = 1$	− 1,3	− 1,3	− 2,2	− 1,6	− 2,1
$+20°$	Maximum quel que soit φ	+ 0,6	+ 1,1	+ 1,9	+ 1,5	+ 0,4
	Minimum $\varphi = 0$	− 0,9	− 1,2	− 1,8	− 1,4	− 2,0
	Minimum $\varphi = 1$	− 1,3	− 1,4	− 2,2	− 1,6	− 2,1
$+25°$	Maximum quel que soit φ	+ 0,7	+ 1,2	+ 1,9	+ 1,6	+ 0,5
	Minimum $\varphi = 0$	− 1,0	− 1,4	− 1,9	− 1,4	− 2,0
	Minimum $\varphi = 1$	− 1,3	− 1,4	− 2,0	− 1,5	− 2,0
$+30°$	Maximum quel que soit φ	+ 0,9	+ 1,3	+ 1,9	+ 1,6	+ 0,7
	Minimum $\varphi = 0$	− 1,0	− 1,4	− 1,9	− 1,4	− 2,0
	Minimum $\varphi = 1$	− 1,3	− 1,4	− 1,8	− 1,4	− 2,0

(9) Les charges s'exerçant sur chaque versant des toitures multiples isolées, telles que représentées à la figure 7.18, sont déterminées par application des coefficients de réduction ψ_{mc} du tableau 7.8 à la force globale, ainsi qu'aux coefficients de pression nette applicables aux toitures isolées à deux versants.

Tableau 7.8 - Coefficients de réduction ψ_{mc} pour les toitures multiples isolées

Baie	Emplacement	Coefficients ψ_{mc} pour toutes les valeurs de ϕ	
		Sur coefficients de force et de pression maximum (descendantes)	Sur coefficients de force et de pression minimum (ascendantes)
1	Travées d'extrémités	1,0	0,8
2	Deuxième et avant-dernière travée	0,9	0,7
3	Troisième travée et travées suivantes	0,7	0,7

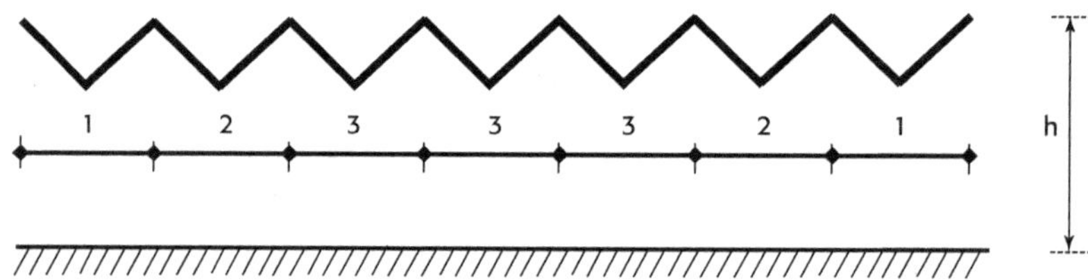

Figure 7.18 - Toitures multiples isolées

7.4 Murs isolés, acrotères, clôtures et panneaux de signalisation

(1) Les valeurs des coefficients de pression résultante $c_{p,net}$ applicables aux murs isolés dépendent du taux de remplissage φ. Pour les murs pleins, le taux de remplissage φ est égal à 1 ; pour les murs dont le taux de remplissage représente 80 % (c'est-à-dire que les ouvertures constituent les 20 % restants), $\varphi = 0,8$. Il convient de considérer les murs et les clôtures ajourés caractérisés par un taux de remplissage $\varphi \leq 0,8$ comme des treillis plans conformément à 7.11.

7.4.1 Murs isolés et acrotères

(1) Il convient de spécifier les coefficients de pression résultante $c_{p,net}$ applicables aux murs isolés pour les zones A, B, C et D définies par la figure 7.19.

Pour les **acrotères**, le coefficient de pression résultante $c_{p,net}$ **peut être pris égal à 2** sans considération de zone ni de pente de toiture.

Note : Les valeurs recommandées sont données dans le tableau 7.9 pour deux valeurs du taux de remplissage (voir 7.4 (1)). Ces valeurs recommandées correspondent à une direction de vent oblique par rapport au mur sans retour d'angle (voir figure 7.19) et, dans le cas du mur avec retour d'angle, aux deux directions opposées indiquées à la figure 7.19. L'aire de référence est l'aire brute (enveloppe) dans les deux cas. Une interpolation linéaire peut être faite pour un taux de remplissage compris entre 0,8 et 1.

Tableau 7.9 - Coefficients de pression recommandés $c_{p,net}$ applicables aux murs isolés et acrotères

Taux de remplissage	Zones		A	B	C	D
φ = 1	Sans retour d'angle	1/h ≤ 3	2,3	1,4	1,2	1,2
		1/h = 5	2,9	1,8	1,4	1,2
		1/h ≥ 10	3,4	2,1	1,7	1,2
	Avec retour d'angle de longueur ≥ h*		2,1	1,8	1,4	1,2
φ = 0,8			1,2	1,2	1,2	1,2

* Une interpolation linéaire peut être utilisée pour les longueurs du retour d'angle comprises entre 0,0 et h.

(2) La hauteur de référence qu'il convient d'utiliser pour les murs isolés est égale à z_e = h, voir figure 7.19.

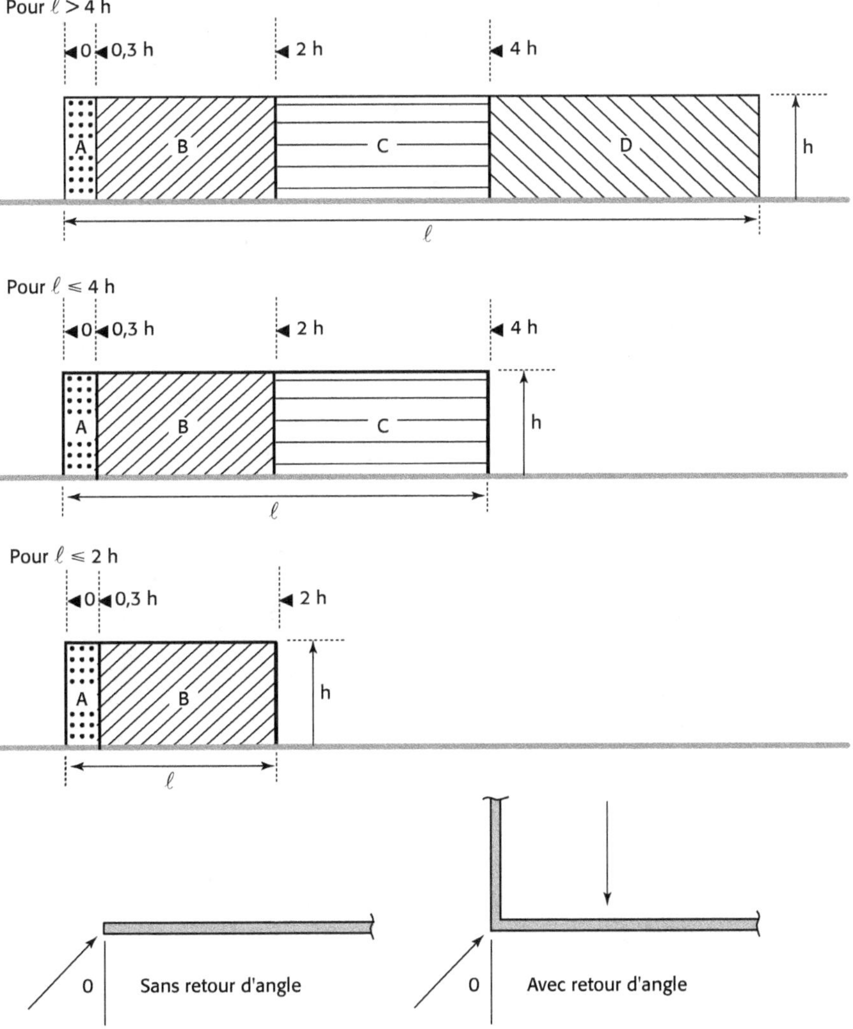

Figure 7.19 - Légende des zones pour les murs isolés et les acrotères

7.5   Coefficients de frottement

(1) Il convient de prendre en considération le frottement pour les cas définis en 5.3 (3).

(2) Il est recommandé d'utiliser les coefficients de frottement c_{fr}, pour les murs et les toitures, donnés dans le tableau 7.10.

(3) L'aire de référence A_{fr} est indiquée à la figure 7.22. Il convient d'appliquer les forces de frottement sur la partie des surfaces extérieures parallèle au vent, située au-delà d'une certaine distance des bords au vent ou des angles au vent de la toiture, distance égale à la plus petite valeur de 2.b ou 4.h.

(4) La hauteur de référence z_e, qu'il convient d'utiliser est la hauteur au-dessus du sol de la construction ou la hauteur h du bâtiment, voir figure 7.22.

Tableau 7.10 - Coefficients de frottement c_{fr} applicables aux murs, acrotères et toitures

Surface	Coefficient de frottement c_{fr}
Lisse (à savoir acier, béton lisse)	0,01
Rugueuse (à savoir béton brut, bardeaux bitumés (*shingles*))	0,02
Très rugueuse (à savoir ondulations, nervures, pliures)	0,04

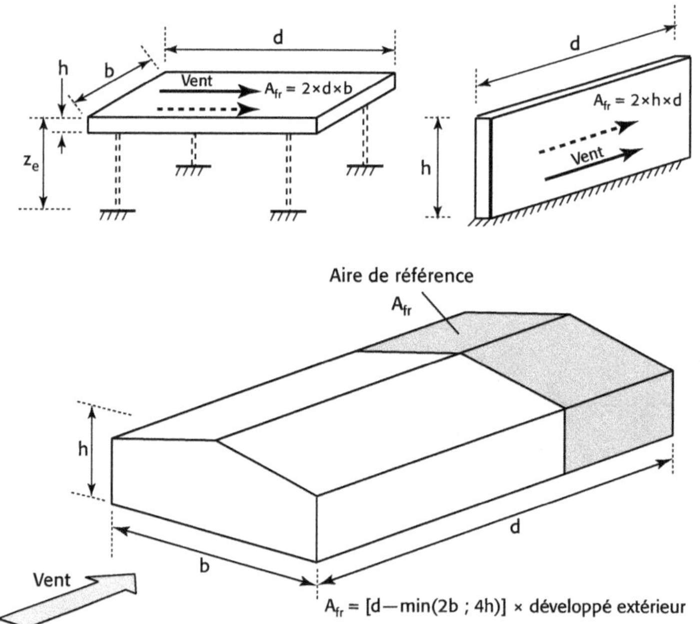

Figure 7.22 - Aire de référence pour le frottement

Rappels d'après 5.3 :

$F_{fr} = c_{fr} \times q_p\,(z_e) \times A_{fr}$

Force dont la reprise est assurée par les palées stabilisant les long pans.

F_{fr} est négligé si $As_{//} \leq 4 \times As_{\wedge}$

$As_{//}$ = aire totale de toutes les surfaces parallèles au vent (ou faiblement inclinées par rapport à sa direction).

$As_{\wedge}$ = aire totale de toutes les surfaces extérieures perpendiculaires au vent (au vent et sous le vent).

Annexe 1

Lecture simplifiée de l'article 7.2.9 : « Pression intérieure »

En adoptant :

A = aire d'une face ; $\quad A_0$ = aire totale des ouvertures sur une face ;

A_{ofd} = aire totale des ouvertures sur une face dominante.

$\Rightarrow$ **Si pour au moins 2 faces (façades ou toiture) $\dfrac{A_0}{A} \geq 30\,\%$,**

alors traitement en toitures et murs isolés (7.3 et 7.4) $\hfill (2)$

$\Rightarrow$ **Une face est dominante si $A_{ofd} \geq 2 \cdot \displaystyle\sum_{\substack{autres \\ faces}} A_0$** $\hfill (4)$

- si $A_{ofd} = 2 \cdot \displaystyle\sum_{\substack{autres \\ faces}} A_0 \qquad\qquad$ alors $c_{pi} = 0{,}75 \cdot c_{pe} \quad (7.1)$ $\hfill (5)$

- si $A_{ofd} \geq 3 \cdot \displaystyle\sum_{\substack{autres \\ faces}} A_0 \qquad\qquad$ alors $c_{pi} = 0{,}90 \cdot c_{pe} \quad (7.2)$

- si $2 \cdot \displaystyle\sum_{\substack{autres \\ faces}} A_0 \leq A_{ofd} = 3 \cdot \displaystyle\sum_{\substack{autres \\ faces}} A_0 \quad$ alors interpolation linéaire entre (7.1) et (7.2)

c_{pe} est le coefficient de pression extérieure au niveau des ouvertures de la face dominante.

$\Rightarrow$ **Pas de face dominante :** c_{pi} est fonction de $\dfrac{h}{d}$ et $\mu = \dfrac{\displaystyle\sum A_{0\,faces\,c_{pe} \leq 0}}{\displaystyle\sum A_0}$ $\hfill (6)$

- si $\dfrac{h}{d} \leq 0{,}25 \qquad$ alors pour chaque configuration de vent et d'ouvertures : lecture sur courbe correspondante ;

- si $\dfrac{h}{d} > 1{,}0 \qquad$ alors pour chaque configuration de vent et d'ouvertures : lecture sur courbe correspondante ;

- si $0{,}25 < \dfrac{h}{d} \leq 1 \quad$ alors interpolation linéaire entre les 2 courbes pour chaque configuration ;

$$c_{pi}(x) = c_{pi}(0{,}25) + \frac{c_{pi}(1) - c_{pi}(0{,}25)}{0{,}75} \cdot (x - 0{,}25)$$

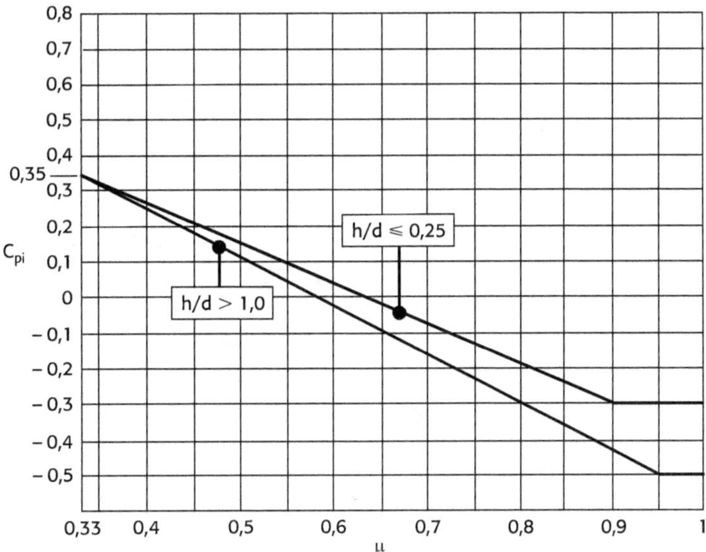

— si μ n'est pas quantifiable ou que le bâtiment peut être considéré fermé, alors

$$c_{pi} = \text{la valeur la plus sévère de} + 0{,}2 \text{ ou} -0{,}3.$$

PARTIE B

Eurocode 3
Calcul des structures en acier

Règles générales et règles pour les bâtiments

1. Généralités

1.1 Domaine d'application

1.1.1 Domaine d'application de l'Eurocode 3

L'Eurocode 3 s'applique au calcul des bâtiments et des ouvrages de génie civil en acier. Il est conforme aux principes et exigences concernant la sécurité et l'aptitude au service des structures, les bases de calcul et les vérifications qui sont données dans l'EN 1990 : « Bases de calcul des structures ».

1.1.2 Domaine d'application de la partie 1-1

L'EN 1993-1-1 donne des règles de calcul fondamentales pour les structures en acier avec des épaisseurs de matériau $t \geq 3$ mm. Elle énonce également des spécifications supplémentaires pour le calcul structural des bâtiments en acier. Ces spécifications supplémentaires sont repérées par la lettre « B » ajoutée à la suite du numéro de l'article, comme ceci : « ( )B ».

Note : Pour les éléments minces formés à froid et les épaisseurs de plaque $t < 3$ mm, voir l'EN 1993-1-3.

1.2 Références normatives

1.2.1 Normes de référence générales

EN 1090 :   « Exécution des structures en acier »
EN ISO 12944 : « Anticorrosion des structures en acier par systèmes de peinture »
EN 1461 :   « Revêtements par galvanisation à chaud sur produits finis ferreux »

1.2.2 Normes de référence pour l'acier de construction soudable

EN 10025 - 1 à 10025 - 6 : « Produits laminés à chaud »
EN 10210 - 1 :   « Profils creux finis à chaud »
EN 10219 - 1 :   « Profils creux formés à froid »

1.3 Hypothèses

(1) Outre les hypothèses générales de l'EN 1990, les hypothèses suivantes s'appliquent :
  – la fabrication et le montage sont conformes à l'EN 1090.

1.4 Distinction entre principes et règles d'application

Voir EN 1990

1.5 Termes et définitions

Voir EN 1993

La terminologie s'assimile au fil de la pratique.

1.6 Symboles

Voir page 25.

1.7 Conventions pour les axes des barres

La convention pour les axes des barres en acier est la suivante (voir figure 1.1) :
  x-x   sur la longueur de la barre
  y-y   axe de la section transversale parallèle aux semelles (axe « fort » en général)
  z-z   axe de la section transversale perpendiculaire aux semelles (axe « faible » en général)
  • pour les cornières :
  y-y   axe parallèle à l'aile la plus petite
  z-z   axe perpendiculaire à l'aile la plus petite ;
  • quand c'est nécessaire :
  u-u   axe principal de forte inertie   (lorsqu'il ne coïncide pas avec l'axe y-y)
  v-v   axe principal de faible inertie   (lorsqu'il ne coïncide pas avec l'axe z-z).

Caractéristiques géométriques des sections droites

Les caractéristiques utiles sont précisées dans les catalogues de profilés.

Sont généralement mentionnés :   Unités usuelles

h :	hauteur du profilé	mm	
b :	largeur du profilé	mm	
t_w :	épaisseur de l'âme	mm	(indice w : *web*, « âme »)
t_f :	épaisseur des semelles	mm	(indice f : *flange*, « semelle »)
r :	rayon du congé âme/semelle	mm	
d :	partie droite de l'âme	mm	
P :	masse linéique du profilé	kg/m	
A :	aire de la section droite	mm^2	
I_y :	moment quadratique « fort »	mm^4	
$W_{el.y}$:	module de flexion élastique « fort »	mm^3	
$W_{pl.y}$:	module de flexion plastique « fort »	mm^3	
i_y :	rayon de giration « fort »	mm	
A_{vy} :	aire de cisaillement (âme)	mm^2	
I_z :	moment quadratique « faible »	mm^4	
$W_{el.z}$:	module de flexion élastique « faible »	mm^3	
$W_{pl.z}$:	module de flexion plastique « faible »	mm^3	
i_z :	rayon de giration « faible »	mm	
A_{Vz} :	aire de cisaillement (semelle)	mm^2	
J :	moment d'inertie de torsion	mm^4	
I_w :	moment de gauchissement	mm^6	(indice w : *warping*, « distorsion »)

Rappel

$$W_{el} = (I/v)$$

W_{pl} = 2 fois le moment statique d'une demi-section pour les sections homogènes symétriques

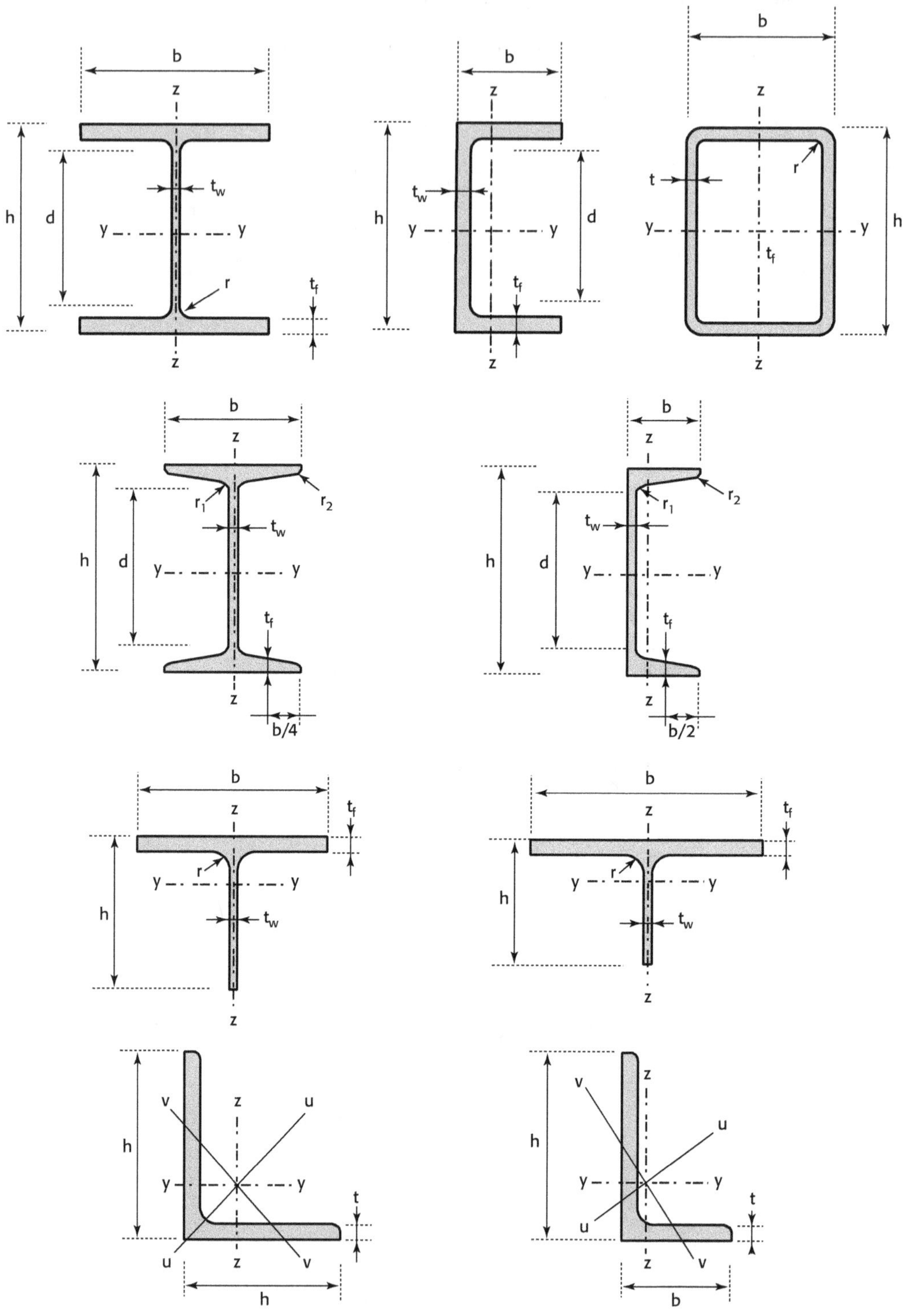

Figure 1.1 - Dimensions et axes des sections

2. Bases de calcul

2.1 Exigences

2.1.1 Exigences fondamentales

Pour le calcul des structures en acier, il convient d'appliquer les règles énoncées dans l'EN 1990 ainsi que dans l'EN 1993.

2.1.2 Gestion de la fiabilité

Voir EN 1990

2.1.3 Durée de vie de calcul, durabilité et robustesse

Voir EN 1990

2.1.3.1 Généralités

2.1.3.2 Durée de vie de calcul pour les bâtiments

2.1.3.3 Durabilité pour les bâtiments

2.2 Principes de calcul aux états limites

(1) Les résistances des sections transversales et des barres spécifiées dans le présent Eurocode 3 pour les états limites tels qu'ils sont définis dans l'EN 1990, section 3.3, sont basées sur des essais au cours desquels le matériau a montré une ductilité suffisante pour l'application de modèles de calcul simplifiés.

(2) Les résistances spécifiées dans la présente partie de l'Eurocode peuvent donc être utilisées lorsque les conditions sur les matériaux données dans le chapitre 3 sont satisfaites.

2.3 Variables de base

2.3.1 Actions et influences de l'environnement

(1) Pour le calcul des structures en acier, il convient de prendre les actions dans l'EN 1991. Pour les combinaisons d'actions et les coefficients partiels pour les actions, voir l'annexe A de l'EN 1990.

(2) En phase de montage, il convient de prendre les actions dans l'EN 1991-1-6.

(5) Les actions de fatigue non définies dans l'EN 1991 sont généralement à déterminer conformément à l'annexe A de l'EN 1993-1-9.

2.3.2 Propriétés des matériaux et produits

(1) En règle générale, les propriétés matérielles des aciers et autres produits de construction, ainsi que les données géométriques à utiliser pour le calcul, sont celles spécifiées dans les EN, ATE et guides ATE appropriés, sauf indication contraire donnée dans la présente norme.

2.4 Vérification par la méthode des coefficients partiels

2.4.1 Valeurs de calcul des propriétés des matériaux

(1) Pour le calcul des structures en acier, il convient d'utiliser la valeur caractéristique X_k ou les valeurs nominales X_n des propriétés des matériaux comme indiqué dans le présent Eurocode.

2.4.2 Valeurs de calcul des données géométriques

Les données géométriques des sections transversales et des systèmes peuvent être tirées des normes produits EN ou des plans d'exécution selon l'EN 1090 et peuvent être traitées comme valeurs nominales.

(1) Les valeurs nominales de calcul des imperfections géométriques spécifiées dans la présente norme sont des imperfections géométriques équivalentes qui prennent en compte les effets :

- des imperfections géométriques des barres ;
- des imperfections structurales résultant de la fabrication et du montage ;
- des contraintes résiduelles ;
- de la variation de la limite d'élasticité.

2.4.3 Résistances de calcul R_d

(1) Pour les structures en acier, l'expression (6.6c) ou l'expression (6.6d) de l'EN 1990 s'applique :

$$R_d = R_k \, / \, \gamma_M$$

où

    R_k est la valeur caractéristique de la résistance considérée ;

    γ_M est le coefficient partiel global pour la résistance considérée.

2.4.4 Vérification de l'équilibre statique

(1) Le format de fiabilité pour la vérification de l'équilibre statique du tableau 1.2(A) de l'annexe A de l'EN 1990 s'applique également aux situations de calcul équivalant à (EQU), par exemple pour le calcul d'ancrage ou le soulèvement d'appuis de poutres continues.

2.5 Calcul assisté par des essais

Voir EN 1990 – Annexe D

3. Matériaux

3.1 Généralités

(1) Il convient que les valeurs nominales de propriétés de matériaux données dans ce chapitre soient adoptées comme valeurs caractéristiques dans les calculs.

(2) La présente partie de l'EN 1993 couvre le calcul des structures en acier, fabriquées au moyen d'aciers conformes aux nuances données dans le tableau 3.1.

3.2 Acier de construction

3.2.1 Propriétés des matériaux

(1) Il convient d'obtenir les valeurs nominales de la limite d'élasticité f_y et de la résistance à la traction f_u pour l'acier de construction par l'une des méthodes suivantes :

a) soit en adoptant les valeurs $f_y = R_{eH}$ et $f_u = R_m$ tirées directement de la norme produit,

b) soit en utilisant l'étagement simplifié de valeurs du tableau 3.1.

Tableau 3.1 (NF) - Valeurs nominales de limite d'élasticité f_y et de résistance à la traction f_u
pour les aciers de construction laminés à chaud

Normes et nuances d'acier	Épaisseur nominale t de l'élément (mm)			
	t ≤ 40 mm		40 mm < t ≤ 80 mm	
	f_y (MPa)	f_u (MPa)	f_y (MPa)	f_u (MPa)
EN 10025-2				
S 235	235	360	215	360
S 275	275	430	255	410
S 355	355	510	335	470
S 450	440	550	410	550
EN 10025-3				
S 275 N/NL	275	390	255	370
S 355 N/NL	355	490	335	470
S 420 N/NL	420	520	390	520
S460 N/NL	460	540	430	540
EN 10025-4				
S 275 M/ML	275	370	255	360
S 355 M/ML	355	470	335	450
S 420 M/ML	420	520	390	500
S 460 M/ML	460	540	430	530
EN 10025-5				
S 235 W	235	360	215	340
S 355 W	355	490	335	490
EN 10025-6				
S 460 Q/QL/QL1	460	570	440	550

Tableau 3.1 (suite) - Valeurs nominales de limite d'élasticité f_y et de résistance à la traction f_u
pour les profils creux de construction

Normes et nuances d'acier	Épaisseur nominale t de l'élément (mm)			
	t ≤ 40 mm		40 mm < t ≤ 80 mm	
	f_y (MPa)	f_u (MPa)	f_y (MPa)	f_u (MPa)
EN 10210-1				
S 235 H	235	360	215	340
S 275 H	275	430	255	410
S 355 H	355	510	335	490
S 275 NH/NLH	275	390	255	370
S 355 NH/NLH	355	490	335	470
S 420 NH/NLH	420	540	390	520
S 460 NH/NLH	460	560	430	550
EN 10219-1				
S 235 H	235	360		
S 275 H	275	430		
S 355 H	355	510		
S 275 NH/NLH	275	370		
S 355 NH/NLH	355	470		
S 460 NH/NLH	460	550		
S 275 MH/MLH	275	360		
S 355 MH/MLH	355	470		
S 420 MH/MLH	420	500		
S 460 MH/MLH	460	530		

3.2.2 Exigences de ductilité

(1) Pour les aciers, il est exigé une ductilité minimale qu'il convient d'exprimer en termes de limites pour :

- le rapport f_u/f_y ;
- l'allongement à la rupture sur une longueur calibrée de $5{,}65 \sqrt{A_0}$ (où A_0 est l'aire de section transversale originale) ;
- la déformation ultime ε_u, où ε_u correspond à la résistance à la traction f_u.

Note : Les valeurs limites recommandées du rapport f_u/f_y, de l'allongement à la rupture et de la déformation ultime ε_u sont les suivantes :

- $f_u/f_y \geq 1{,}10$
- allongement à la rupture ≥ 15 %
- $\varepsilon_u \geq 15\,\varepsilon_y$ où ε_y est la déformation élastique ($\varepsilon_y = f_y/E$).

(2) Il convient d'accepter les aciers conformes à l'une des nuances d'acier données dans le tableau 3.1 comme satisfaisant ces exigences.

3.2.3 Ténacité à la rupture

(1) Il convient que le matériau possède une ténacité à la rupture suffisante pour éviter la rupture fragile des éléments en traction à la température de service la plus basse attendue au cours de la durée de vie prévue de la structure.

Note : La température de service la plus basse peut être donnée dans l'Annexe nationale ou bien spécifiée dans les documents du marché ou l'EN 1991-1-5.

Par défaut, la température la plus basse à adopter pour les ossatures de bâtiments chauffés est 0 °C.

3.2.4 Propriétés dans le sens de l'épaisseur

(1) Lorsqu'un acier à propriétés améliorées dans le sens de l'épaisseur est nécessaire selon l'EN 1993-1-10, il est recommandé d'utiliser un acier conforme à la classe de qualité requise dans l'EN 10164.

Note 1 : Des directives sur le choix des propriétés dans le sens de l'épaisseur sont données dans l'EN 1993-1-10.

Note 2B : Il convient d'apporter un soin particulier aux assemblages poutre-poteau soudés et aux platines d'extrémité soudées avec traction dans le sens de l'épaisseur.

…

3.2.5 Tolérances

(1) En règle générale, les tolérances de dimensions et de masse des profilés et plaques sont conformes à la norme de produit appropriée, ATE ou guide ATE, à moins que des tolérances plus sévères ne soient spécifiées.

(2) Pour les composants soudés, il est recommandé d'appliquer les tolérances données dans l'EN 1090.

Pour l'analyse structurale et dans les calculs, il convient d'utiliser les valeurs nominales des dimensions.

3.2.6 Valeurs de calcul des propriétés de matériau

(1) Pour les aciers de construction couverts par la présente partie de l'Eurocode, il convient de prendre les propriétés de matériau à adopter dans les calculs égales aux valeurs suivantes :

– module d'élasticité longitudinale $E = 210\ 000$ MPa

– module de cisaillement $G = \dfrac{E}{2(1+v)} \approx 81000$ Mpa

– coefficient de Poisson en phase élastique $v = 0{,}3$

– coefficient de dilatation thermique linéaire $\alpha = 12\ 10^{-6}$ par °C (pour $T \leq 100$ °C).

3.3 Dispositifs d'assemblage

3.3.1 Fixations

(1) Les exigences concernant les fixations sont données dans l'EN 1993-1-8.

3.3.2   Produits d'apport de soudage

(1) Les exigences concernant les produits d'apport de soudage sont données dans l'EN 1993-1-8.

3.4   Autres produits préfabriqués utilisés dans les bâtiments

Tout produit de construction utilisé doit être conforme à une norme de produit EN.

4.   Durabilité

Voir EN 1990.

Les problèmes de durabilité des structures en acier peuvent être liés :

- à la durée de vie de la construction (maintenance) ;
- aux moyens de protection (corrosion) ;
- aux phénomènes de fatigue ;
- …

5.   Analyse structurale

5.1   Modélisation structurale en vue de l'analyse

5.1.1   Modélisation structurale et hypothèses fondamentales

L'analyse doit être basée sur des modèles appropriés de calcul de la structure.

5.1.2   Modélisation des assemblages

(1) Les effets du comportement des assemblages sur la distribution des sollicitations dans une structure et sur les déformations globales de la structure peuvent, en général, être négligés. Mais lorsque ces effets sont significatifs (cas d'assemblages semi-continus), il convient de les prendre en compte (voir EN 1993-1-8).

(2) Pour déterminer si les effets du comportement des assemblages sur l'analyse nécessitent d'être pris en compte, une distinction peut être faite entre trois modèles de la façon suivante (voir EN 1993-1-8 en 5.1.1) :

- articulé, pour lequel on peut supposer que l'assemblage ne transmet pas de moment fléchissant ;
- continu, pour lequel le comportement de l'assemblage peut être supposé n'avoir aucun effet sur l'analyse ;
- semi-continu, si le comportement de l'assemblage nécessite une prise en compte dans l'analyse.

(3) Les exigences relatives aux différents types d'assemblages sont données dans l'EN 1993-1-8.

5.1.3 Interaction sol-structure

(1) Il convient de prendre en compte les propriétés de déformation des appuis lorsque leurs effets sont significatifs.

5.2 Analyse globale

5.2.1 Effets de la déformation géométrique de la structure

(1) Les sollicitations peuvent, en général, être déterminées par l'une des méthodes suivantes :
- analyse au premier ordre, en utilisant la géométrie initiale de la structure ;
- ou analyse au second ordre, en prenant en compte l'influence de la déformation de la structure.

(2) Il convient de prendre en compte les effets de la déformation de la géométrie (effet du second ordre) s'ils augmentent les effets des actions ou modifient le comportement structural de façon significative.

(3) L'analyse au premier ordre peut être utilisée si les déformations ont une incidence négligeable sur l'augmentation des sollicitations concernées ou sur le comportement structural en général.

Cette condition peut être supposée remplie si le critère suivant est satisfait : (5.1)

$$\alpha_{cr} = \frac{F_{cr}}{F_{Ed}} \geq 10 \qquad \text{pour l'analyse élastique}$$

$$\alpha_{cr} = \frac{F_{cr}}{F_{Ed}} \geq 15 \qquad \text{pour l'analyse plastique}$$

où

α_{cr} est le coefficient par lequel la charge de calcul devrait être multipliée pour provoquer l'instabilité élastique dans le mode global ;

F_{Ed} est la charge de calcul exercée sur la structure ;

F_{cr} est la charge critique de flambement élastique pour l'instabilité dans un mode global, calculée avec les rigidités élastiques initiales.

Note

(4)B Les portiques à pentes de toiture faibles et les ossatures planes de bâtiments de type poutre-poteau peuvent être vérifiés vis-à-vis de la ruine selon un mode à nœuds déplaçables en utilisant une analyse au premier ordre si le critère (5.1) est satisfait pour chaque étage.

Pour ces structures, le critère α_{cr} peut être calculé à partir de la formule approchée suivante, à condition que la compression axiale dans les poutres ou les arbalétriers ne soit pas significative :

$$\alpha_{cr} = \left(\frac{H_{Ed}}{V_{Ed}}\right)\left(\frac{h}{\delta_{H,Ed}}\right) \qquad (5.2)$$

où

H_{Ed} est la valeur de calcul de la résultante horizontale, au niveau de la partie inférieure de l'étage, des charges horizontales réelles et fictives (voir 5.3.2(7)) exercées sur la structure au-dessus de ce niveau ;

V_{Ed} est la valeur de calcul de la charge verticale totale, au niveau de la partie inférieure de l'étage, exercée sur la structure au-dessus de ce niveau ;

$\delta_{H,Ed}$ est le déplacement horizontal relatif de la partie supérieure de l'étage par rapport à sa partie inférieure, lorsque l'ossature est soumise aux charges horizontales de calcul (par exemple, le vent) et aux charges horizontales fictives appliquées à chaque niveau de plancher ;

h est la hauteur d'étage.

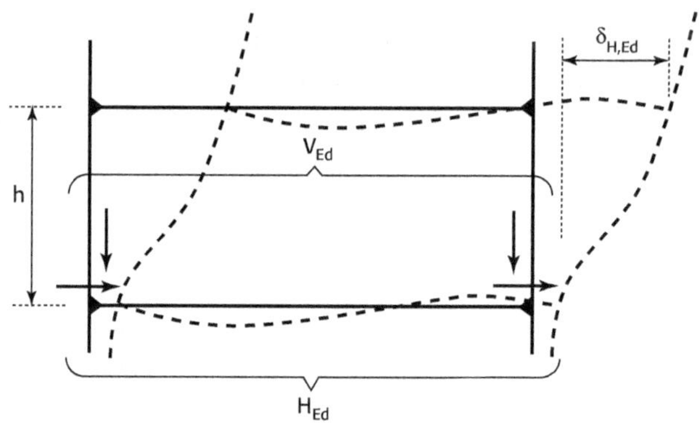

Figure 5.1 - Notations pour 5.2.1 (2)

Note 1B : En l'absence d'informations plus détaillées, et pour l'application de (4)B, une pente de toiture peut être considérée faible quand elle n'est pas supérieure à ½ (26°).

Note 2B : En l'absence d'informations plus détaillées, et pour l'application de (4)B, la compression axiale dans les poutres ou les arbalétriers peut être considérée significative si

$$\overline{\lambda} \geq 0,3 \sqrt{\frac{Af_y}{N_{Ed}}}$$

où

N_{Ed} est la valeur de calcul de l'effort normal de compression ;

$\overline{\lambda}$ est l'élancement réduit dans le plan calculé pour la poutre ou l'arbalétrier, basé sur la longueur développée de cet élément et en le considérant articulé à ses extrémités.

Note : Pour les profilés laminés et les profilés reconstitués soudés de dimensions similaires, les effets du traînage de cisaillement peuvent être négligés.

5.2.2 Stabilité structurale des ossatures

(1) Si, selon 5.2.1, l'influence de la déformation de la structure doit être prise en compte, il convient, pour cela et pour vérifier la stabilité structurale, d'appliquer 5.2.2(2) à (6).

(2) Il convient d'effectuer la vérification de la stabilité des ossatures ou de leurs parties en considérant les imperfections et les effets du second ordre.

(3) En fonction du type d'ossature et de l'analyse globale, les effets du second ordre et des imperfections peuvent être pris en compte par l'une des méthodes suivantes :
a) les deux types d'effets en totalité par l'analyse globale ;

b) en partie par l'analyse globale et en partie par des vérifications individuelles de stabilité des barres conformément à 6.3 ;

c) pour des cas de base, par des vérifications individuelles de stabilité de barres équivalentes selon 6.3, en utilisant des longueurs de flambement appropriées au mode global d'instabilité de la structure.

(4) La prise en compte des effets du second ordre peut être réalisée au moyen d'une analyse appropriée à la structure (comprenant des procédures pas à pas ou autres procédures itératives). Pour les ossatures où le premier mode d'instabilité à nœuds déplaçables est prédominant, il est possible d'effectuer une analyse élastique au premier ordre suivie d'une amplification des effets d'actions concernés (par exemple, moments fléchissants) au moyen de coefficients appropriés.

(5)B Pour les ossatures à un seul niveau calculées à partir d'une analyse globale élastique, les effets du second ordre de déformation latérale dus aux charges verticales peuvent être pris en compte en multipliant les charges horizontales H_{Ed} (par exemple, le vent), ainsi que les charges équivalentes $V_{Ed}\,\phi$ dues aux imperfections (voir 5.3.2(7)) et les autres effets de déformation latérale éventuels déterminés selon la théorie du premier ordre, par le coefficient :

$$\frac{1}{1 - \dfrac{1}{\alpha_{cr}}} \tag{5.4}$$

à condition que $\alpha_{cr} \geq 3,0$, où

α_{cr} peut être calculé selon la formule (5.2) de 5.2.1(4)B, sous réserve que la pente de toiture soit faible et que la compression axiale dans les poutres ou les arbalétriers ne soit pas significative, comme défini en 5.2.1(4)B.

Note B : Pour $\alpha_{cr} < 3,0$, une analyse au second ordre plus précise doit être réalisée.

(6)B Pour les ossatures à plusieurs étages, les effets du second ordre de déformation latérale peuvent être calculés par la méthode donnée en (5)B, à condition que tous les étages présentent une similarité
  – de répartition des charges verticales d'étages et
  – de répartition des charges horizontales d'étages et
  – de rigidité de cadre vis-à-vis des charges horizontales.

Note B : Pour les limitations de cette méthode, voir également 5.2.1(4)B.

(7) En cohérence avec 5.2.2(3), il convient généralement de vérifier la stabilité des barres individuelles par l'une des méthodes suivantes :

a) si les effets du second ordre dans les barres et les imperfections locales adéquates des barres (voir 5.3.4) sont totalement pris en compte dans l'analyse globale de la structure, il n'est pas nécessaire d'effectuer une vérification de stabilité individuelle des barres selon 6.3 ;

b) si les effets du second ordre dans les barres ou certaines imperfections locales de barres (par exemple, imperfections de barre pour le flambement par flexion et/ou le déversement, voir 5.3.4) ne sont pas totalement pris en compte dans l'analyse globale, il convient de vérifier la stabilité individuelle des barres selon les critères appropriés donnés en 6.3 pour les effets non inclus dans l'analyse globale. Il convient que cette vérification prenne en compte les sollicitations de liaison aux extrémités tirées de l'analyse globale de la structure effectuée en incluant le cas échéant les effets de second ordre globaux et les imperfections globales (voir 5.3.2), et elle peut être basée sur une longueur de flambement égale à la longueur d'épure.

(8) Lorsque la stabilité d'une ossature est évaluée par des vérifications selon 6.3 de barres équivalentes (méthode des longueurs de flambement), il y a lieu d'adopter des longueurs de flambement basées sur le mode global d'instabilité de l'ossature, en prenant en compte la rigidité des barres et des assemblages, la présence de rotules plastiques et la distribution des efforts de compression sous les charges de calcul.

Dans ce cas, les sollicitations à utiliser dans les vérifications de résistance sont calculées selon la théorie du premier ordre sans prise en compte des imperfections.

Note : L'Annexe nationale peut donner des informations sur le domaine d'application.

5.3   Imperfections

5.3.1   Bases

(1) Il convient de prendre en compte dans l'analyse structurale, de façon appropriée, les effets des imperfections, y compris les contraintes résiduelles et les imperfections géométriques telles que les défauts de verticalité, les défauts de rectitude, les défauts de planéité, les défauts d'ajustage et toutes excentricités mineures présentes dans les assemblages de la structure non chargée.

(2) En règle générale, des imperfections géométriques équivalentes sont à utiliser (voir 5.3.2 et 5.3.3) avec des valeurs reflétant les effets éventuels de tout type d'imperfections, sauf si ces effets sont inclus dans les formules de résistance utilisées pour la vérification des barres (voir 5.3.4).

(3) Il y a lieu de prendre en compte les imperfections suivantes :
   a) imperfections globales pour les ossatures et les systèmes de contreventement ;
   b) imperfections locales pour les barres.

5.3.2   Imperfections pour l'analyse globale des ossatures

(1) La forme supposée des imperfections globales et des imperfections locales peut être dérivée du mode de flambement élastique de la structure dans le plan de flambement considéré.

(2) Il convient de considérer dans la forme et le sens les plus défavorables à la fois le flambement dans le plan et le flambement hors plan, en y incluant le flambement par torsion avec des modes symétriques et asymétriques.

(3) Pour les ossatures sensibles au flambement dans un mode à nœuds déplaçables, il convient de prendre en compte l'effet des imperfections dans l'analyse de l'ossature au moyen d'une imperfection équivalente sous forme d'un défaut global d'aplomb initial et d'imperfections locales en arc des barres.

Les imperfections peuvent être déterminées ainsi :
   a) défaut initial global d'aplomb (voir figure 5.2) :

$$\phi = \phi_0 . \alpha_h . \alpha_m \tag{5.5}$$

où

ϕ_0 est la valeur de base : $\phi_0 = 1/200$

α_h est le coefficient de réduction applicable pour la hauteur h des poteaux :

$$\alpha_h = \frac{2}{\sqrt{h}} \quad \text{mais} \quad \frac{2}{3} \le \alpha_h \le 1,0$$

h   est la hauteur de la structure (en mètres)

α_m est le coefficient de réduction pour le nombre de poteaux dans une file :

$$\alpha_m = \sqrt{0,5\left(1 + \frac{1}{m}\right)}$$

m   est le nombre de poteaux dans une file, en n'y intégrant que les poteaux supportant une charge verticale N_{Ed} supérieure ou égale à 50 % de la valeur moyenne par poteau dans le plan vertical considéré.

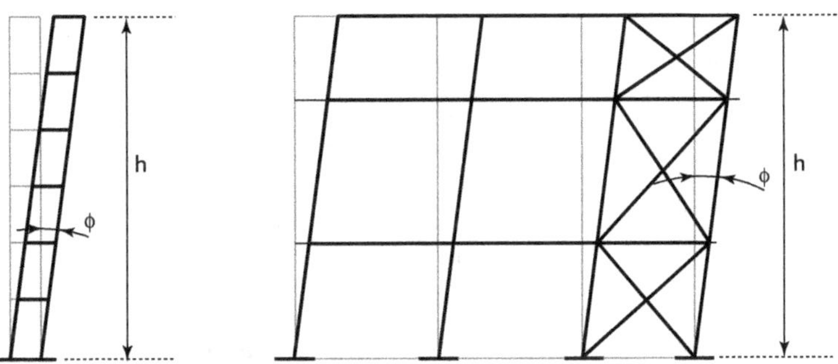

Figure 5.2 - Imperfections équivalentes d'aplomb

Note : Pour les ossatures de bâtiments, les défauts d'aplomb peuvent être négligés lorsque

$$H_{Ed} \ge 0,15\, V_{Ed}$$

b) imperfections initiales locales en arc e_0 des barres pour le flambement par flexion... Voir EN 1993

(6) Les imperfections locales en arc des barres peuvent être négligées lors de l'analyse globale de l'ossature pour la détermination des sollicitations d'extrémité à utiliser dans les vérifications de barres soumises aux instabilités. Cependant, dans le cas d'ossatures sensibles aux effets du second ordre, il convient d'introduire dans l'analyse structurale les imperfections globales d'aplomb et les imperfections locales en arc pour chaque barre comprimée. Ces imperfections peuvent être remplacées par un système de forces horizontales équivalentes.

5.3.3   Imperfections pour l'analyse des systèmes de contreventement

(1) Dans l'analyse des systèmes de contreventement utilisés pour assurer la stabilité latérale sur la longueur des poutres ou des barres comprimées, il convient de prendre en compte les effets des imperfections au moyen d'une imperfection géométrique équivalente des éléments à stabiliser, sous forme d'une imperfection initiale en arc :

$$e_0 = \alpha_m L/500$$

où L est la portée du système de contreventement

$$\alpha_m = \sqrt{0,5\ (1+1/m)}$$

où m est le nombre d'éléments à stabiliser.

(2) Par commodité, les effets des imperfections initiales en arc des éléments à stabiliser peuvent être remplacés par la force équivalente de stabilisation, comme indiqué dans la figure 5.6 :

$$q_d = \sum N_{Ed}\ 8\ (e_0 + \delta_q)/L^2$$

où

δq est la flèche du système de contreventement dans le plan de stabilisation, calculée par une analyse au premier ordre et provoquée par toutes les charges

et

N_{Ed} est l'effort dans la membrure du contreventement provoqué par toutes les charges.

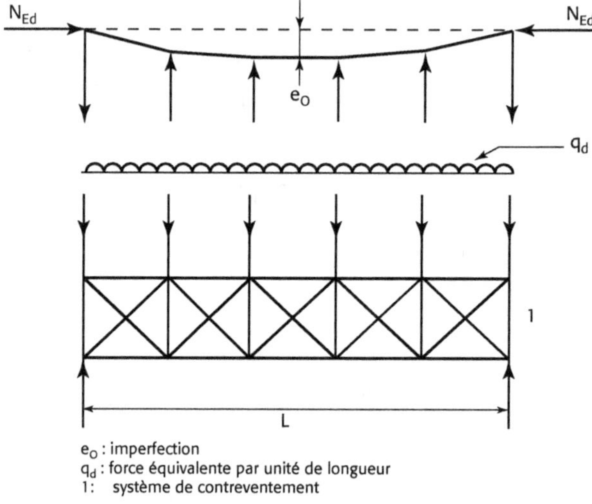

Figure 5.6 - Force équivalente de stabilisation

L'effort normal N_{Ed} est supposé uniforme sur la longueur de portée L du système de contreventement. Pour les efforts non uniformes, cette hypothèse place légèrement en sécurité.

(3) Lorsque le système de contreventement doit stabiliser la semelle comprimée d'une poutre fléchie de hauteur constante ou la membrure d'une poutre treillis, la force N_{Ed} de la figure 5.6 peut être obtenue par l'expression :

$$N_{Ed} = M_{Ed}\ /\ h$$

où M_{Ed} est le moment maximal exercé dans la poutre

et   h   est la hauteur hors tout de la poutre.

(4) Lorsqu'un système de contreventement stabilise les semelles comprimées de poutres ou des barres comprimées qui ont un joint de continuité, il convient également de vérifier que ce système de contreventement est capable de résister à une force égale à $\alpha_m\ N_{Ed}\ /\ 100$

qui lui est appliquée à chaque élément comprimé du joint, et de transmettre cette force aux points de maintien adjacents de cet élément comprimé (voir figure 5.7).

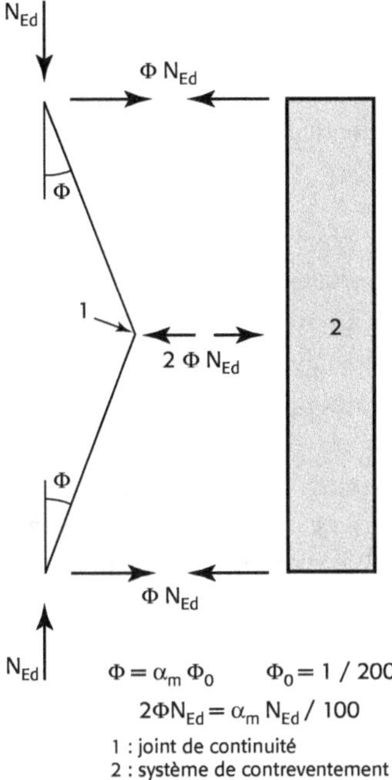

Figure 5.7 - Forces de contreventement
au niveau des joints de continuité dans les barres comprimées

(5) Dans la vérification décrite en (4), il y a lieu d'inclure également toutes charges extérieures agissant sur le système de contreventement, mais les forces provoquées par l'imperfection définie en (1) peuvent être omises.

5.3.4   Imperfections des éléments

5.4   Méthodes d'analyse prenant en compte les non-linéarités de comportement du matériau

5.4.1   Généralités

5.4.2   Analyse globale élastique

5.4.3   Analyse globale plastique

5.5 Classification des sections transversales

5.5.1 Bases

(1) Lorsque l'on utilise une analyse globale élastique, les éléments peuvent avoir des sections transversales de n'importe quelle classe, à condition que le calcul de ces éléments prenne en compte la limitation éventuelle de la résistance de la section par le voilement local.

5.5.2 Classification

(1) Quatre classes de sections transversales sont définies de la façon suivante :

- **Classe 1** - Sections transversales pouvant former une rotule plastique avec la capacité de rotation requise pour une analyse plastique.
- **Classe 2** - Sections transversales pouvant développer leur moment de résistance plastique, mais avec une capacité de rotation limitée.
- **Classe 3** - Sections transversales dont la contrainte calculée dans la fibre extrême comprimée de l'élément en acier peut atteindre la limite d'élasticité, mais dont le voilement local est susceptible d'empêcher le développement du moment de résistance plastique.
- **Classe 4** - Sections transversales dont la résistance au moment fléchissant ou à la compression doit être déterminée avec prise en compte explicite des effets de voilement local.

(3) Le classement d'une section transversale dépend des dimensions de chacune de ses parois comprimées.

(4) Les parois comprimées à considérer dans une section transversale comprennent toute paroi totalement ou partiellement comprimée par l'effort axial et/ou le moment fléchissant présent dans la section sous le cas de charge considéré.

(5) Les différentes parois comprimées d'une section transversale (telles qu'une âme ou une semelle) peuvent, en général, être de classes différentes.

(6) La classe d'une section transversale est, normalement, la classe la plus haute (la plus défavorable) de ses parois comprimées.

(7) En alternative, le classement d'une section transversale peut être défini en mentionnant à la fois la classe de la semelle et celle de l'âme.

(8) Il convient de tirer du tableau 5.2 les proportions limites des parois comprimées pour les classes 1, 2 et 3. Il y a lieu de considérer de Classe 4 toute paroi dont les proportions sont au-delà des limites de la Classe 3.

À noter : L'annexe 1 du présent document contient la classification des sections transversales des profilés laminés courants.

Tableau 5.2 - Rapports largeur-épaisseur maximaux pour les parois comprimées
(EN 1993-1-1 : tableau 5.2 – 1/3)

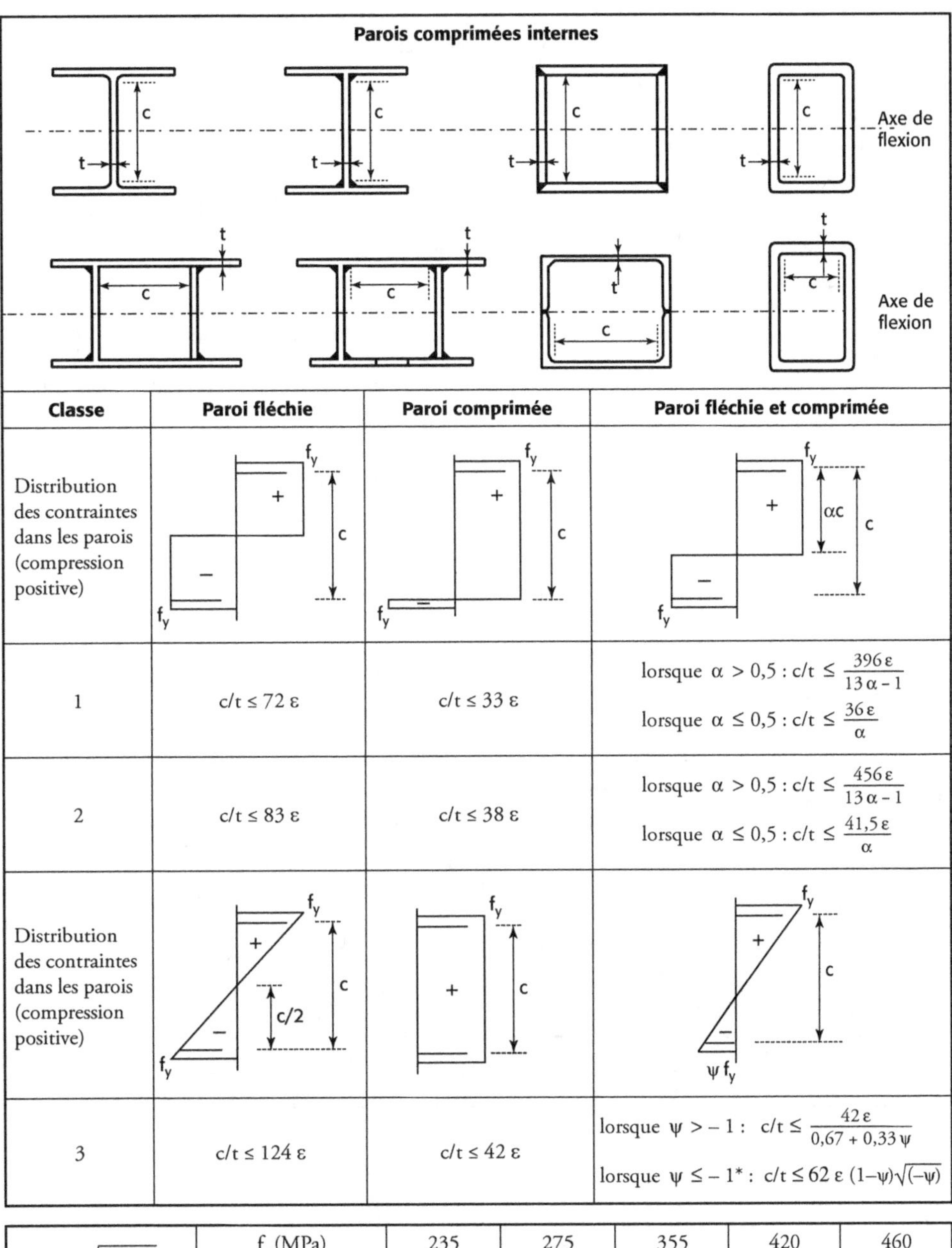

Classe	Paroi fléchie	Paroi comprimée	Paroi fléchie et comprimée
Distribution des contraintes dans les parois (compression positive)			
1	$c/t \leq 72\,\varepsilon$	$c/t \leq 33\,\varepsilon$	lorsque $\alpha > 0,5 : c/t \leq \dfrac{396\,\varepsilon}{13\,\alpha - 1}$ lorsque $\alpha \leq 0,5 : c/t \leq \dfrac{36\,\varepsilon}{\alpha}$
2	$c/t \leq 83\,\varepsilon$	$c/t \leq 38\,\varepsilon$	lorsque $\alpha > 0,5 : c/t \leq \dfrac{456\,\varepsilon}{13\,\alpha - 1}$ lorsque $\alpha \leq 0,5 : c/t \leq \dfrac{41,5\,\varepsilon}{\alpha}$
Distribution des contraintes dans les parois (compression positive)			
3	$c/t \leq 124\,\varepsilon$	$c/t \leq 42\,\varepsilon$	lorsque $\psi > -1 : c/t \leq \dfrac{42\,\varepsilon}{0,67 + 0,33\,\psi}$ lorsque $\psi \leq -1^* : c/t \leq 62\,\varepsilon\,(1-\psi)\sqrt{(-\psi)}$

$\varepsilon = \sqrt{235/f_y}$	f_y (MPa)	235	275	355	420	460
	ε	1,00	0,92	0,81	0,75	0,71

* $\psi \leq -1$ s'applique soit lorsque la contrainte de compression $\sigma < f_y$, soit lorsque la déformation de traction $\varepsilon_y > f_y/E$.

Tableau 5.2 (suite) - Rapports largeur-épaisseur maximaux pour les parois comprimées
(EN 1993-1-1 : tableau 5.2 – 2/3)

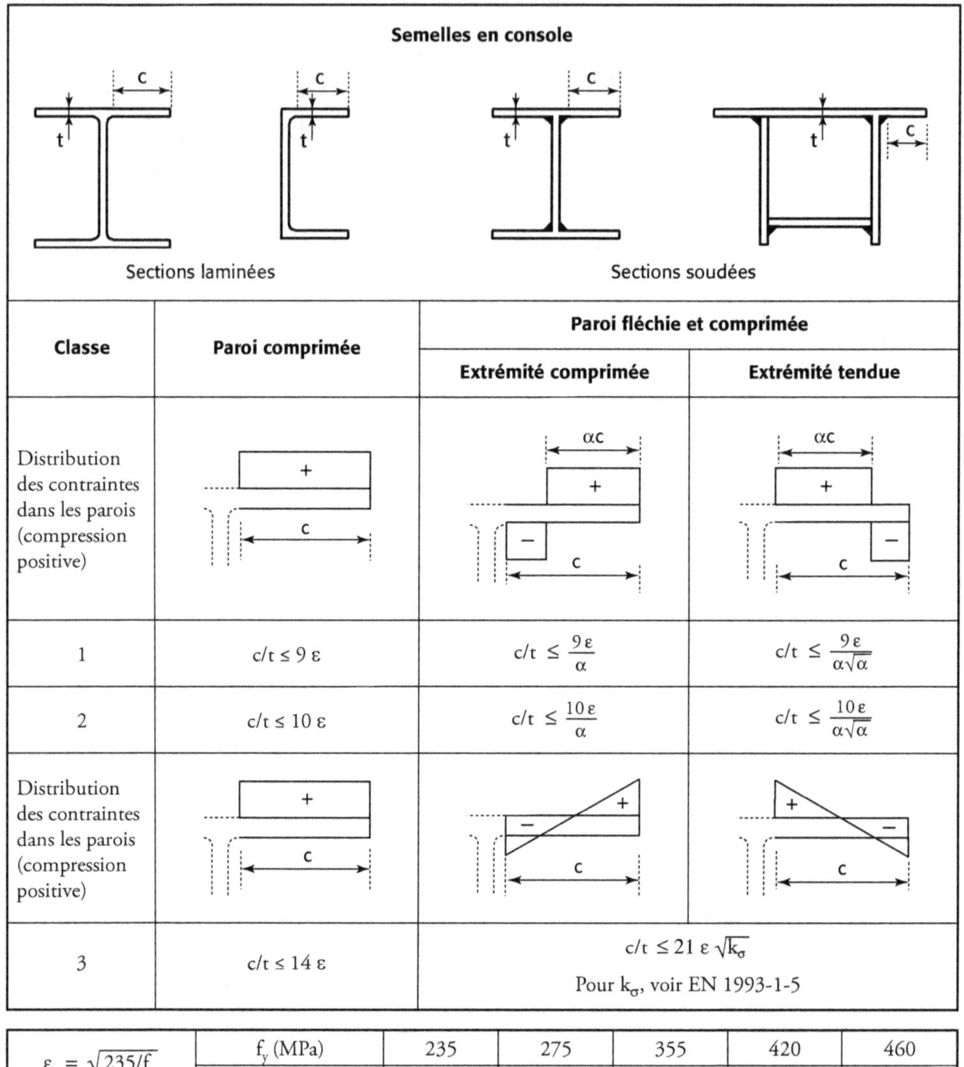

Classe	Paroi comprimée	Paroi fléchie et comprimée	
		Extrémité comprimée	**Extrémité tendue**
Distribution des contraintes dans les parois (compression positive)			
1	$c/t \leq 9\,\varepsilon$	$c/t \leq \dfrac{9\,\varepsilon}{\alpha}$	$c/t \leq \dfrac{9\,\varepsilon}{\alpha\sqrt{\alpha}}$
2	$c/t \leq 10\,\varepsilon$	$c/t \leq \dfrac{10\,\varepsilon}{\alpha}$	$c/t \leq \dfrac{10\,\varepsilon}{\alpha\sqrt{\alpha}}$
Distribution des contraintes dans les parois (compression positive)			
3	$c/t \leq 14\,\varepsilon$	$c/t \leq 21\,\varepsilon\,\sqrt{k_\sigma}$ — Pour k_σ, voir EN 1993-1-5	

$\varepsilon = \sqrt{235/f_y}$	f_y (MPa)	235	275	355	420	460
	ε	1,00	0,92	0,81	0,75	0,71

Tableau 5.2 (suite) - Rapports largeur-épaisseur maximaux pour les parois comprimées
(EN 1993-1-1 : tableau 5.2 – 3/3)

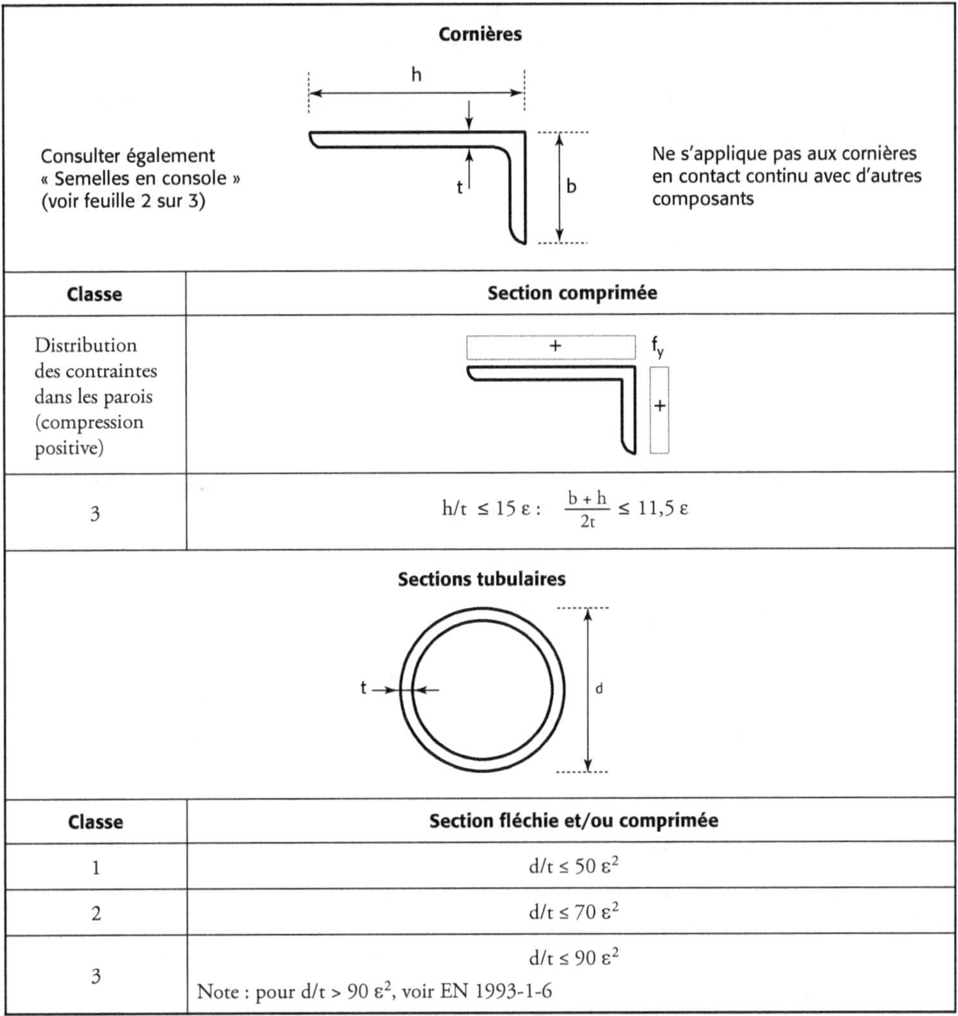

Classe	Section comprimée
Distribution des contraintes dans les parois (compression positive)	
3	$h/t \leq 15\,\varepsilon : \quad \dfrac{b+h}{2t} \leq 11,5\,\varepsilon$

Classe	Section fléchie et/ou comprimée
1	$d/t \leq 50\,\varepsilon^2$
2	$d/t \leq 70\,\varepsilon^2$
3	$d/t \leq 90\,\varepsilon^2$ Note : pour $d/t > 90\,\varepsilon^2$, voir EN 1993-1-6

$\varepsilon = \sqrt{235/f_y}$	f_y (MPa)	235	275	355	420	460
	ε	1,00	0,92	0,81	0,75	0,71
	ε^2	1,00	0,85	0,66	0,56	0,51

INFORMATION ANNEXE POUR LES BTS (ne fait pas partie des Eurocodes)

Valeur de α pour les parois comprimées internes fléchies et comprimées du tableau 5.2 – 1/3 (et celui-là seulement) dans le cas de profilés doublement symétriques

Pour ces parois, la distribution de contrainte est de type plastique, et la position de la fibre neutre est définie par le facteur α tel qu'indiqué sur la figure suivante tirée du tableau 5.2 de l'Eurocode 3.

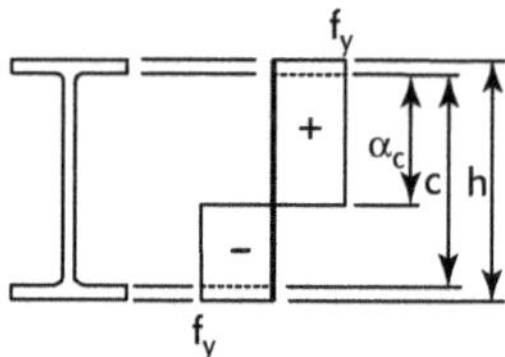

Sur cette figure, la partie comprimée est notée positivement.

Pour ce type de profilés, les semelles tendues et comprimées sont identiques, de sorte que la somme algébrique des efforts normaux $N_{semelle}$ qui leur sont appliqués est nulle.

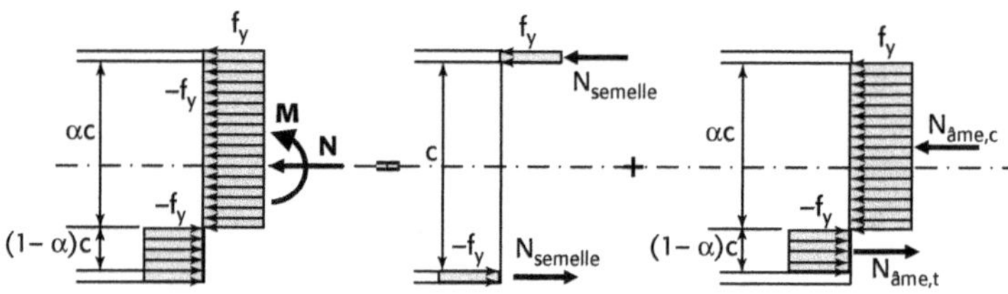

L'effort normal repris par la partie comprimée de l'âme vaut $N_{\hat{a}me,c} = \alpha \cdot c \cdot t_w \cdot f_y$

L'effort normal repris par la partie tendue de l'âme vaut : $N_{\hat{a}me,t} = -\left(1-\alpha\right) c \cdot t_w \cdot f_y$

L'effort normal repris par la section est égal à la somme algébrique des efforts normaux repris par l'âme, de sorte qu'on obtient :

$$N = N_{\hat{a}me,c} + N_{\hat{a}me,t} = \alpha \cdot c \cdot t_w \cdot f_y - \left(1-\alpha\right) \cdot c \cdot t_w \cdot f_y = \left(2\alpha - 1\right) \cdot c \cdot t_w \cdot f_y$$

c'est-à-dire
$$\alpha = \frac{1}{2}\left[1 + \frac{N}{c \cdot t_w \cdot f_y}\right]$$

L'effort normal de compression N est noté positivement.

6.   États limites ultimes

6.1   Généralités

Pour les bâtiments, les valeurs numériques recommandées des coefficients partiels γ_M qu'il convient d'appliquer dans ce chapitre sont les suivantes :

$$\gamma_{M0} = 1,0 \qquad \gamma_{M1} = 1,0 \qquad \gamma_{M2} = 1,25$$

6.2   Résistances des sections transversales

6.2.1   Généralités

(1) Dans chaque section transversale, il convient que la valeur de calcul d'une sollicitation n'excède pas la résistance de calcul correspondante ; et si plusieurs sollicitations agissent simultanément, il convient que leurs effets combinés n'excèdent pas la résistance pour cette combinaison.

(2) En règle générale, les effets du traînage de cisaillement et du voilement local sont introduits au moyen de largeurs efficaces conformément à l'EN 1993-1-5. De même, il convient de considérer les effets du voilement par cisaillement conformément à l'EN 1993-1-5.

(3) En général, les valeurs de calcul des résistances dépendent de la classe de la section transversale.

(5) Pour une vérification en élasticité, le critère limite suivant peut être utilisé au point critique de la section transversale, sauf si d'autres formules d'interaction s'appliquent (voir 6.2.8 à 6.2.10) :

$$\left(\frac{\sigma_{x,Ed}}{f_y / \gamma_{M0}}\right)^2 + \left(\frac{\sigma_{z,Ed}}{f_y / \gamma_{M0}}\right)^2 - \left(\frac{\sigma_{x,Ed}}{f_y / \gamma_{M0}}\right)\left(\frac{\sigma_{z,Ed}}{f_y / \gamma_{M0}}\right) + 3\left(\frac{\tau_{Ed}}{f_y / \gamma_{M0}}\right)^2 \le 1,0 \qquad (6.1)$$

où

$\sigma_{x,Ed}$ est la valeur de calcul de la contrainte longitudinale locale au point considéré ;

$\sigma_{z,Ed}$ est la valeur de calcul de la contrainte transversale locale au point considéré ;

τ_{Ed} est la valeur de calcul de la contrainte de cisaillement locale au point considéré.

Note : La vérification selon (5) peut placer en sécurité, étant donné qu'elle exclut toute distribution plastique partielle des contraintes, ce qui est autorisé dans le calcul élastique. Par conséquent, il convient de ne l'utiliser que lorsque l'interaction sur la base des résistances N_{Rd}, M_{Rd}, V_{Rd} ne peut pas être effectuée.

(6) Il convient de vérifier la résistance plastique des sections transversales en trouvant une distribution des contraintes, n'excédant pas la limite d'élasticité, qui soit en équilibre avec les sollicitations et compatible avec les déformations plastiques associées.

(7) Comme approximation plaçant en sécurité pour toutes les classes de section transversale, on peut utiliser une sommation linéaire des rapports sollicitation/résistance propres à chaque sollicitation agissante. Ainsi, pour les sections de Classe 1, 2 ou 3 soumises à une combinaison de N_{Ed}, $M_{y,Ed}$ et $M_{z,Ed}$, on peut utiliser le critère suivant :

$$\frac{N_{Ed}}{N_{Rd}} + \frac{M_{y,Ed}}{M_{y,Rd}} + \frac{M_{z,Ed}}{M_{z,Rd}} \leq 1 \tag{6.2}$$

où

N_{Rd}, $M_{y,Rd}$ et $M_{z,Rd}$ sont les valeurs de calcul de la résistance dépendant de la classe de section transversale et comprenant toute réduction éventuelle pouvant résulter des effets du cisaillement (voir 6.2.8).

6.2.2 Propriétés des sections

6.2.2.1 Section transversale brute (A)

(1) Il convient de déterminer les propriétés de la section transversale brute en utilisant les dimensions nominales.

6.2.2.2 Aire nette (A_{net})

(1) Il convient de prendre l'aire nette d'une section transversale égale à son aire brute diminuée des déductions appropriées pour tous les trous et autres ouvertures.

(2) En règle générale, pour le calcul des propriétés de section nette, la déduction opérée pour un seul trou de fixation est l'aire de section transversale brute du trou dans le plan de son axe. Pour les trous fraisés, il convient de prendre dûment en compte la portion fraisée.

(3) Sous réserve que les trous de fixation ne soient pas disposés en quinconce, il convient que l'aire totale à déduire pour les trous de fixation soit la somme maximale des aires de section des trous dans toute section transversale perpendiculaire à l'axe de la barre (voir ligne de ruine ② dans la figure 6.1).

Note : Cette somme maximale traduit la position de la ligne critique de rupture.

(4) Si les trous de fixation sont disposés en quinconce, il convient que l'aire totale à déduire pour les fixations soit la plus grande des valeurs suivantes :

a) l'aire déduite pour les trous non disposés en quinconce donnée en (3) ;

$$\text{b) } t\left(nd_0 - \Sigma\,\frac{s^2}{4p}\right) \tag{6.3}$$

<table>
<tr><td>

s est le pas en quinconque, l'entraxe de deux trous consécutifs dans la ligne, mesuré parallèlement à l'axe de la barre

p est l'entraxe des deux mêmes trous mesuré perpendiculairement à l'axe de la barre

t est l'épaisseur

n est le nombre de trous situés sur toute ligne diagonale ou en zigzag s'étendant sur la largeur de la barre ou partie de la barre, voir Figure 6.1

d_0 est le diamètre de trou.

</td><td>

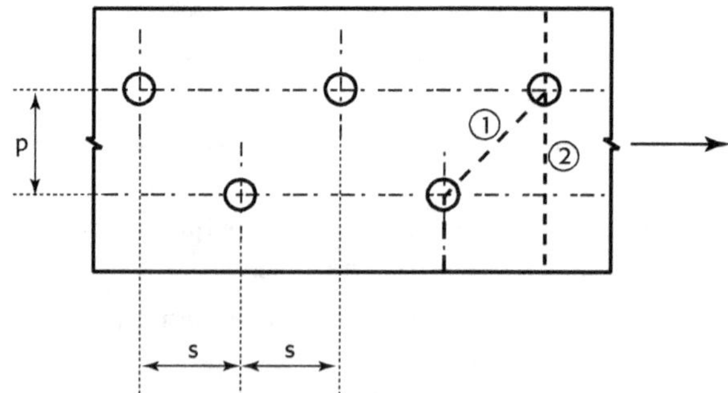

</td></tr>
</table>

Figure 6.1 - Trous en quinconque et lignes de rupture critiques ① et ②

(5) Dans une cornière ou autre barre comportant des trous dans plus d'un plan, il convient de mesurer l'espacement p suivant le développé du feuillet moyen (voir figure 6.2).

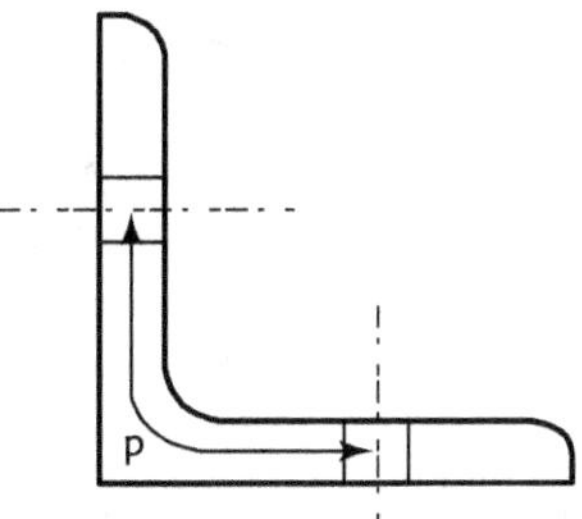

Figure 6.2 - Cornières comportant des trous dans les deux ailes

6.2.2.3 *Effet du traînage de cisaillement*

Non traité

6.2.2.4 *Propriétés efficaces de sections transversales à âme de classe 3 et semelles de classe 1 ou de classe 2*

(1) Lorsque des sections transversales possédant une âme de classe 3 et des semelles de classe 1 ou 2 sont classées comme sections transversales efficaces de classe 2 (voir 5.5.2(11)), il convient de remplacer la portion comprimée de l'âme par un élément de paroi de hauteur $20 \cdot \varepsilon \cdot t_w$ adjacent à la semelle comprimée et un autre élément de hauteur $20 \cdot \varepsilon \cdot t_w$ adjacent à l'axe neutre plastique de la section transversale efficace, comme indiqué à la figure 6.3.

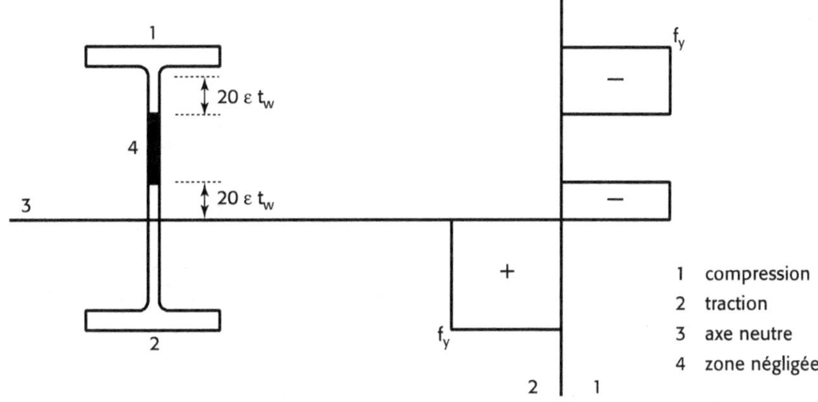

Figure 6.3 - Ame de Classe 2 efficace

6.2.2.5 *Propriétés de section efficace des sections transversales de classe 4*

Non traité.

6.2.3 Traction

(1) Il convient que la valeur de calcul de l'effort de traction N_{Ed} dans chaque section transversale satisfasse la condition suivante :

$$\frac{N_{Ed}}{N_{t,Rd}} \leq 1,0 \qquad (6.5)$$

(2) Pour les sections comportant des trous, il convient de prendre la valeur de calcul $N_{t,Rd}$ de la résistance à la traction égale à la plus petite des valeurs suivantes :

a) la valeur de calcul de la résistance plastique de la section transversale brute

$$N_{pl,Rd} = \frac{A\,f_y}{\gamma_{M0}} \qquad (6.6)$$

b) la valeur de calcul de la résistance ultime de la section transversale nette au droit des trous de fixation

$$N_{u,Rd} = 0,9\,\frac{A_{net}\,f_u}{\gamma_{M2}} \qquad (6.7)$$

(4) Dans les assemblages de catégorie C (voir l'EN 1993-1-8, 3.4.2 (1)), il convient que la valeur de calcul $N_{t,Rd}$ de la résistance à la traction de la section nette au droit des trous de fixation telle que définie en 6.2.3 (1) soit prise égale à $N_{net,Rd}$ où :

$$N_{net,Rd} = \frac{A_{net}\,f_y}{\gamma_{M0}} \qquad (6.8)$$

(5) Pour les cornières assemblées par une seule aile, voir également l'EN 1993-1-8, 3.10.3. Il convient de traiter de façon similaire les autres types de sections assemblées par des parois en console.

6.2.4 Compression

(1) Il convient que la valeur de calcul de l'effort de compression N_{Ed} dans chaque section transversale satisfasse la condition suivante :

$$\frac{N_{Ed}}{N_{c,Rd}} \leq 1,0 \qquad (6.9)$$

(2) Il convient de déterminer la valeur de calcul $N_{c,Rd}$ de la résistance de la section transversale à la compression uniforme de la façon suivante :

$$N_{c,Rd} = \frac{A\,f_y}{\gamma_{M0}} \quad \text{pour les sections transversales de Classe 1, 2 ou 3} \qquad (6.10)$$

(3) Excepté dans le cas de trous oblongs et surdimensionnés tels que définis dans l'EN 1090, il n'est pas nécessaire de prendre en compte les trous de fixation dans les barres comprimées, sous réserve qu'ils soient remplis par les fixations.

6.2.5 Moment fléchissant

(1) Il convient que la valeur de calcul M_{Ed} du moment fléchissant dans chaque section transversale satisfasse :

$$\frac{M_{Ed}}{M_{c,Rd}} \leq 1,0 \qquad (6.12)$$

où $M_{c,Rd}$ est déterminé en prenant en compte les trous de fixation (voir (4) à (6)).

(2) La valeur de calcul de la résistance d'une section transversale à la flexion par rapport à l'un de ses axes principaux est déterminée de la façon suivante :

$$M_{c,Rd} = M_{pl,Rd} = \frac{W_{pl}\, f_y}{\gamma_{M0}} \quad \text{pour les sections transversales de Classe 1 ou 2} \quad (6.13)$$

$$M_{c,Rd} = M_{el,Rd} = \frac{W_{el,min}\, f_y}{\gamma_{M0}} \quad \text{pour les sections transversales de Classe 3} \quad (6.14)$$

$$M_{c,Rd} = \frac{W_{eff,min}\, f_y}{\gamma_{M0}} \quad \text{pour les sections transversales de Classe 4} \quad (6.15)$$

où $W_{el,min}$ et $W_{eff,min}$ correspondent à la fibre subissant la contrainte élastique maximale.

(3) Pour la flexion bi-axiale, il convient d'utiliser les méthodes données en 6.2.9.

(4) Les trous de fixation dans la semelle tendue peuvent être ignorés sous réserve que pour la semelle tendue :

$$0{,}9\, \frac{A_{fnet}\, f_u}{\gamma_{M2}} \geq \frac{A_f\, f_y}{\gamma_{M0}} \tag{6.16}$$

où A_f est l'aire de la semelle tendue.

(5) Il n'est pas nécessaire de prendre en compte les trous de fixation situés dans la zone tendue de l'âme, sous réserve que la limite donnée en (4) soit satisfaite pour la totalité de la zone tendue comprenant la semelle tendue plus la zone tendue de l'âme.

(6) Excepté dans le cas de trous oblongs et surdimensionnés, il n'est pas nécessaire de prendre en compte les trous de fixation situés dans la zone comprimée de la section transversale, sous réserve qu'ils soient remplis par les fixations.

6.2.6   Cisaillement

(1) Il convient que la valeur de calcul V_{Ed} de l'effort tranchant dans chaque section transversale satisfasse :

$$\frac{V_{Ed}}{V_{c,Rd}} \leq 1{,}0 \tag{6.17}$$

où $V_{c,Rd}$ valeur de calcul de la résistance au cisaillement, est déterminée de la façon suivante :

$V_{c,Rd} = V_{pl,Rd}$ pour le calcul plastique, résistance plastique au cisaillement telle que donnée en (2) ;

$V_{c,Rd} = V_{el,Rd}$ pour le calcul élastique, résistance élastique au cisaillement calculée en utilisant (4) et (5).

(2) En l'absence de torsion, la valeur de calcul de la résistance plastique au cisaillement est donnée par l'expression :

$$V_{pl,Rd} = \frac{A_v\left(f_y/\sqrt{3}\right)}{\gamma_{M0}} \tag{6.18}$$

où A_v est l'aire de cisaillement.

(3) L'aire de cisaillement A_v peut être déterminée de la façon suivante :

Sections	Laminées en I et H	Laminées en U	Laminées en T	Soudées en I, H ou caisson	Soudées en I, H, U ou caisson
Direction de la charge	// à l'âme				// aux semelles
A_v	$A - 2b\,t_f + (t_w + 2r)t_f$ Non inférieure à : $\eta\,h_w\,t_w$	$A - 2b\,t_f + (t_w + r)t_f$	$A - 2b\,t_f + (t_w + 2r)t_f/2$	$\eta\Sigma(h_w\,t_w)$	$A - \Sigma(h_w\,t_w)$

Sections	Sections creuses rectangulaires d'épaisseur uniforme		Sections creuses circulaires d'épaisseur uniforme
Direction de la charge	// à la hauteur	// à la largeur	
A_v	$Ah/(b+h)$	$Ab/(b+h)$	$2A/\pi$

Avec :

A	aire de la section transversale	r	rayon du congé
b	largeur hors tout	t_f	épaisseur de la semelle
h	hauteur hors tout	t_w	épaisseur de l'âme (si variable, prendre t_w mini)
h_w	hauteur de l'âme	η	voir EN 1993-1-5 (peut être pris en toute sécurité égal à 1)

(4) Pour la vérification vis-à-vis de la résistance élastique $V_{c,Rd}$ au cisaillement, le critère suivant peut être utilisé pour un point critique de la section transversale, à moins que la vérification du voilement spécifiée au chapitre 5 de l'EN 1993-1-5 s'applique :

$$\frac{\tau_{Ed}}{f_y / \sqrt{3}\,\gamma_{M0}} \leq 1{,}0 \tag{6.19}$$

où

$$\tau_{Ed} = \frac{V_{Ed}\,S}{I\,t} \tag{6.20}$$

V_{Ed} est la valeur de calcul de l'effort tranchant

S   est le moment statique de l'aire quel que soit le côté du point considéré

I   est le moment d'inertie de flexion de la section transversale complète

t   est l'épaisseur au point considéré.

Note : La vérification donnée en (4) place en sécurité, étant donné qu'elle exclut toute distribution plastique partielle des contraintes de cisaillement, ce qui est autorisé dans le calcul élastique (voir (5)). Par conséquent, il convient de ne l'effectuer que lorsque la vérification sur la base de $V_{c,Rd}$ selon le critère (6.17) ne peut être faite.

(5) Pour les sections en I ou H, la contrainte de cisaillement dans l'âme peut être prise égale à :

$$\tau_{Ed} = \frac{V_{Ed}}{A_w} \qquad \text{si } A_f/A_w \geq 0{,}6 \tag{6.21}$$

A_f est l'aire d'une semelle

A_w est l'aire de l'âme : $A_w = h_w\, t_w$.

(6) En outre, pour les âmes dépourvues de raidisseurs intermédiaires, il convient de vérifier la résistance au voilement par cisaillement conformément au chapitre 5 de l'EN 1993-1-5 si :

$$\frac{h_w}{t_w} > 72\,\frac{\varepsilon}{\eta} \tag{6.22}$$

pour η voir EN 1993-1-5 (peut être pris en toute sécurité égal à 1,0).

(7) Il n'est pas nécessaire de prendre en compte les trous de fixation dans la vérification de la résistance au cisaillement, sauf au niveau des zones d'attache, comme indiqué dans l'EN 1993-1-8.

6.2.7   Torsion

Non traité.

6.2.8   Flexion et cisaillement

(1) Lorsqu'il existe un effort tranchant, il convient de prendre en compte son incidence sur le moment résistant.

(2) Lorsque l'effort tranchant est inférieur à la moitié de la résistance plastique au cisaillement, son effet sur le moment résistant peut être négligé, sauf lorsque le voilement par cisaillement réduit la résistance de la section (voir l'EN 1993-1-5).

(3) Dans le cas contraire, il convient de considérer un moment résistant réduit égal à la résistance de calcul de la section déterminée en utilisant pour l'aire de cisaillement une limite d'élasticité réduite :

$$(1-\rho)f_y \tag{6.29}$$

où

$$\rho = \left(\frac{2V_{Ed}}{V_{pl,Rd}} - 1\right)^2$$

et $V_{pl,Rd}$ est calculé d'après le 6.2.6(2).

(5) Pour les sections transversales en I à semelles égales et fléchies selon l'axe fort, le moment résistant plastique réduit de calcul prenant en compte l'effort tranchant peut également être calculé de la façon suivante :

$$M_{y,V,Rd} = \left[W_{pl,y} - \frac{\rho A_w^2}{4t_w}\right]\frac{f_y}{\gamma_{M0}} \qquad \text{mais } M_{y,V,Rd} \leq M_{c,y,Rd} \tag{6.30}$$

Avec $M_{c,y,Rd}$ selon 6.2.5(2) et $A_w = h_w t_w$.

(6) Pour l'interaction de flexion, cisaillement et charges transversales, voir chapitre 7 de l'EN 1993-1-5.

6.2.9   Flexion et effort normal

6.2.9.1   *Sections transversales de classes 1 et 2*

(1) Lorsqu'il existe un effort normal, il convient de prendre en compte ses effets sur le moment résistant plastique.

(2) Pour les sections transversales de classes 1 et 2, il convient de satisfaire le critère suivant :

$$M_{Ed} \leq M_{N,Rd} \tag{6.31}$$

où $M_{N,Rd}$ est le moment résistant plastique réduit par l'effort normal N_{Ed}.

(3) Pour une section pleine rectangulaire sans trou d'élément de fixation, il convient de déterminer $M_{N,Rd}$ par :

$$M_{N,Rd} = M_{pl,Rd} \left[1 - \left(\frac{N_{Ed}}{N_{pl,Rd}} \right)^2 \right] \tag{6.32}$$

(4) Pour les sections bisymétriques en I ou H et autres sections bisymétriques à semelles, il n'est pas nécessaire de considérer l'incidence de l'effort normal sur le moment résistant plastique autour de l'axe y-y lorsque les deux critères suivants sont satisfaits :

$$N_{Ed} \leq 0,25 \, N_{pl,Rd} \quad \text{et} \quad N_{Ed} \leq \frac{0,5 \, h_w t_w f_y}{\gamma_{M0}} \tag{6.33} \text{ et } (6.34)$$

Pour les sections bisymétriques en I ou H, il n'est pas nécessaire de considérer l'incidence de l'effort normal sur le moment résistant plastique autour de l'axe z-z lorsque :

$$N_{Ed} \leq \frac{h_w t_w f_y}{\gamma_{M0}} \tag{6.35}$$

(5) Dans le cas des profils en I ou H laminés courants et des sections en I ou H soudées à semelles égales, les approximations suivantes peuvent être utilisées pour les sections transversales où les trous d'éléments de fixation n'ont pas à être pris en compte :

$$M_{N,y,Rd} = M_{pl,y,Rd}(1-n)/(1-0,5a) \quad \text{mais} \quad M_{N,y,Rd} \leq M_{pl,y,Rd} \tag{6.36}$$

pour $n \leq a$:
$$M_{N,z,Rd} = M_{pl,z,Rd} \tag{6.37}$$

pour $n > a$:
$$M_{N,z,Rd} = M_{pl,z,Rd} \left[1 - \left(\frac{n-a}{1-a} \right)^2 \right] \tag{6.38}$$

où $n = N_{Ed}/N_{pl,Rd}$ et $a = (A-2bt_f)/A$ mais $a \leq 0,5$.

Dans les cas des profils creux rectangulaires d'épaisseur uniforme et des sections en caisson soudées à ailes égales et à âmes égales, les approximations suivantes peuvent êtres utilisées pour les sections transversales où les trous d'éléments de fixation n'ont pas à être pris en compte :

$$M_{N,y,Rd} = M_{pl,y,Rd}(1-n)/(1-0,5a_w) \quad \text{mais} \quad M_{N,y,Rd} \leq M_{pl,y,Rd} \tag{6.39}$$

$$M_{N,z,Rd} = M_{pl,z,Rd}(1-n)/(1-0,5a_f) \quad \text{mais} \quad M_{N,z,Rd} \leq M_{pl,z,Rd} \tag{6.40}$$

où

$$a_w = (A-2bt)/A \quad \text{mais} \quad a_w \leq 0,5 \quad \text{pour les sections creuses ;}$$
$$a_w = (A-2bt_f)/A \quad \text{mais} \quad a_w \leq 0,5 \quad \text{pour les sections en caisson soudées ;}$$
$$a_f = (A-2ht)/A \quad \text{mais} \quad a_f \leq 0,5 \quad \text{pour les sections creuses ;}$$
$$a_f = (A-2ht_w)/A \quad \text{mais} \quad a_f \leq 0,5 \quad \text{pour les sections en caisson soudées.}$$

(6) Pour la flexion biaxiale, le critère suivant peut être utilisé :

$$\left[\frac{M_{y,Ed}}{M_{N,y,Rd}}\right]^{\alpha} + \left[\frac{M_{z,Ed}}{M_{N,z,Rd}}\right]^{\beta} \leq 1 \qquad (6.41)$$

où α et β peuvent être pris égaux à 1 en toute sécurité, sinon :

Section I ou H	Sections creuses circulaires	Sections creuses rectangulaires	
$\alpha = 2$ $\beta = 5\,n$ mais $\beta \geq 1$	$\alpha = 2$ $\beta = 2$	$\alpha = \beta = \dfrac{1{,}66}{1 - 1{,}13\,n^2}$ mais $\alpha = \beta \leq 6$	où : $n = \dfrac{N_{Ed}}{N_{pl,Rd}}$

6.2.9.2   *Sections transversales de Classe 3*

(1) Pour les sections transversales de Classe 3 et en l'absence d'effort tranchant, il convient que la contrainte longitudinale maximale satisfasse le critère suivant :

$$\sigma_{x,Ed} \leq \frac{f_y}{\gamma_{M0}} \qquad (6.42)$$

où

$\sigma_{x,Ed}$ est la valeur de calcul de la contrainte longitudinale locale due au moment et à l'effort normal, en prenant en compte les trous d'éléments de fixation le cas échéant (voir 6.2.4 et 6.2.5).

6.2.9.3   *Sections transversales de Classe 4*

Non traité.

6.2.10   Flexion, cisaillement et effort normal

(1) En présence d'un effort tranchant et d'un effort normal, il convient de prendre en compte l'effet de ces deux sollicitations sur le moment résistant.

(2) À condition que la valeur de calcul V_{Ed} de l'effort tranchant n'excède pas 50 % de la résistance au cisaillement plastique de calcul $V_{pl,Rd}$, il n'est pas nécessaire de réduire les résistances définies pour la combinaison flexion et effort normal en 6.2.9, sauf lorsque le voilement par cisaillement réduit la résistance de la section (voir l'EN 1993-1-5).

(3) Lorsque V_{Ed} excède 50 % de $V_{pl,Rd}$, il convient de calculer la résistance de calcul de la section transversale aux combinaisons de moment et de l'effort normal en utilisant pour l'aire de cisaillement une limite d'élasticité réduite :

$$(1 - \rho)f_y \qquad (6.45)$$

où

$$\rho = \left(\frac{2V_{Ed}}{V_{pl,Rd}} - 1\right)^2$$

et $V_{pl,Rd}$ est calculé d'après le 6.2.6 (2).

Note : Au lieu de réduire la limite d'élasticité, il est aussi possible de réduire l'épaisseur de la paroi appropriée de la section transversale.

6.3   Résistance des barres aux instabilités

6.3.1   Barres uniformes comprimées

6.3.1.1   Résistance au flambement

Il convient de vérifier une barre comprimée vis-à-vis du flambement de la façon suivante :

$$\frac{N_{Ed}}{N_{b,Rd}} \leq 1,0 \tag{6.46}$$

où

N_{Ed} :   valeur de calcul de l'effort de compression

$N_{b,Rd}$:   est la résistance de la barre comprimée au flambement.

L'expression de $N_{b,Rd}$ est donnée par :

- sections de Classe 1, 2 ou 3 $N_{b,Rd} = \chi \dfrac{A\, f_y}{\gamma_{M1}}$ $\tag{6.47}$

- sections de Classe 4 $N_{b,Rd} = \chi \dfrac{A_{eff}\, f_y}{\gamma_{M1}}$ $\tag{6.48}$

χ est le coefficient de réduction du mode de flambement approprié. Il n'est pas nécessaire de prendre en compte les trous de fixation aux extrémités de la poutre pour la détermination de A ou A_{eff}.

6.3.1.2   Courbes de flambement

Pour les barres axialement comprimées, on détermine le coefficient χ à partir des courbes de flambement en appliquant :

$$\chi = \frac{1}{\phi + \sqrt{\phi^2 - \overline{\lambda}^2}} \qquad (\text{avec } \chi \leq 1,0) \tag{6.49}$$

où $\phi = 0,5 \left[1 + \alpha\,(\overline{\lambda} - 0,2) + \overline{\lambda}^2\right]$.

Les expressions de $\overline{\lambda}$, α, sont :

- sections de Classe 1, 2 ou 3 $\overline{\lambda} = \sqrt{\dfrac{A\, f_y}{N_{cr}}}$

- sections de Classe 4 $\overline{\lambda} = \sqrt{\dfrac{A_{eff}\, f_y}{N_{cr}}}$

N_{cr} est l'effort normal critique de flambement élastique approprié, basé sur les propriétés de la section transversale brute (force critique d'Euler : $N_{cr} = \pi^2\, \dfrac{EI}{L_{cr}^2}$ avec L_{cr} longueur de flambement de l'élément).

Tableau 6.2 - Choix de la courbe de flambement pour une section transversale

Section transversale		Limites		Flamb^t selon l'axe	Courbe de flamb^t	
					S 235 S 275 S 355 S 420	S 460
Sections en I laminées		$h/b > 1{,}2$	$t_f \leq 40$ mm	$y-y$ $z-z$	a b	a_0 a_0
			40 mm $< t_f$ ≤ 100 mm	$y-y$ $z-z$	b c	a a
		$h/b \leq 1{,}2$	$t_f \leq 100$ mm	$y-y$ $z-z$	b c	a a
			$t_f > 100$ mm	$y-y$ $z-z$	d d	c c
Sections en I soudées		$t_f \leq 40$ mm		$y-y$ $z-z$	b c	b c
		$t_f > 40$ mm		$y-y$ $z-z$	c d	c d
Sections creuses		Finies à chaud		Quelconque	a	a_0
		Formées à froid		Quelconque	c	c
Sections en caisson soudées		En général (sauf comme indiqué ci-dessous)		Quelconque	b	b
		Soud. épaisses : $a > 0{,}5\,t_f$ $b/t_f < 30$ $h/t_w < 30$		Quelconque	c	c
Sections en U, T et pleines				Quelconque	c	c
Sections en L				Quelconque	b	b

α est un facteur d'imperfection donné par le tableau suivant :

Courbe de flambement	a_0	a	b	c	d
Facteur d'imperfection α	0,13	0,21	0,34	0,49	0,76

(4) Pour un élancement $\overline{\lambda} \leq 0,2$ ou pour $\dfrac{N_{Ed}}{N_{cr}} \leq 0,04$, les effets du flambement peuvent être négligés et seules les vérifications de sections transversales s'appliquent.

6.3.1.3 *Élancement pour le flambement par flexion*

L'élancement réduit $\overline{\lambda}$ est donné par les expressions suivantes :

- sections de Classe 1, 2 ou 3

$$\overline{\lambda} = \sqrt{\frac{A\,f_y}{N_{cr}}} = \frac{\lambda}{\lambda_1}$$

- sections de Classe 4

$$\overline{\lambda} = \sqrt{\frac{A_{eff}\,f_y}{N_{cr}}} = \frac{\lambda}{\lambda_1}\sqrt{\frac{A_{eff}}{A}}$$

avec :

λ : élancement de la barre défini par L_{cr}/i

L_{cr} : longueur de flambement dans le plan de flambement considéré et qui peut être calculée avec l'annexe 3 du présent document ;

A : section transversale de l'élément considéré ;

$i = \sqrt{\dfrac{I}{A}}$: rayon de giration par rapport à l'axe approprié, déterminé en utilisant les propriétés de la section transversale brute ;

$\lambda_1 = \pi\sqrt{\dfrac{E}{f_y}}$ est constant et dépend uniquement du matériau.

En pratique, on a :

Acier	S 235	S 275	S 355	S 420	S 460
λ_1	93,9	86,8	76,4	70,2	66,2

L'allure des courbes de flambement ($\chi = f(\overline{\lambda})$) est la suivante :

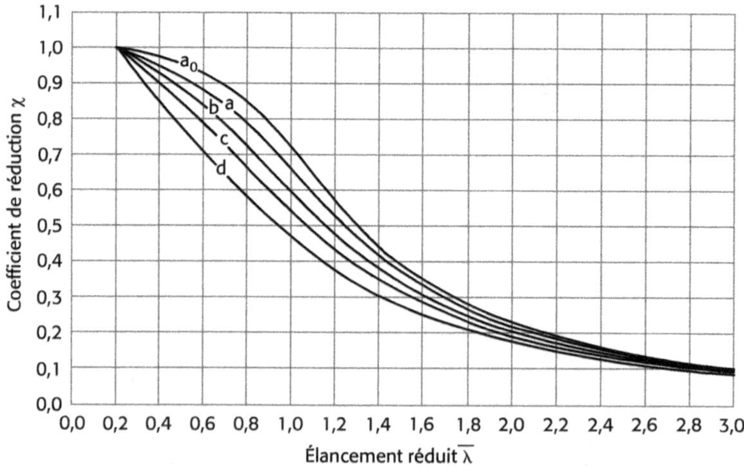

Figure 6.4 - Courbes de flambement

Longueur de flambement des barres de treillis (extrait de l'annexe BB informative) :

Pour les membrures en général et pour le flambement des barres de treillis hors du plan, la longueur de flambement L_{cr} peut être prise égale à la longueur d'épure L, à moins qu'une longueur inférieure puisse être justifiée par analyse.

La longueur de flambement L_{cr} d'une membrure à section en I ou H peut être prise égale à 0,9.L pour le flambement dans le plan et L pour le flambement hors du plan, à moins qu'une longueur inférieure puisse être justifiée par analyse.

Les barres de treillis peuvent êtres calculées pour le flambement dans le plan en utilisant une longueur de flambement inférieure à leur longueur d'épure, à condition que les membrures réalisent l'encastrement adéquat à leurs extrémités et que les attaches d'extrémité assurent un degré approprié de fixation (au moins deux boulons).

Dans ces conditions, dans les structures triangulées courantes, la longueur de flambement L_{cr} des barres de treillis pour le flambement dans le plan peut être prise égale à 0.9L, sauf pour les cornières.

Les valeurs du coefficient de réduction χ sont fournies à l'annexe 2 du présent document.

6.3.1.4 *Élancement pour le flambement par torsion et par flexion-torsion*

Non traité.

6.3.2 Barres uniformes fléchies

6.3.2.1 *Résistance au déversement*

(1) Il convient de vérifier une barre non maintenue latéralement et soumise à une flexion selon l'axe fort vis-à-vis du déversement de la façon suivante :

$$\frac{M_{Ed}}{M_{b,Rd}} \leq 1,0$$

où

M_{Ed} est la valeur de calcul de moment fléchissant ;

$M_{b,Rd}$ est le moment résistant de calcul au déversement.

(2) Les poutres dont la semelle comprimée est suffisamment maintenue ne sont pas sensibles au déversement. En outre, les poutres possédant certains types de sections transversales, comme les profils creux circulaires ou carrés, les sections creuses circulaires ou en caisson, carrées, reconstituées, ne sont également pas sensibles au déversement.

(3) Il convient de prendre le moment résistant de calcul au déversement d'une poutre non maintenue latéralement égal à la valeur suivante :

$$M_{b,Rd} = \chi_{LT} W_y \frac{f_y}{\gamma_{M1}}$$

où

W_y est le module de résistance approprié pris de la façon suivante :

$W_y = W_{pl,y}$ pour les sections transversales de Classe 1 ou 2 ;

$W_y = W_{el,y}$ pour les sections transversales de Classe 3 ;

$W_y = W_{eff,y}$ pour les sections transversales de Classe 4 ;

χ_{LT} est le coefficient de réduction pour le déversement.

(4) Il n'est pas nécessaire de prendre en compte les trous de fixation situés à l'extrémité de la poutre pour la détermination de W_y.

6.3.2.2 Courbes de déversement - Cas général

(1) Sauf spécification contraire (voir 6.3.2.3, non traité pour BTS CM), pour les barres fléchies à section transversale constante, il convient de déterminer la valeur χ_{LT}, pour l'élancement réduit approprié $\overline{\lambda}_{LT}$, par l'expression :

$$\chi_{LT} = \frac{1}{\phi_{LT} + \sqrt{\phi_{LT}^2 - \overline{\lambda}_{LT}^2}} \quad \text{mais } \chi_{LT} \leq 1,0 \tag{6.56}$$

où

$$\phi_{LT} = 0,5 \left[1 + \alpha_{LT}\,(\overline{\lambda}_{LT} - 0,2) + \overline{\lambda}^2{}_{LT}\right]$$

α_{LT} est un facteur d'imperfection

$$\overline{\lambda}_{LT} = \sqrt{\frac{W_y\, f_y}{M_{cr}}}$$

M_{cr} est le moment critique pour le déversement élastique.

(2) M_{cr} est basé sur les propriétés de section transversale brute et prend en compte les conditions de chargement, la distribution réelle des moments et les maintiens latéraux.

Annexe nationale

Informations complémentaires issues de l'Annexe nationale :

1. Les formules usuelles de M_{cr} supposant l'indéformabilité de la section, il est rappelé que l'inertie de torsion de la section brute (torsion de St-Venant, dite torsion uniforme) ne peut légitimement être prise en compte totalement dans le calcul de M_{cr} que si la section est ou peut être considérée indéformable. On vise ici la déformabilité transversale de l'âme souvent très élancée des profils reconstitués soudés en I. À défaut d'une justification spécifique, on considérera qu'une section en I ayant une âme de rapport $h_W/t_w > 170$ ne remplit pas cette condition d'indéformabilité transversale et qu'il convient alors de déterminer M_{cr}, en prenant une inertie de torsion réduite à celle de l'âme seule. On traduit ici le cas limite où les deux semelles ne tourneraient pas et où le flambement latéral de la semelle comprimée n'impliquerait que la rotation de l'âme (d'où le maintien de son inertie de torsion) ainsi que sa flexion transversale.

2. L'annexe AX1 à cette Annexe nationale présente une formulation du calcul de M_{cr} pour des barres uniformes à sections doublement symétriques, simplement fléchies et maintenues au déversement à leurs deux extrémités. Cette annexe AX1 est donnée en annexe 4 du présent document.

Note : Le facteur d'imperfection α_{LT} correspondant à la courbe de flambement appropriée peut être défini par l'Annexe nationale. Les valeurs recommandées pour α_{LT} sont données dans le tableau 6.3.

Tableau 6.3 - Valeurs recommandées
pour les facteurs d'imperfection des courbes de déversement

Courbe de déversement	a	b	c	d
Facteur d'imperfection α_{LT}	0,21	0,34	0,49	0,76

Les recommandations pour le choix des courbes de déversement sont données dans le tableau 6.4.

Tableau 6.4 - Courbes de déversement recommandées pour une section transversale
lorsque l'expression (6.56) est utilisée

Sections transversales	Limites	Courbe de déversement
Sections en I laminées	$h/b \leq 2$ $h/b > 2$	a b
Sections en I soudées	$h/b \leq 2$ $h/b > 2$	c d
Autres sections	–	d

(3) Les valeurs du coefficient de réduction χ_{LT} pour l'élancement réduit approprié $\overline{\lambda}_{LT}$ peuvent être tirées de la figure 6.4.

(4) Pour un élancement $\overline{\lambda}_{LT} \leq 0,2$ ou pour $\dfrac{M_{Ed}}{M_{cr}} \leq 0,04$, les effets du déversement peuvent être négligés et seules les vérifications de section transversale s'appliquent.

6.3.3   Barres uniformes fléchies et comprimées

(1) Sauf si une analyse au second ordre est effectuée en utilisant les imperfections comme indiqué en 5.3.2, la stabilité des barres uniformes à sections transversales bisymétriques non sensibles à la distorsion est généralement à vérifier comme indiqué dans les articles suivants, où une distinction est faite entre :

- les barres qui ne sont pas sensibles aux déformations par torsion, par exemple les sections creuses circulaires ou les sections maintenues en torsion ;
- les barres sensibles aux déformations par torsion : par exemple, les barres possédant des sections transversales ouvertes et non maintenues en torsion.

(2) En outre, il convient de vérifier que la résistance des sections transversales à chaque extrémité de la barre satisfait les exigences données en 6.2.

Note 1 : Les formules d'interaction sont basées sur le modèle d'une barre à travée unique comportant à ses extrémités des appuis simples « à fourche », avec ou non un maintien latéral continu, et soumise à un effort de compression, des moments d'extrémité et/ou des charges transversales.

Note 2 : Dans le cas où les conditions exposées en (1) et (2) ne sont pas satisfaites, voir 6.3.4.

(3) La vérification de la résistance de barres de systèmes structuraux peut être effectuée sur la base de barres individuelles à travée unique considérées comme extraites du système. Les effets du second ordre dus à la déformation globale latérale du système (effets P-Δ) doivent être pris en compte soit dans la détermination des moments d'extrémité de la barre, soit par l'utilisation de longueurs de flambement appropriées.

(4) Il convient de vérifier que les barres qui sont soumises à une combinaison de flexion et de compression axiale satisfont les conditions suivantes :

$$\frac{N_{Ed}}{\dfrac{\chi_y N_{Rk}}{\gamma_{M1}}} + k_{yy} \frac{M_{y,Ed} + \Delta M_{y,Ed}}{\dfrac{\chi_{LT} M_{y,Rk}}{\gamma_{M1}}} + k_{yz} \frac{M_{z,Ed} + \Delta M_{z,Ed}}{\dfrac{M_{z,Rk}}{\gamma_{M1}}} \leq 1,0 \qquad (6.61)$$

$$\frac{N_{Ed}}{\dfrac{\chi_z N_{Rk}}{\gamma_{M1}}} + k_{zy} \frac{M_{y,Ed} + \Delta M_{y,Ed}}{\dfrac{\chi_{LT} M_{y,Rk}}{\gamma_{M1}}} + k_{zz} \frac{M_{z,Ed} + \Delta M_{z,Ed}}{\dfrac{M_{z,Rk}}{\gamma_{M1}}} \leq 1{,}0 \qquad (6.62)$$

où

N_{Ed} , $M_{y,Ed}$ et $M_{z,Ed}$ sont les valeurs de calcul de l'effort de compression et des moments maximaux dans la barre par rapport respectivement à l'axe y-y et à l'axe z-z,

$\Delta M_{y,Ed}$, $\Delta M_{z,Ed}$ sont les moments provoqués par le décalage de l'axe neutre selon 6.2.9.3 pour les sections de Classe 4 (voir tableau 6.7),

χ_y et χ_z sont les facteurs de réduction dus au flambement par flexion, d'après 6.3.1,

χ_{LT} est le coefficient de réduction dû au déversement, d'après 6.3.2,

k_{yy} , k_{yz} , k_{zy} , k_{zz} sont les facteurs d'interaction.

Tableau 6.7 - Valeurs pour $N_{Rk} = f_y A_i$, $M_{i,Rk} = f_y W_i$ et $\Delta M_{i,Ed}$

Classe	1	2	3	4
A_i	A	A	A	A_{eff}
W_y	$W_{pl,y}$	$W_{pl,y}$	$W_{el,y}$	$W_{eff,y}$
W_z	$W_{pl,z}$	$W_{pl,z}$	$W_{el,z}$	$W_{eff,z}$
$\Delta M_{y,Ed}$	0	0	0	$e_{N,y} N_{Ed}$
$\Delta M_{z,Ed}$	0	0	0	$e_{N,z} N_{Ed}$

Note : Pour les barres non sensibles à la déformation par torsion, on aurait $\chi_{LT} = 1{,}0$.

(5) Les facteurs d'interaction k_{yy}, k_{yz}, k_{zy}, k_{zz} dépendent de la méthode choisie.

Note 2 : L'Annexe nationale a choisi la méthode alternative 1 ou la méthode alternative de l'annexe A.

Note 3 : Pour simplifier, les vérifications peuvent être effectuées dans le domaine élastique uniquement.

Annexe A (informative)

Méthode 1 : Facteurs d'interaction k_{ij} pour la formule d'interaction donnée en 6.3.3 (4)

Tableau A.1 - Facteurs d'interaction k_{ij} (6.3 (4))

Facteurs d'interaction	Hypothèses de calculs	
	Propriétés élastiques de sections **Classe 3, Classe 4**	**Propriétés plastiques de sections** **Classe 1, Classe 2**
k_{yy}	$C_{my}\, C_{mLT}\, \dfrac{\mu_y}{1 - \dfrac{N_{Ed}}{N_{cr,y}}}$	$C_{my}\, C_{mLT}\, \dfrac{\mu_y}{1 - \dfrac{N_{Ed}}{N_{cr,y}}}\, \dfrac{1}{C_{yy}}$
k_{yz}	$C_{mz}\, \dfrac{\mu_y}{1 - \dfrac{N_{Ed}}{N_{cr,z}}}$	$C_{mz}\, \dfrac{\mu_y}{1 - \dfrac{N_{Ed}}{N_{cr,z}}}\, \dfrac{1}{C_{yz}}\, 0{,}6\sqrt{\dfrac{w_z}{w_y}}$
k_{zy}	$C_{my}\, C_{mLT}\, \dfrac{\mu_z}{1 - \dfrac{N_{Ed}}{N_{cr,y}}}$	$C_{my}\, C_{mLT}\, \dfrac{\mu_z}{1 - \dfrac{N_{Ed}}{N_{cr,y}}}\, \dfrac{1}{C_{zy}}\, 0{,}6\sqrt{\dfrac{w_y}{w_z}}$
k_{yy}	$C_{mz}\, \dfrac{\mu_z}{1 - \dfrac{N_{Ed}}{N_{cr,z}}}$	$C_{mz}\, \dfrac{\mu_z}{1 - \dfrac{N_{Ed}}{N_{cr,z}}}\, \dfrac{1}{C_{zz}}$

Termes auxiliaires

$$\mu_y = \frac{1 - \dfrac{N_{Ed}}{N_{cr,y}}}{1 - \chi_y \dfrac{N_{Ed}}{N_{cr,y}}}$$

$$C_{yy} = 1 + (w_y - 1)\left[\left(2 - \frac{1{,}6}{w_y}\, C_{my}^2\, \overline{\lambda}_{max} - \frac{1{,}6}{w_y}\, C_{my}^2\, \overline{\lambda}_{max}^2\right) n_{pl} - b_{LT}\right] \geq \frac{W_{el,y}}{W_{pl,y}}$$

$$\text{avec } b_{LT} = 0{,}5\, a_{LT}\, \overline{\lambda}_0^2\, \frac{M_{y,Ed}}{\chi_{LT} M_{pl,y,Rd}}\, \frac{M_{z,Ed}}{M_{pl,z,Rd}}$$

$$\mu_z = \frac{1 - \dfrac{N_{Ed}}{N_{cr,z}}}{1 - \chi_z \dfrac{N_{Ed}}{N_{cr,z}}}$$

$$C_{yz} = 1 + (w_z - 1)\left[\left(2 - 14\, \frac{C_{mz}^2\, \overline{\lambda}_{max}^2}{w_z^5}\right) n_{pl} - c_{LT}\right] \geq 0{,}6\sqrt{\frac{w_z}{w_y}}\, \frac{W_{el,z}}{W_{pl,z}}$$

$$\text{avec } c_{LT} = 10\, a_{LT}\, \frac{\overline{\lambda}_0^2}{5 + \overline{\lambda}_z^4}\, \frac{M_{y,Ed}}{C_{my} \chi_{LT} M_{pl,y,Rd}}$$

$$w_y = \frac{W_{pl,y}}{W_{el,y}} \leq 1{,}5$$

$$w_z = \frac{W_{pl,z}}{W_{el,z}} \leq 1{,}5$$

$$C_{zy} = 1 + (w_y - 1)\left[\left(2 - 14\, \frac{C_{my}^2\, \overline{\lambda}_{max}^2}{w_y^5}\right) n_{pl} - d_{LT}\right] \geq 0{,}6\sqrt{\frac{w_y}{w_z}}\, \frac{W_{el,z}}{W_{pl,z}}$$

$$\text{avec } d_{LT} = 2\, a_{LT}\, \frac{\overline{\lambda}_0}{0{,}1 + \overline{\lambda}_z^4}\, \frac{M_{y,Ed}}{C_{my} \chi_{LT} M_{pl,y,Rd}}\, \frac{M_{z,Ed}}{C_{mz} M_{pl,z,Rd}}$$

$$n_{pl} = \frac{N_{Ed}}{N_{Rk} / \gamma_{M1}}$$

C_{my}, voir Tableau A.2

$$C_{zz} = 1 + (w_z - 1)\left[\left(2 - \frac{1{,}6}{w_z}\, C_{mz}^2\, \overline{\lambda}_{max} - \frac{1{,}6}{w_z}\, C_{mz}^2\, \overline{\lambda}_{max}^2 - e_{LT}\right) n_{pl}\right] \geq \frac{W_{el,z}}{W_{pl,z}}$$

$$a_{LT} = 1 - \frac{I_T}{I_y} \geq 0$$

$$\text{avec } e_{LT} = 1{,}7\, a_{LT}\, \frac{\overline{\lambda}_0}{0{,}1 + \overline{\lambda}_z^4}\, \frac{M_{y,Ed}}{C_{my} \chi_{LT} M_{pl,y,Rd}}$$

Tableau A.1 (suite)

$$\overline{\lambda}_{max} = \max \begin{cases} \overline{\lambda}_y \\ \overline{\lambda}_z \end{cases}$$

$\overline{\lambda}_0$ = élancement réduit pour le déversement dans le cas du moment fléchissant uniforme, c'est-à-dire $\psi_y = 1,0$ dans le Tableau A.2.

$\overline{\lambda}_{LT}$ = élancement réduit pour le déversement

Si $\overline{\lambda}_0 \leq 0,2 \sqrt{C_1} \sqrt[4]{\left(1 - \dfrac{N_{Ed}}{N_{cr,z}}\right)\left(1 - \dfrac{N_{Ed}}{N_{cr,TF}}\right)}$

$$C_{my} = C_{my,0}$$
$$C_{mz} = C_{mz,0}$$
$$C_{mLT} = 1,0$$

Si $\overline{\lambda}_0 > 0,2 \sqrt{C_1} \sqrt[4]{\left(1 - \dfrac{N_{Ed}}{N_{cr,z}}\right)\left(1 - \dfrac{N_{Ed}}{N_{cr,TF}}\right)}$

$$C_{my} = C_{my,0} + (1 - C_{my,0}) \frac{\sqrt{\varepsilon_y}\, a_{LT}}{1 + \sqrt{\varepsilon_y}\, a_{LT}}$$
$$C_{mz} = C_{mz,0}$$
$$C_{mLT} = C_{my}^2 \frac{a_{LT}}{\sqrt{\left(1 - \dfrac{N_{Ed}}{N_{cr,z}}\right)\left(1 - \dfrac{N_{Ed}}{N_{cr,T}}\right)}} \geq 1$$

$$\varepsilon_y = \frac{M_{y,Ed}}{N_{Ed}} \frac{A}{W_{el,y}} \quad \text{pour les sections transversales de classes 1, 2 et 3}$$

$$\varepsilon_y = \frac{M_{y,Ed}}{N_{Ed}} \frac{A_{eff}}{W_{eff,y}} \quad \text{pour les sections traversales de Classe 4}$$

$N_{cr,y}$ = effort normal critique de flambement élastique par flexion selon l'axe y-y

$N_{cr,z}$ = effort normal critique de flambement élastique par flexion selon l'axe z-z

$N_{cr,T}$ = effort normal critique de flambement élastique par torsion

$N_{cr,TF}$ = effort normal critique de flambement élastique par flexion-torsion

I_T = inertie de torsion de Saint-Venant

I_y = moment d'inertie de flexion par rapport à l'axe y-y

C_1 = facteur dépendant du chargement et des conditions aux extrémités à prendre dans la littérature

Tableau A.2 - Facteurs de moment uniforme équivalent $C_{mi,0}$

Diagramme de moment	$C_{mi,0}$
M_1 ⟍ ψM_1 $-1 \leqslant \psi \leqslant 1$	$C_{mi,0} = 0{,}79 + 0{,}21\,\psi_i + 0{,}36(\psi_i - 0{,}33)\,\dfrac{N_{Ed}}{N_{cr,i}}$
$M(x)$ $M(x)$	$C_{mi,0} = 1 + \left(\dfrac{\pi^2\,E\,I_i\,\lvert\delta_x\rvert}{L^2\,\lvert M_{i,Ed}(x)\rvert} - 1 \right)\dfrac{N_{Ed}}{N_{cr,i}}$ $M_{i,Ed(x)}$ est le moment maximal $M_{y,Ed}$ ou $M_{z,Ed}$ $\lvert\delta_x\rvert$ est la flèche maximale locale le long de la barre
	$C_{mi,0} = 1 - 0{,}18\,\dfrac{N_{Ed}}{N_{cr,i}}$ $C_{mi,0} = 1 + 0{,}03\,\dfrac{N_{Ed}}{N_{cr,i}}$

6.3.4 Méthode générale de vérification du flambement latéral et du déversement de composants structuraux

Article non pris en compte.

6.3.5 Déversement des barres avec rotules plastiques

6.3.5.1 Généralités

(1)B Les structures peuvent être calculées par une analyse plastique, à condition que le déversement dans l'ossature soit empêché par les moyens suivants :

a) présence de maintiens au niveau des rotules plastiques « ayant tourné » (voir 6.3.5.2) ;

b) et vérification de « longueur stable » pour les tronçons de barre situés entre de tels maintiens et d'autres maintiens latéraux (voir 6.3.5.3).

(2)B Aucun maintien n'est nécessaire au niveau d'une rotule plastique qui, sous toutes les combinaisons de charges aux états limites ultimes, n'a pas « tourné ».

6.3.5.2 Maintien au niveau des rotules plastiques ayant « tourné »

(1)B Il convient qu'au droit de chaque rotule plastique ayant « tourné », la section transversale ait un maintien latéral et torsionnel efficace, avec une résistance appropriée aux forces latérales et à la torsion induites par les déformations plastiques locales de la barre à cet emplacement.

(2)B Il convient d'assurer un maintien efficace

– dans le cas de barres simplement fléchies ou soumises à la fois à une flexion et un effort normal, par un maintien latéral des deux semelles. Ceci peut être réalisé par le maintien latéral d'une des semelles et un maintien torsionnel rigide de la section transversale empêchant le déplacement latéral relatif de la semelle tendue (voir figure 6.5) ;

– pour les barres soumises soit à une seule flexion soit à une flexion et une traction axiale et pour lesquelles la semelle comprimée est en contact avec une dalle de plancher, par un maintien latéral et torsionnel de la semelle comprimée (par exemple, une connexion à la dalle, voir figure 6.6). Pour les sections transversales qui sont plus élancées que des sections I et H laminées, il convient que la distorsion de la section soit empêchée au niveau de la rotule plastique (par exemple, au moyen d'un raidisseur d'âme également connecté à la semelle comprimée, et un assemblage rigide de la semelle comprimée à la dalle).

Figure 6.5 - Exemple typique de maintien torsionnel rigide

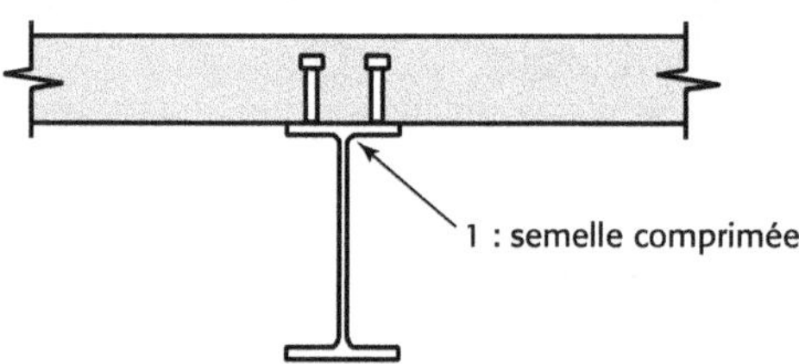

Figure 6.6 - Exemple typique de maintien latéral et torsionnel
de la semelle comprimée par une dalle

(3)B À chaque emplacement de rotule plastique, il convient que la connexion (par exemple, les boulons) de la semelle comprimée à l'élément de maintien en ce point (par exemple, la panne) et tout élément intermédiaire de transmission de l'effort (par exemple, un bracon) soit calculée pour résister à une force locale d'au moins 2,5 % de $N_{f,Ed}$ (défini en 6.3.5.2(5)B) transmise par la semelle dans son plan et perpendiculaire au plan de l'âme, sans combinaison avec d'autres charges.

(4)B Lorsqu'un tel maintien ne peut pratiquement être réalisé directement au droit de la rotule plastique, il est recommandé qu'il soit placé à une distance mesurée le long de la barre qui ne soit pas supérieure à h/2, où h est la hauteur totale de la section au droit de la rotule plastique.

(5)B Pour le dimensionnement des systèmes de contreventement (voir 5.3.3), il convient de procéder à une vérification additionnelle à celle relative à l'imperfection telle que définie en 5.3.3, pour s'assurer que le système de contreventement est capable de résister aux effets de forces locales Q_m, appliquée à chaque barre stabilisée au droit des rotules plastiques, avec :

$$Q_m = 1,5 \; \alpha_m \, \frac{N_{f,Ed}}{100}$$

où

$N_{f,Ed}$ est l'effort normal dans la semelle comprimée de la barre stabilisée, au droit de la rotule plastique ;

α_m est tel que défini en 5.3.3(1).

Note : Pour la combinaison avec les charges extérieures, voir aussi 5.3.3(5).

6.3.5.3 *Vérification de longueur stable d'un tronçon de barre*

(1)B La résistance au déversement de tronçons de barres entre maintiens peut être effectuée en vérifiant que leur longueur entre maintiens n'est pas supérieure à la « longueur stable ».

Pour des tronçons de barres uniformes à sections en I ou H telles que $h/t_j \leq 40\,\varepsilon$, soumis à un moment linéairement variable et sans compression axiale significative, la longueur stable peut être déterminée par :

$$L_{stable} = 35\,\varepsilon\,i_z \qquad \text{pour} \quad 0,625 \leq \psi \leq 1$$
$$L_{stable} = (60-40\,\psi)\,\varepsilon\,i_z \qquad \text{pour} \quad -1 \leq \psi \leq 0,625 \tag{6.68}$$

où

$$\varepsilon = \sqrt{\frac{235}{f_y}} \quad (f_y \text{ en MPa})$$

$$\psi = \frac{M_{Ed,min}}{M_{pl,Rd}} = \text{rapport des moments fléchissants aux extrémités du tronçon de barre}$$

Note B : Pour la longueur stable d'un tronçon de barre, voir aussi l'annexe BB.3.

(2)B Lorsqu'une rotule plastique apparaît à proximité immédiate de l'extrémité d'un renfort de jarret, il n'est pas nécessaire de traiter le tronçon à hauteur linéairement variable comme un tronçon adjacent à une rotule plastique si les critères suivants sont satisfaits :

a) il convient que le maintien au niveau de la rotule plastique soit situé à une distance au plus égale à h / 2 de la rotule, du côté du jarret et non du tronçon uniforme ;

b) la semelle comprimée du renfort reste élastique sur sa longueur.

Note B : Pour des informations complémentaires, voir l'annexe BB.3.

6.4   Barres composées uniformes en compression

6.4.1   Barres composées à membrures faiblement espacées

(1) Dans le cas de barres composées comprimées dont les membrures sont en contact ou faiblement espacées et liaisonnées à travers des fourrures, voir figure 6.12, ou dont les membrures sont des cornières disposées en croix et liaisonnées par des paires de barrettes elles-mêmes disposées en croix, voir figure 6.13, il convient de vérifier le flambement comme pour une barre unique homogène en négligeant l'effet de la rigidité de cisaillement ($S_V = \infty$), à condition que les espacements maximaux donnés dans le tableau 6.9 soient respectés.

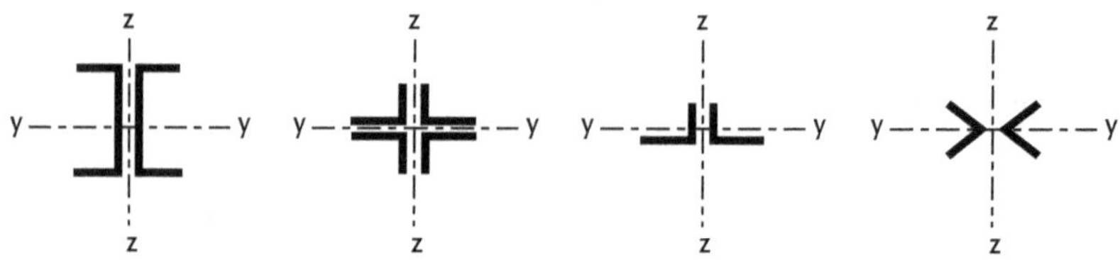

Figure 6.12 - Barres composées à membrures faiblement espacées

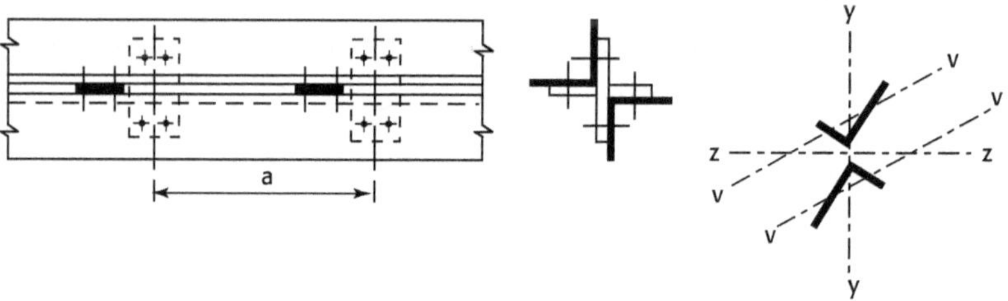

Figure 6.13 - Barres composées de cornières disposées en croix liaisonnées par paires de barrettes en croix

Tableau 6.9 — Espacements maximaux des éléments de liaison pour les barres composées
à membrures faiblement espacées ou à cornières liaisonnées en croix

Type de barre composée	Espacement maximal des éléments de liaison [a]
Membrures selon la figure 6.12 et liaisonnées par boulons ou cordons de soudure	$15\ i_{min}$
Membrures selon la figure 6.13 liaisonnées par paires de barrettes	$70\ i_{min}$
a) Distance centre-à-centre des éléments de liaison i_{min} est le rayon de giration minimal d'une membrure ou cornière	

(2) Les efforts tranchants devant être transmis par les éléments de liaison sont généralement à déterminer conformément aux indications données en 6.4.3.1(1).

(3) Dans le cas de cornières à ailes inégales, voir figure 6.13, le flambement selon l'axe y-y peut être vérifié en supposant que :

$$i_y = \frac{i_0}{1,15}$$

où :

i_0 est le rayon de giration minimal de la barre composée.

7. États limites de service

7.1 Généralités

(1) Il convient de calculer et de construire une structure en acier de telle sorte que tous les critères appropriés d'aptitude au service soient remplis.

(2) Les exigences fondamentales pour les états limites de service sont données en 3.4 de l'EN 1990.

(3) Pour un projet donné, tout état limite de service ainsi que le chargement et le modèle d'analyse associés sont généralement à spécifier.

(4) Lorsque l'analyse globale plastique est utilisée pour l'état limite ultime, une redistribution plastique des sollicitations exercées à l'état limite de service peut se produire. Dans ce cas, il convient de prendre en compte ses effets.

Informations complémentaires extraites du projet d'Annexe nationale :

(5) Les structures en acier et leurs éléments constitutifs doivent être dimensionnés de manière que les flèches restent dans les limites que le client et le concepteur ont considérées, en commun accord.

(6) Des valeurs limites de flèches recommandées sont indiquées en 7.2.1(1) et 7.2.2(1) ci-après.

(7) Les valeurs données en 7.2.1(1) et 7.2.2(1) sont des valeurs empiriques. Elles sont destinées à être comparées aux résultats des calculs et n'ont pas à être interprétées comme étant des critères de performance.

(8) Il y a lieu de comparer les valeurs calculées à partir des combinaisons caractéristiques à toutes les limites données ci-après.

7.2 États limites de service pour les bâtiments

7.2.1 Flèches verticales

(1)B En référence à l'EN 1990, annexe A1.4, il convient que les limites pour les flèches verticales définies à la figure A1.1 soient spécifiées pour chaque projet et convenues avec le client.

Note B : L'Annexe nationale peut spécifier ces limites (voir clause 7.2.1(1)B suivante).

Clause 7.2.1 (1)B – Flèches verticales :

(1) Les notations des valeurs limites de flèches indiquées ci-après sont représentées sur la figure 1 dans le cas de la poutre simplement appuyée.

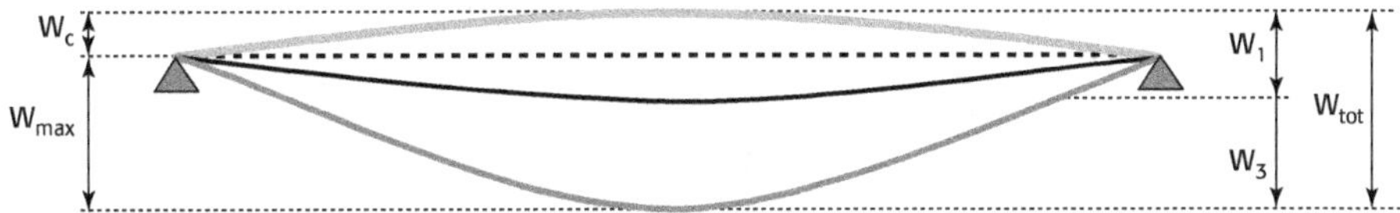

w_1 : flèche due aux charges permanentes ;

w_3 : flèche due aux actions variables ;

w_c : contreflèche dans l'élément structural non chargé.

Ces flèches permettent de déterminer :

la flèche totale $\qquad\qquad w_{tot} = w_1 + w_3$;

la flèche résiduelle totale w_{max} incluant la contreflèche w_c

$$w_{max} = w_1 + w_3 - w_c.$$

(2) Les valeurs limites recommandées de flèches verticales pour les poutres de bâtiments sont données au tableau 1, où L est la portée de la poutre. Pour les poutres en porte-à-faux, la longueur L à considérer est égale à deux fois la longueur du porte-à-faux.

Tableau 1 - Valeurs limites recommandées pour les flèches verticales

Conditions	Limites (voir figure 1)	
	w_{max}	w_3
Toitures en général	L / 200	L / 250
Toitures supportant fréquemment du personnel autre que le personnel d'entretien	L / 200	L / 300
Planchers en général	L / 200	L / 300
Planchers et toitures supportant des cloisons en plâtre ou en autres matériaux fragiles ou rigides	L / 250	L / 350
Planchers supportant des poteaux	L / 400	L / 500
Cas où w_{max} peut nuire à l'aspect du bâtiment	L / 250	-
Notes : …		

(3) Accumulation d'eau de pluie. Voir EN 1993.

7.2.2   Flèches horizontales

(1)B En référence à l'EN 1990, annexe A1.4, il convient que les limites pour les flèches horizontales définies à la figure A1.2 soient spécifiées pour chaque projet et convenues avec le client.

Note B : L'Annexe nationale peut spécifier ces limites (voir clause 7.2.2(1)B suivante).

Clause 7.2.2 (1)B - Flèches horizontales :

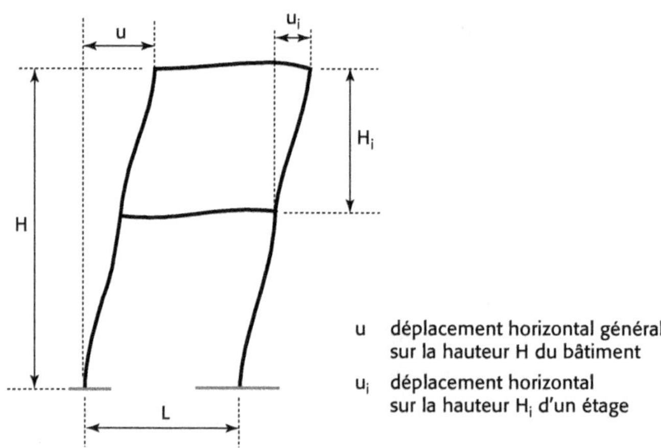

Figure A1.2 - Définition des déplacements horizontaux

(1) Pour les bâtiments, les limites recommandées de flèches horizontales dues aux charges variables sous combinaison caractéristique sont :

- Portiques sans pont roulant :
    - déplacement en tête de poteaux $H_i / 150$
    - déplacement différentiel en tête entre 2 portiques consécutifs $L_i / 150$
- Éléments supports de bardage métallique (hors encadrements de baies) :
    - lisses $L_i / 150$
    - montants (flèche propre) $H_i / 150$
- Autres bâtiments à niveau unique :
    - déplacement en tête de poteaux $H_i / 250$
    - déplacement différentiel en tête entre 2 portiques consécutifs $L_i / 200$
- Dans un bâtiment à plusieurs niveaux :
    - entre chaque étage $H_i / 250$
    - pour la structure dans son ensemble $H / 300$ si $H \leq 30$ m
                                         selon les DPM   si $H > 30$ m

où H_i est la hauteur du poteau ou de l'étage ou du montant de bardage,

       H est la hauteur totale de la structure,

       L_i est la distance entre 2 portiques consécutifs ou la longueur d'une lisse.

Note :

a) **Portiques sans pont roulant** : ce sont des portiques de bâtiments, à un niveau, sans exigence particulièrement restrictive en matière de déformation. Ils peuvent être simples ou à travées multiples.

b) **Autres bâtiments à niveau unique** : ce sont des bâtiments ayant des exigences particulières en matière de déformation (exemple : fragilité des parois, aspect, confort, utilisation, etc.). Ils peuvent être simples ou à travées multiples.

Dans le cas de parois fragiles, la valeur limite de flèche horizontale peut être supérieure lorsque des dispositions constructives des liaisons des parois à l'ossature le permettent.

(2) Pour les ossatures supports de chemin de roulement, et dans l'attente de la publication de la norme NF EN 1993-6, il convient de limiter les flèches horizontales sous combinaison caractéristique selon le tableau 2.

Tableau 2 : Valeurs limites recommandées des flèches horizontales

Description de la flèche (déformation ou déplacement	Diagramme
b) Déplacement horizontal u_y d'une ossature (ou d'un poteau) au niveau de l'appui du pont roulant, provoquée par la combinaison d'efforts latéraux de pont roulant et de l'action ou non du vent caractéristique $u_y \leq h_c/200$ avec vent $u_y \leq h_c/400$ sans vent où h_c représente la hauteur du niveau de l'appui du pont roulant (sur un rail ou sur une semelle).	
c) Différence Δu_y entre les déplacements horizontaux d'ossatures (ou de poteaux) adjacentes supportant les poutres d'un chemin de roulement de pont roulant situé à l'intérieur : $\Delta u_y \leq L/200$	
c) Différence Δu_y entre les déplacements horizontaux de poteaux (ou d'ossatures) adjacents supportant les poutres d'un chemin de roulement de pont roulant situé à l'extérieur : provoquée par la combinaison d'efforts latéraux de pont roulant et de l'action du vent de service : $\Delta u_y \leq L/300$ provoquée par la charge du vent hors service : $\Delta u_y \leq L/200$	

7.2.3   Effets dynamiques

(1) En référence à l'EN 1990, annexe A1.4.4, il convient de limiter les vibrations des structures ouvertes à la circulation du public afin d'éviter un inconfort notable pour les utilisateurs, et que les limites soient spécifiées pour chaque projet et convenues avec le client.

Note B : L'Annexe nationale peut spécifier des limites pour les vibrations des planchers.

Voir clause 7.2.3(1) B du projet d'Annexe nationale.

Classification des sections transversales des profilés laminés courants

Tableaux issus de l'article « Application de l'Eurocode 3. Classement des profilés laminés à section transversale en I » de Alain Bureau, revue *Construction métallique*, n° 4-2005.

TABLEAU 4

Profilés IPEA, IPE, IPEO – Nuance S235

Gamme	n°	Compression seule N_{Ed}	Flexion		Flexion composée N_{Ed} + $M_{y,Ed}$ Effort axial limite (kN)		
			$M_{y,Ed}$	$M_{Z,Ed}$	Classe 1	Classe 2	Classe 3
IPE	80 à 160	1	1	1	•		
	180	2	1	1	140	•	
	200	2	1	1	148	•	
	220	2	1	1	181	•	
	240	2	1	1	190	•	
	270	3	1	1	193	259	•
	300	3	1	1	231	312	•
	330	3	1	1	255	346	•
	360	4	1	1	232	326	1340
	400	4	1	1	241	347	1427
	450	4	1	1	254	380	1531
	500	4	1	1	299	452	1757
	550	4	1	1	323	499	1956
	600	4	1	1	373	582	2248
IPEA	80 à 240	1	1	1	•		
	270	2	1	1	335	•	
	300	2	1	1	371	•	
	330	2	1	1	401	•	
	360	2	1	1	441	•	
	400	3	1	1	493	653	•
	450	3	1	1	557	749	•
	500	3	1	1	626	851	•
	550	4	1	1	732	999	3144
	600	4	1	1	835	1148	3558
IPEO	180 à 360	1	1	1	•		
	400	2	1	1	709	•	
	450	2	1	1	904	•	
	500	2	1	1	1045	•	
	550	2	1	1	1128	•	
	600	2	1	1	1688	•	

Note : le signe • indique la classe maximale qui peut être atteinte.

TABLEAU 5

Profilés IPEA, IPE, IPEO – Nuance S275

Gamme	n°	Compression seule N_{Ed}	Flexion		Flexion composée $N_{Ed} + M_{y,Ed}$ Effort axial limite (kN)		
			$M_{y,Ed}$	$M_{Z,Ed}$	Classe 1	Classe 2	Classe 3
IPEA	80 à 140	1	1	1	•		
	160	2	1	1	129		
	180	2	1	1	140	•	
	200	3	1	1	147	195	•
	220	3	1	1	181	239	•
	240	3	1	1	188	252	•
	270	4	1	1	187	258	1032
	300	4	1	1	223	311	1188
	330	4	1	1	244	344	1348
	360	4	1	1	216	318	1381
	400	4	1	1	220	335	1465
	450	4	1	1	225	360	1565
	500	4	1	1	260	426	1793
	550	4	1	1	275	465	1990
	600	4	1	1	315	541	2285
IPE	80 à 220	1	1	1	•		
	240	2	1	1	321	•	
	270	2	1	1	337	•	
	300	2	1	1	370	•	
	330	3	1	1	398	530	•
	360	3	1	1	435	586	•
	400	3	1	1	483	657	•
	450	4	1	1	540	747	2567
	500	4	1	1	600	844	2838
	550	4	1	1	700	990	3258
	600	4	1	1	795	1133	3681
IPEO	180 à 270	1	1	1	•		
	300	2	1	1	528	•	
	330	2	1	1	583	•	
	360	2	1	1	672	•	
	400	2	1	1	710	•	
	450	2	1	1	904	•	
	500	3	1	1	1041	1379	•
	550	3	1	1	1116	1495	•
	600	2	1	1	1691	•	

Note : le signe • indique la classe maximale qui peut être atteinte.

TABLEAU 6

Profilés IPEA, IPE, IPEO – Nuance S355

Gamme	n°	Compression seule N_{Ed}	Flexion		Flexion composée N_{Ed} + $M_{y,Ed}$ Effort axial limite (kN)		
			$M_{y,Ed}$	$M_{Z,Ed}$	Classe 1	Classe 2	Classe 3
IPEA	80 à 120	1	1	1	•		
	140	2	1	1	126	•	
	160	3	1	1	129	171	•
	180	3	1	1	137	186	•
	200	4	1	1	141	195	792
	220	4	1	1	173	240	945
	240	4	1	1	178	251	1063
	270	4	1	1	169	250	1086
	300	4	1	1	199	298	1247
	330	4	1	1	214	327	1412
	360	4	1	1	175	291	1429
	400	4	1	1	166	297	1505
	450	4	1	1	152	306	1590
	500	4	1	1	167	355	1815
	550	4	1	1	161	377	2004
	600	4	1	1	177	433	2296
IPE	80 à 160	1	1	1	•		
	180	2	1	1	262	•	
	200	2	1	1	284	•	
	220	2	1	1	298	•	
	240	2	1	1	322	•	
	270	3	1	1	331	447	•
	300	4	1	1	357	491	1841
	330	4	1	1	379	529	2040
	360	4	1	1	409	579	2251
	400	4	1	1	446	644	2489
	450	4	1	1	485	721	2700
	500	4	1	1	526	803	2971
	550	4	1	1	609	937	3407
	600	4	1	1	681	1065	3841
IPEO	180	1	1	1	•		
	200	1	1	1	•		
	220	2	1	1	414	•	
	240	2	1	1	462	•	
	270	2	1	1	495	•	
	300	3	1	1	529	699	•
	330	3	1	1	579	772	•
	360	3	1	1	664	890	•
	400	3	1	1	691	942	•
	450	4	1	1	878	1200	4128
	500	4	1	1	998	1382	4578
	550	4	1	1	1054	1484	4937
	600	4	1	1	1643	2243	6956

Note : le signe • indique la classe maximale qui peut être atteinte.

TABLEAU 7

Profilés IPEA, IPE, IPEO – Nuance S460

Gamme	n°	Compression seule N_{Ed}	Flexion $M_{y,Ed}$	Flexion $M_{Z,Ed}$	Flexion composée $N_{Ed} + M_{y,Ed}$ Effort axial limite (kN) Classe 1	Classe 2	Classe 3
IPEA	80	1	1	1	•		
	100	1	1	1	•		
	120	2	1	1	151	•	
	140	3	1	1	123	167	•
	160	4	1	1	122	171	681
	180	4	1	1	126	182	742
	200	4	1	1	127	189	834
	220	4	1	1	155	231	995
	240	4	1	1	156	238	1114
	270	4	1	1	136	228	1124
	300	4	1	1	155	268	1286
	330	4	1	1	161	289	1450
	360	4	1	1	105	238	1442
	400	4	1	1	80	228	1502
	450	4	1	1	36	212	1564
	500	4	1	1	21	235	1775
	550	4	2	1	− 18	230	1944
	600	4	2	1	− 44	255	2219
IPE	80 à 120	1	1	1	•		
	140	2	1	1	237	•	
	160	2	1	1	253	•	
	180	3	1	1	261	347	•
	200	3	1	1	282	377	•
	220	4	1	1	289	395	1529
	240	4	1	1	310	427	1738
	270	4	1	1	308	441	1800
	300	4	1	1	323	476	1940
	330	4	1	1	336	506	2142
	360	4	1	1	352	546	2353
	400	4	1	1	373	598	2590
	450	4	1	1	384	652	2789
	500	4	1	1	393	708	3050
	550	4	1	1	448	822	3491
	600	4	1	1	484	921	3923
IPEO	180	2	1	1	380	•	
	200	2	1	1	386	•	
	220	2	1	1	416	•	
	240	3	1	1	463	611	•
	270	3	1	1	486	656	•
	300	4	1	1	508	702	2741
	330	4	1	1	551	770	3045
	360	4	1	1	626	883	3430
	400	4	1	1	635	921	3626
	450	4	1	1	802	1169	4360
	500	4	1	1	895	1332	4818
	550	4	1	1	919	1409	5171
	600	4	1	1	1506	2189	7351

Note : le signe • indique la classe maximale qui peut être atteinte.

TABLEAU 8

Profilés HEAA, HEA, HEB, HEM – Nuance S235

Gamme	n°	Compression seule N_{Ed}	Flexion		Flexion composée N_{Ed} + $M_{y,Ed}$ Effort axial limite (kN)		
			$M_{y,Ed}$	$M_{Z,Ed}$	Classe 1	Classe 2	Classe 3
HEAA	100	1	1	1	•		
	120	1	1	1	•		
	140	2	2	2		•	
	160	1	1	1	•		
	180	2	2	2		•	
	200	2	2	2		•	
	220 à 340	3	3	3			•
	360	2	2	2		•	
	400	2	2	2		•	
	450	2	1	1	748	•	
	500	2	1	1	764	•	
	550	3	1	1	892	1179	•
	600	3	1	1	902	1214	•
	650	4	1	1	910	1249	4025
	700	4	1	1	915	1282	4067
	800	4	1	1	930	1355	4142
	900	4	1	1	925	1413	4294
	1000	4	1	1	904	1459	4363
HEA	100 à 500	1	1	1	•		
	550	2	1	1	1148	•	
	600	2	1	1	1163	•	
	650	3	1	1	1176	1571	•
	700	3	1	1	1332	1788	•
	800	4	1	1	1211	1699	6053
	900	4	1	1	1215	1771	6080
	1000	4	1	1	1050	1640	5661
HEB	100 à 600	1	1	1	•		
	650	2	1	1	1966	•	
	700	2	1	1	2170	•	
	800	3	1	1	2039	2703	•
	900	3	1	1	2067	2810	•
	1000	4	1	1	1889	2672	8252
HEM	100 à 800	1	1	1	•		
	900	2	1	1	3098	•	
	1000	3	1	1	2689	3646	•

Note : le signe • indique la classe maximale qui peut être atteinte.

TABLEAU 9

Profilés HEAA, HEA, HEB, HEM – Nuance S275

Gamme	n°	Compression seule N_{Ed}	Flexion		Flexion composée $N_{Ed} + M_{y,Ed}$ Effort axial limite (kN)		
			$M_{y,Ed}$	$M_{Z,Ed}$	Classe 1	Classe 2	Classe 3
HEAA	100	1	1	1	•		
	120	2	2	2		•	
	140	3	3	3			•
	160	2	2	2		•	
	180 à 360	3	3	3			•
	400	2	2	2		•	
	450	2	2	2		•	
	500	3	2	2		1013	•
	550	3	1	1	876	1186	•
	600	4	1	1	873	1211	4229
	650	4	1	1	867	1233	4166
	700	4	1	1	857	1253	4195
	800	4	1	1	840	1300	4246
	900	4	1	1	797	1325	4375
	1000	4	1	1	733	1334	4417
HEA	100 à 260	1	1	1	•		
	280	2	2	2		•	
	300	2	2	2		•	
	320 à 450	1	1	1	•		
	500	2	1	1	1141	•	
	550	2	1	1	1146	•	
	600	3	1	1	1147	1544	•
	650	4	1	1	1145	1573	6459
	700	4	1	1	1293	1786	6808
	800	4	1	1	1132	1660	6241
	900	4	1	1	1098	1699	6234
	1000	4	1	1	884	1523	5752
HEB	100 à 550	1	1	1	•		
	600	2	1	1	1968	•	
	650	2	1	1	1977	•	
	700	2	1	1	2174	•	
	800	3	1	1	1998	2717	•
	900	4	1	1	1986	2789	9171
	1000	4	1	1	1753	2601	8499
HEM	100 à 700	1	1	1	•		
	800	2	1	1	3536	•	
	900	3	1	1	3067	4102	•
	1000	4	1	1	2588	3623	11093

Note : le signe • indique la classe maximale qui peut être atteinte.

TABLEAU 10

Profilés HEAA, HEA, HEB, HEM – Nuance S355

Gamme	n°	Compression seule N_{Ed}	Flexion		Flexion composée $N_{Ed} + M_{y,Ed}$ Effort axial limite (kN)		
			$M_{y,Ed}$	$M_{z,Ed}$	Classe 1	Classe 2	Classe 3
HEAA	100	1	1	1	•		
	120 à 400	3	3	3			•
	450	4	3	3			4465
	500	4	3	3			4270
	550	4	2	2		1167	4581
	600	4	2	2		1166	4445
	650	4	1	1	744	1161	4348
	700	4	1	1	701	1152	4347
	800	4	1	1	615	1137	4346
	900	4	1	1	490	1090	4418
	1000	4	1	1	333	1016	4400
HEA	100 à 160	1	1	1	•		
	180 à 240	2	2	2		•	
	260	3	3	3			•
	280	3	3	3			•
	300	3	3	3			•
	320	2	2	2		•	
	340	1	1	1	•		
	360	1	1	1	•		
	400	2	1	1	1145	•	
	450	2	1	1	1139	•	
	500	3	1	1	1128	1512	•
	550	4	1	1	1105	1521	7235
	600	4	1	1	1076	1527	6992
	650	4	1	1	1042	1527	6809
	700	4	1	1	1165	1725	7164
	800	4	1	1	922	1522	6465
	900	4	1	1	804	1487	6380
	1000	4	1	1	489	1214	5776
HEB	100 à 450	1	1	1	•		
	500	2	1	1	2001	•	
	550	2	1	1	1986	•	
	600	3	1	1	1965	2605	•
	650	3	1	1	1938	2621	•
	700	4	1	1	2113	2884	10846
	800	4	1	1	1846	2662	9837
	900	4	1	1	1743	2656	9606
	1000	4	1	1	1398	2361	8779
HEM	100 à 650	1	1	1	•		
	700	2	1	1	4089	•	
	800	3	1	1	3508	4684	•
	900	4	1	1	2903	4079	13488
	1000	4	1	1	2285	3460	11630

Note : le signe • indique la classe maximale qui peut être atteinte.

TABLEAU 11

Profilés HEAA, HEA, HEB, HEM – Nuance S460

Gamme	n°	Compression seule N_{Ed}	Flexion		Flexion composée N_{Ed} + $M_{y,Ed}$ Effort axial limite (kN)		
			$M_{y,Ed}$	$M_{z,Ed}$	Classe 1	Classe 2	Classe 3
HEAA	100	2	2	2		•	
	120 à 200	3	3	3			•
	220 à 260	4	4	3			
	280	4	4	4			
	300	4	4	4			
	320	4	4	3			
	340	4	4	3			
	360	3	3	3			•
	400	4	3	3			5061
	450	4	3	3			4717
	500	4	3	3			4467
	550	4	3	3			4774
	600	4	3	3			4588
	650	4	3	3			4443
	700	4	2	2		953	4399
	800	4	1	1	253	848	4318
	900	4	1	1	11	694	4303
	1000	4	2	1	− 328	499	4196
HEA	100	1	1	1	•		
	120	1	1	1	•		
	140	2	2	2		•	
	160	2	2	2		•	
	180 à 340	3	3	3			•
	360	2	2	2		•	
	400	2	1	1	1148	•	
	450	3	1	1	1109	1511	•
	500	4	1	1	1063	1500	8036
	550	4	1	1	999	1473	7626
	600	4	1	1	926	1439	7308
	650	4	1	1	845	1398	7055
	700	4	1	1	927	1565	7405
	800	4	1	1	572	1255	6536
	900	4	1	1	333	1109	6340
	1000	4	2	1	− 143	705	5576
HEB	100 à 400	1	1	1	•		
	450	2	1	1	2051	•	
	500	2	1	1	2010	•	
	550	3	1	1	1950	2633	•
	600	4	1	1	1880	2609	11617
	650	4	1	1	1802	2579	11165
	700	4	1	1	1938	2815	11464
	800	4	1	1	1543	2473	10235
	900	4	1	1	1311	2350	9866
	1000	4	1	1	812	1907	8842
HEM	100 à 600	1	1	1	•		
	650	2	1	1	4469	•	
	700	3	1	1	4076	5415	•
	800	4	1	1	3324	4663	16774
	900	4	1	1	2540	3878	14134
	1000	4	1	1	1739	3077	11959

Note : le signe • indique la classe maximale qui peut être atteinte.

Valeurs du coefficient de réduction χ pour les cinq courbes de flambement

Valeurs de χ pour la courbe de flambement a_0 (pour $\alpha = 0{,}13$)

$\overline{\lambda}$	0,00	0,01	0,02	0,03	0,04	0,05	0,06	0,07	0,08	0,09
0,2	1,0000	0,9986	0,9973	0,9959	0,9945	0,9931	0,9917	0,9903	0,9889	0,9874
0,3	0,9859	0,9845	0,9829	0,9814	0,9799	0,9783	0,9767	0,9751	0,9735	0,9718
0,4	0,9701	0,9684	0,9667	0,9649	0,9631	0,9612	0,9593	0,9574	0,9554	0,9534
0,5	0,9513	0,9492	0,9470	0,9448	0,9425	0,9402	0,9378	0,9354	0,9328	0,9302
0,6	0,9276	0,9248	0,9220	0,9191	0,9161	0,9130	0,9099	0,9066	0,9032	0,8997
0,7	0,8961	0,8924	0,8886	0,8847	0,8806	0,8764	0,8721	0,8676	0,8630	0,8582
0,8	0,8533	0,8483	0,8431	0,8377	0,8322	0,8266	0,8208	0,8148	0,8087	0,8025
0,9	0,7961	0,7895	0,7828	0,7760	0,7691	0,7620	0,7549	0,7476	0,7403	0,7329
1	0,7253	0,7178	0,7101	0,7025	0,6948	0,6870	0,6793	0,6715	0,6637	0,6560
1,1	0,6482	0,6405	0,6329	0,6252	0,6176	0,6101	0,6026	0,5951	0,5877	0,5804
1,2	0,5732	0,5660	0,5590	0,5520	0,5450	0,5382	0,5314	0,5248	0,5182	0,5117
1,3	0,5053	0,4990	0,4927	0,4866	0,4806	0,4746	0,4687	0,4629	0,4572	0,4516
1,4	0,4461	0,4407	0,4353	0,4300	0,4248	0,4197	0,4147	0,4097	0,4049	0,4001
1,5	0,3953	0,3907	0,3861	0,3816	0,3772	0,3728	0,3685	0,3643	0,3601	0,3560
1,6	0,3520	0,3480	0,3441	0,3403	0,3365	0,3328	0,3291	0,3255	0,3219	0,3184
1,7	0,3150	0,3116	0,3083	0,3050	0,3017	0,2985	0,2954	0,2923	0,2892	0,2862
1,8	0,2833	0,2804	0,2775	0,2746	0,2719	0,2691	0,2664	0,2637	0,2611	0,2585
1,9	0,2559	0,2534	0,2509	0,2485	0,2461	0,2437	0,2414	0,2390	0,2368	0,2345
2	0,2323	0,2301	0,2280	0,2258	0,2237	0,2217	0,2196	0,2176	0,2156	0,2136
2,1	0,2117	0,2098	0,2079	0,2061	0,2042	0,2024	0,2006	0,1989	0,1971	0,1954
2,2	0,1937	0,1920	0,1904	0,1887	0,1871	0,1855	0,1840	0,1824	0,1809	0,1794
2,3	0,1779	0,1764	0,1749	0,1735	0,1721	0,1707	0,1693	0,1679	0,1665	0,1652
2,4	0,1639	0,1626	0,1613	0,1600	0,1587	0,1575	0,1563	0,1550	0,1538	0,1526
2,5	0,1515	0,1503	0,1491	0,1480	0,1469	0,1458	0,1447	0,1436	0,1425	0,1414
2,6	0,1404	0,1394	0,1383	0,1373	0,1363	0,1353	0,1343	0,1333	0,1324	0,1314

Valeurs de χ pour la courbe de flambement a (pour $\alpha = 0{,}21$)

$\bar{\lambda}$	0,00	0,01	0,02	0,03	0,04	0,05	0,06	0,07	0,08	0,09
0,2	1,0000	0,9978	0,9956	0,9934	0,9912	0,9889	0,9867	0,9844	0,9821	0,9798
0,3	0,9775	0,9751	0,9728	0,9704	0,9680	0,9655	0,9630	0,9605	0,9580	0,9554
0,4	0,9528	0,9501	0,9474	0,9447	0,9419	0,9391	0,9363	0,9333	0,9304	0,9273
0,5	0,9243	0,9211	0,9179	0,9147	0,9114	0,9080	0,9045	0,9010	0,8974	0,8937
0,6	0,8900	0,8862	0,8823	0,8783	0,8742	0,8700	0,8657	0,8614	0,8569	0,8524
0,7	0,8477	0,8430	0,8382	0,8332	0,8282	0,8230	0,8178	0,8124	0,8069	0,8014
0,8	0,7957	0,7899	0,7841	0,7781	0,7721	0,7659	0,7597	0,7534	0,7470	0,7405
0,9	0,7339	0,7273	0,7206	0,7139	0,7071	0,7003	0,6934	0,6865	0,6796	0,6726
1	0,6656	0,6586	0,6516	0,6446	0,6376	0,6306	0,6236	0,6167	0,6098	0,6029
1,1	0,5960	0,5892	0,5824	0,5757	0,5690	0,5623	0,5557	0,5492	0,5427	0,5363
1,2	0,5300	0,5237	0,5175	0,5114	0,5053	0,4993	0,4934	0,4875	0,4817	0,4760
1,3	0,4703	0,4648	0,4593	0,4538	0,4485	0,4432	0,4380	0,4329	0,4278	0,4228
1,4	0,4179	0,4130	0,4083	0,4036	0,3989	0,3943	0,3898	0,3854	0,3810	0,3767
1,5	0,3724	0,3682	0,3641	0,3601	0,3561	0,3521	0,3482	0,3444	0,3406	0,3369
1,6	0,3332	0,3296	0,3261	0,3226	0,3191	0,3157	0,3124	0,3091	0,3058	0,3026
1,7	0,2994	0,2963	0,2933	0,2902	0,2872	0,2843	0,2814	0,2786	0,2757	0,2730
1,8	0,2702	0,2675	0,2649	0,2623	0,2597	0,2571	0,2546	0,2522	0,2497	0,2473
1,9	0,2449	0,2426	0,2403	0,2380	0,2358	0,2335	0,2314	0,2292	0,2271	0,2250
2	0,2229	0,2209	0,2188	0,2168	0,2149	0,2129	0,2110	0,2091	0,2073	0,2054
2,1	0,2036	0,2018	0,2001	0,1983	0,1966	0,1949	0,1932	0,1915	0,1899	0,1883
2,2	0,1867	0,1851	0,1836	0,1820	0,1805	0,1790	0,1775	0,1760	0,1746	0,1732
2,3	0,1717	0,1704	0,1690	0,1676	0,1663	0,1649	0,1636	0,1623	0,1610	0,1598
2,4	0,1585	0,1573	0,1560	0,1548	0,1536	0,1524	0,1513	0,1501	0,1490	0,1478
2,5	0,1467	0,1456	0,1445	0,1434	0,1424	0,1413	0,1403	0,1392	0,1382	0,1372
2,6	0,1362	0,1352	0,1342	0,1332	0,1323	0,1313	0,1304	0,1295	0,1285	0,1276

Valeurs de χ pour la courbe de flambement b (pour $\alpha = 0{,}34$)

$\bar{\lambda}$	0,00	0,01	0,02	0,03	0,04	0,05	0,06	0,07	0,08	0,09
0,2	1,0000	0,9965	0,9929	0,9894	0,9858	0,9822	0,9786	0,9750	0,9714	0,9678
0,3	0,9641	0,9604	0,9567	0,9530	0,9492	0,9455	0,9417	0,9378	0,9339	0,9300
0,4	0,9261	0,9221	0,9181	0,9140	0,9099	0,9057	0,9015	0,8973	0,8930	0,8886
0,5	0,8842	0,8798	0,8752	0,8707	0,8661	0,8614	0,8566	0,8518	0,8470	0,8420
0,6	0,8371	0,8320	0,8269	0,8217	0,8165	0,8112	0,8058	0,8004	0,7949	0,7893
0,7	0,7837	0,7780	0,7723	0,7665	0,7606	0,7547	0,7488	0,7428	0,7367	0,7306
0,8	0,7245	0,7183	0,7120	0,7058	0,6995	0,6931	0,6868	0,6804	0,6740	0,6676
0,9	0,6612	0,6547	0,6483	0,6419	0,6354	0,6290	0,6226	0,6162	0,6098	0,6034
1	0,5970	0,5907	0,5844	0,5781	0,5719	0,5657	0,5595	0,5534	0,5473	0,5412
1,1	0,5352	0,5293	0,5234	0,5175	0,5117	0,5060	0,5003	0,4947	0,4891	0,4836
1,2	0,4781	0,4727	0,4674	0,4621	0,4569	0,4517	0,4466	0,4416	0,4366	0,4317
1,3	0,4269	0,4221	0,4174	0,4127	0,4081	0,4035	0,3991	0,3946	0,3903	0,3860
1,4	0,3817	0,3775	0,3734	0,3693	0,3653	0,3613	0,3574	0,3535	0,3497	0,3459
1,5	0,3422	0,3386	0,3350	0,3314	0,3279	0,3245	0,3211	0,3177	0,3144	0,3111
1,6	0,3079	0,3047	0,3016	0,2985	0,2955	0,2925	0,2895	0,2866	0,2837	0,2809
1,7	0,2781	0,2753	0,2726	0,2699	0,2672	0,2646	0,2620	0,2595	0,2570	0,2545
1,8	0,2521	0,2496	0,2473	0,2449	0,2426	0,2403	0,2381	0,2359	0,2337	0,2315
1,9	0,2294	0,2272	0,2252	0,2231	0,2211	0,2191	0,2171	0,2152	0,2132	0,2113
2	0,2095	0,2076	0,2058	0,2040	0,2022	0,2004	0,1987	0,1970	0,1953	0,1936
2,1	0,1920	0,1903	0,1887	0,1871	0,1855	0,1840	0,1825	0,1809	0,1794	0,1780
2,2	0,1765	0,1751	0,1736	0,1722	0,1708	0,1694	0,1681	0,1667	0,1654	0,1641
2,3	0,1628	0,1615	0,1602	0,1590	0,1577	0,1565	0,1553	0,1541	0,1529	0,1517
2,4	0,1506	0,1494	0,1483	0,1472	0,1461	0,1450	0,1439	0,1428	0,1418	0,1407
2,5	0,1397	0,1387	0,1376	0,1366	0,1356	0,1347	0,1337	0,1327	0,1318	0,1308
2,6	0,1299	0,1290	0,1281	0,1272	0,1263	0,1254	0,1245	0,1237	0,1228	0,1219

Valeurs de χ pour la courbe de flambement c (pour $\alpha = 0,49$)

$\bar{\lambda}$	0,00	0,01	0,02	0,03	0,04	0,05	0,06	0,07	0,08	0,09
0,2	1,0000	0,9949	0,9898	0,9847	0,9797	0,9746	0,9695	0,9644	0,9593	0,9542
0,3	0,9491	0,9440	0,9389	0,9338	0,9286	0,9235	0,9183	0,9131	0,9078	0,9026
0,4	0,8973	0,8920	0,8867	0,8813	0,8760	0,8705	0,8651	0,8596	0,8541	0,8486
0,5	0,8430	0,8374	0,8317	0,8261	0,8204	0,8146	0,8088	0,8030	0,7972	0,7913
0,6	0,7854	0,7794	0,7735	0,7675	0,7614	0,7554	0,7493	0,7432	0,7370	0,7309
0,7	0,7247	0,7185	0,7123	0,7060	0,6998	0,6935	0,6873	0,6810	0,6747	0,6684
0,8	0,6622	0,6559	0,6496	0,6433	0,6371	0,6308	0,6246	0,6184	0,6122	0,6060
0,9	0,5998	0,5937	0,5876	0,5815	0,5755	0,5695	0,5635	0,5575	0,5516	0,5458
1	0,5399	0,5342	0,5284	0,5227	0,5171	0,5115	0,5059	0,5004	0,4950	0,4896
1,1	0,4842	0,4790	0,4737	0,4685	0,4634	0,4583	0,4533	0,4483	0,4434	0,4386
1,2	0,4338	0,4290	0,4243	0,4197	0,4151	0,4106	0,4061	0,4017	0,3974	0,3931
1,3	0,3888	0,3846	0,3805	0,3764	0,3724	0,3684	0,3644	0,3606	0,3567	0,3529
1,4	0,3492	0,3455	0,3419	0,3383	0,3348	0,3313	0,3279	0,3245	0,3211	0,3178
1,5	0,3145	0,3113	0,3081	0,3050	0,3019	0,2989	0,2959	0,2929	0,2900	0,2871
1,6	0,2842	0,2814	0,2786	0,2759	0,2732	0,2705	0,2679	0,2653	0,2627	0,2602
1,7	0,2577	0,2553	0,2528	0,2504	0,2481	0,2457	0,2434	0,2412	0,2389	0,2367
1,8	0,2345	0,2324	0,2302	0,2281	0,2260	0,2240	0,2220	0,2200	0,2180	0,2161
1,9	0,2141	0,2122	0,2104	0,2085	0,2067	0,2049	0,2031	0,2013	0,1996	0,1979
2	0,1962	0,1945	0,1929	0,1912	0,1896	0,1880	0,1864	0,1849	0,1833	0,1818
2,1	0,1803	0,1788	0,1774	0,1759	0,1745	0,1731	0,1717	0,1703	0,1689	0,1676
2,2	0,1662	0,1649	0,1636	0,1623	0,1611	0,1598	0,1585	0,1573	0,1561	0,1549
2,3	0,1537	0,1525	0,1514	0,1502	0,1491	0,1480	0,1468	0,1457	0,1446	0,1436
2,4	0,1425	0,1415	0,1404	0,1394	0,1384	0,1374	0,1364	0,1354	0,1344	0,1334
2,5	0,1325	0,1315	0,1306	0,1297	0,1287	0,1278	0,1269	0,1260	0,1252	0,1243
2,6	0,1234	0,1226	0,1217	0,1209	0,1201	0,1193	0,1184	0,1176	0,1168	0,1161

Valeurs de χ pour la courbe de flambement d (pour $\alpha = 0,76$)

$\bar{\lambda}$	0,00	0,01	0,02	0,03	0,04	0,05	0,06	0,07	0,08	0,09
0,2	1,0000	0,9921	0,9843	0,9765	0,9688	0,9611	0,9535	0,9459	0,9384	0,9309
0,3	0,9235	0,9160	0,9086	0,9013	0,8939	0,8866	0,8793	0,8721	0,8648	0,8576
0,4	0,8504	0,8432	0,8360	0,8289	0,8218	0,8146	0,8075	0,8005	0,7934	0,7864
0,5	0,7793	0,7723	0,7653	0,7583	0,7514	0,7444	0,7375	0,7306	0,7237	0,7169
0,6	0,7100	0,7032	0,6964	0,6897	0,6829	0,6762	0,6695	0,6629	0,6563	0,6497
0,7	0,6431	0,6366	0,6301	0,6237	0,6173	0,6109	0,6046	0,5983	0,5921	0,5859
0,8	0,5797	0,5736	0,5675	0,5615	0,5556	0,5496	0,5438	0,5379	0,5322	0,5265
0,9	0,5208	0,5152	0,5096	0,5041	0,4987	0,4933	0,4879	0,4826	0,4774	0,4722
1	0,4671	0,4620	0,4570	0,4521	0,4472	0,4423	0,4375	0,4328	0,4281	0,4235
1,1	0,4189	0,4144	0,4099	0,4055	0,4012	0,3969	0,3926	0,3884	0,3843	0,3802
1,2	0,3762	0,3722	0,3683	0,3644	0,3605	0,3568	0,3530	0,3493	0,3457	0,3421
1,3	0,3385	0,3350	0,3316	0,3282	0,3248	0,3215	0,3182	0,3150	0,3118	0,3086
1,4	0,3055	0,3024	0,2994	0,2964	0,2935	0,2906	0,2877	0,2849	0,2821	0,2793
1,5	0,2766	0,2739	0,2712	0,2686	0,2660	0,2635	0,2609	0,2585	0,2560	0,2536
1,6	0,2512	0,2488	0,2465	0,2442	0,2419	0,2397	0,2375	0,2353	0,2331	0,2310
1,7	0,2289	0,2268	0,2248	0,2228	0,2208	0,2188	0,2168	0,2149	0,2130	0,2112
1,8	0,2093	0,2075	0,2057	0,2039	0,2021	0,2004	0,1987	0,1970	0,1953	0,1936
1,9	0,1920	0,1904	0,1888	0,1872	0,1856	0,1841	0,1826	0,1810	0,1796	0,1781
2	0,1766	0,1752	0,1738	0,1724	0,1710	0,1696	0,1683	0,1669	0,1656	0,1643
2,1	0,1630	0,1617	0,1604	0,1592	0,1580	0,1567	0,1555	0,1543	0,1532	0,1520
2,2	0,1508	0,1497	0,1486	0,1474	0,1463	0,1452	0,1442	0,1431	0,1420	0,1410
2,3	0,1399	0,1389	0,1379	0,1369	0,1359	0,1349	0,1340	0,1330	0,1320	0,1311
2,4	0,1302	0,1292	0,1283	0,1274	0,1265	0,1257	0,1248	0,1239	0,1231	0,1222
2,5	0,1214	0,1205	0,1197	0,1189	0,1181	0,1173	0,1165	0,1157	0,1149	0,1142
2,6	0,1134	0,1127	0,1119	0,1112	0,1104	0,1097	0,1090	0,1083	0,1076	0,1069

Annexe E (informative) de l'ENV 1993-1-1

Longueur de flambement d'un élément comprimé

Annexe E (informative)
Longueur de flambement d'un élément comprimé

E.1   Bases

(1) La longueur de flambement L_{cr} d'un élément comprimé est la longueur d'un élément bi-articulé (extrémités maintenues vis-à-vis du mouvement latéral, mais libres de tourner), par ailleurs similaire, ayant la même résistance au flambement.

(2) À défaut d'informations plus précises, on peut adopter, en se plaçant en sécurité, la longueur théorique de flambement élastique.

(3) Une longueur de flambrement équivalente peut être utilisée pour ramener le calcul de la résistance au flambement d'un élément soumis à une compression non uniforme à celui d'un élément, par ailleurs similaire, soumis à une compression uniforme.

(4) Une longueur de flambement équivalente peut également être utilisée pour ramener le calcul de la résistance au flambement d'un élément de section transversale variable à celui d'un élément de section constante, sous conditions similaires de chargement et d'encastrement.

E.2   Poteaux d'ossatures de bâtiment

(1) La longueur de flambement L_{cr} d'un poteau dans un mode d'instabilité à nœuds fixes peut être obtenue à partir de la figure E.2.1.

(2) La longueur de flambement L_{cr} d'un poteau dans un mode d'instabilité à nœuds déplaçables peut être obtenue à partir de la figure E.2.2.

(3) En ce qui concerne les modèles théoriques présentés à la figure E.2.3, les facteurs de distribution de rigidité η_1 et η_2 sont obtenus par les formules :

$$\eta_1 = K_c / (K_c + K_{11} + K_{12}) \qquad (5.1)$$

$$\eta_2 = K_c / (K_c + K_{21} + K_{22}) \qquad (5.2)$$

où K_c = rigidité I/L du poteau

et K_{ij} = rigidités effectives des poutres.

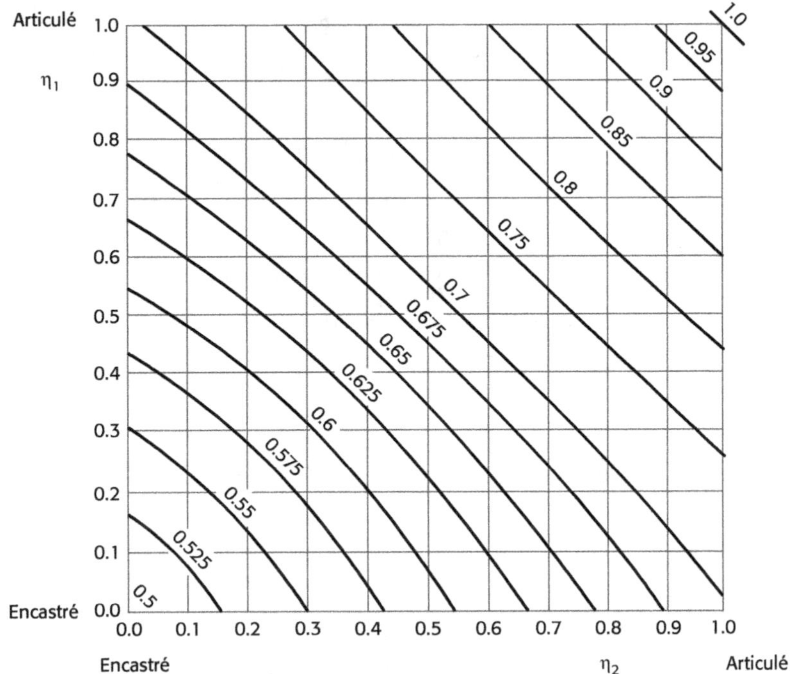

Figure E.2.1 - Rapport L_{cr}/L de longueur de flambement d'un poteau dans un mode à nœuds fixes

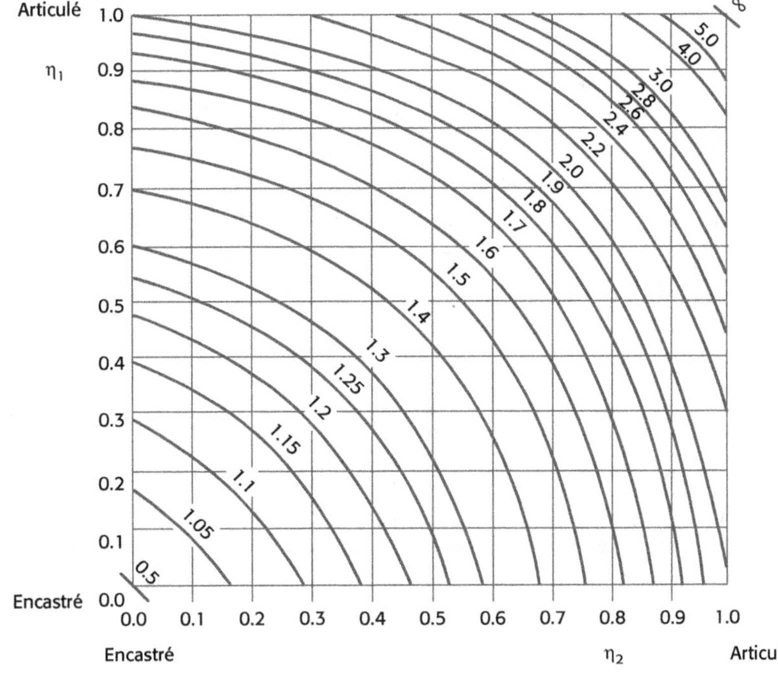

Figure E.2.2 - Rapport L_{cr}/L de longueur de flambement d'un poteau dans un mode à nœuds déplaçables

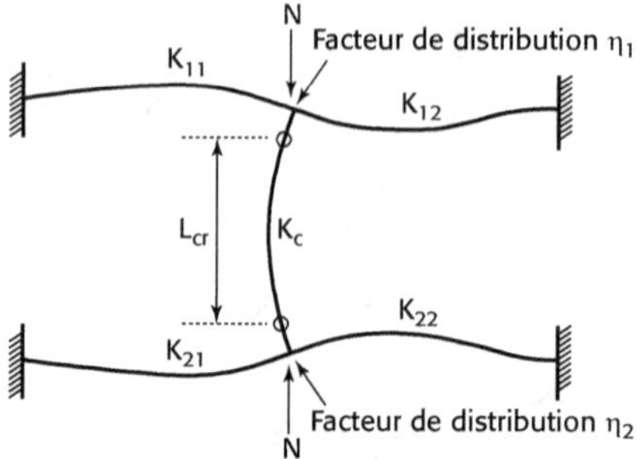

(a) Mode de flambement à nœuds fixes

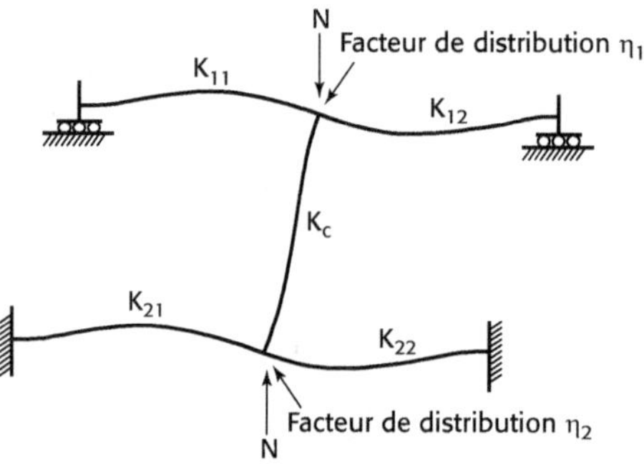

(b) Mode de flambement à nœuds déplaçables

Figure E.2.3 - Facteurs de distribution pour les poteaux

(4) Ces modèles peuvent être adaptés au calcul des poteaux continus, en supposant que chaque tronçon de poteau est chargé à la même valeur du rapport (N/N_{cr}). Dans le cas général où (N/N_{cr}) varie, ceci conduit à une valeur de L_{cr}/L qui place en sécurité pour le tronçon de poteau le plus critique.

(5) L'hypothèse faite en (4) peut être introduite pour chaque tronçon d'un poteau continu, en utilisant le modèle de la figure E.2.4 et en obtenant les facteurs de distribution η_1 et η_2 par les formules :

$$\eta_1 = \frac{K_C + K_1}{K_C + K_1 + K_{11} + K_{12}} \tag{E.3}$$

$$\eta_2 = \frac{K_C + K_2}{K_C + K_2 + K_{21} + K_{22}} \tag{E.4}$$

où $K_1 \cdot K_2$ sont les rigidités des tronçons de poteau adjacents.

(6) Lorsque les poutres ne sont pas soumises à des efforts axiaux, leur rigidité effective peut être déterminée en se référant au tableau E.1, à condition que les poutres restent élastiques sous les moments de calcul.

Tableau E.1 - Rigidité effective d'une poutre

Condition de maintien en rotation à l'extrémité opposée de la poutre	Rigidité effective K de la poutre (à condition que la poutre reste élastique)
Encastrée	1,0 I/L
Articulée	0,75 I/L
Rotation égale à celle de l'extrémité adjacente (double courbure)	1,5 I/L
Rotation égale et opposée à celle de l'extrémité adjacente (simple courbure)	0,5 I/L
Cas général : rotation θ_a à l'extrémité adjacente et θ_b à l'extrémité opposée	$(1 + 0,5\ \theta_b/\theta_a)$ I/L

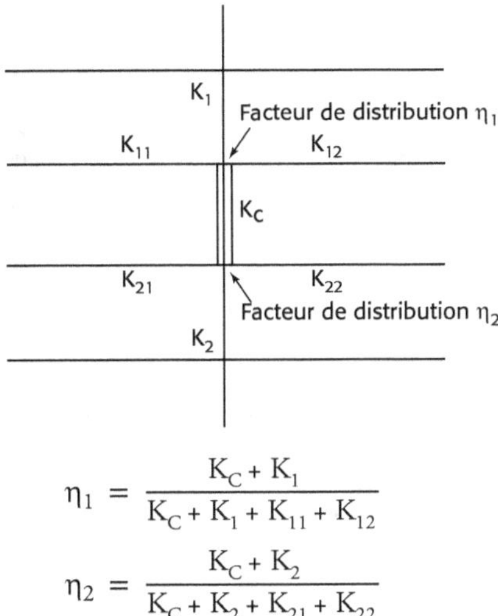

$$\eta_1 = \frac{K_C + K_1}{K_C + K_1 + K_{11} + K_{12}}$$

$$\eta_2 = \frac{K_C + K_2}{K_C + K_2 + K_{21} + K_{22}}$$

Figure E.2.4 - Facteurs de distribution pour poteaux continus

(7) Pour les ossatures de bâtiment à cadres rectangulaires avec plancher en béton, à condition que la topologie de l'ossature soit régulière et le chargement uniforme, il est normalement suffisamment précis d'adopter pour les poutres les rigidités effectives du tableau E.2.

Tableau E.2 - Rigidité effective K d'une poutre dans une ossature de bâtiment avec planchers en béton

Conditions de charge pour la poutre	Mode d'instabilité à nœuds fixes	Mode d'instabilité à nœuds déplaçables
Poutres supportant directement les dalles de plancher en béton	1,0 I/L	1,0 I/L
Autres poutres sous charges directes	0,75 I/L	1,0 I/L
Poutres soumises uniquement à des moments aux extrémités	0,5 I/L	1,5 I/L

(8) Lorsque pour le même cas de charge, le moment de calcul d'une poutre quelconque dépasse le moment de résistance élastique $W_{el} f_y / \gamma_{M0}$, on doit supposer la poutre articulée au(x) point(s) concerné(s).

(9) Lorsqu'une poutre possède des assemblages nominalement articulés, elle doit être considérée comme articulée au(x) point(s) concerné(s).

(10) Lorsqu'une poutre possède des assemblages semi-rigides, sa rigidité effective doit être réduite en conséquence.

(11) Lorsque les poutres sont soumises à des efforts axiaux, leur rigidité effective doit être ajustée en conséquence. On peut, pour cela, utiliser les fonctions de stabilité. Une alternative simple consiste à négliger le gain de rigidité dû à la traction axiale, et à prendre en compte les effets de la compression axiale à l'aide des approximations sécuritaires données au tableau E.3.

Tableau E.3 - Formules approximatives pour rigidité réduite due à la compression axiale

Condition de maintien en rotation à l'extrémité opposée de la poutre	Rigidité effective K de la poutre (à condition que celle-ci reste élastique)
Encastrée	$1{,}0\ I/L\ \ (1-0{,}4\ N/N_E)$
Articulée	$0{,}75\ I/L\ \ (1-1{,}0\ N/N_E)$
Rotation égale à celle de l'extrémité adjacente (double courbure)	$1{,}5\ I/L\ \ (1-0{,}2\ N/N_E)$
Rotation égale et opposée à celle de l'extrémité adjacente (simple courbure)	$0{,}5\ I/L\ \ (1-0{,}4\ N/N_E)$
Dans ce tableau $N_E = \pi^2\ EI/L^2$	

(12) Les expressions empiriques suivantes sont des approximations sécuritaires qui peuvent être utilisées comme une alternative aux valeurs tirées des figures E.2.1 et E.2.2 :

(a) Mode d'instabilité à nœuds fixes (figure E.2.1)

$$L_{cr}/L = 0{,}5 + 0{,}14\,(\eta_1 + \eta_2) + 0{,}055\,(\eta_1 + \eta_2)^2 \tag{E.5}$$

ou comme alternative

$$\frac{L_{cr}}{L} = \left[\frac{1 + 0{,}145(\eta_1 + \eta_2) - 0{,}265\,\eta_1\,\eta_2}{2 - 0{,}364(\eta_1 + \eta_2) - 0{,}247\,\eta_1\,\eta_2} \right] \tag{E.6}$$

(b) mode d'instabilité à nœuds déplaçables (figure E.2.2)

$$\frac{L_{cr}}{L} = \sqrt{\frac{1 - 0{,}2(\eta_1 + \eta_2) - 0{,}12\,\eta_1\,\eta_2}{1 - 0{,}8(\eta_1 + \eta_2) + 0{,}60\,\eta_1\,\eta_2}} \tag{E.7}$$

Formulaire EC3	Longueurs de flambement des composants de poutres à treillis		En 1993-1-1 : Annexe BB	
Dispositions constructives	**Plan du treillis**		**Hors plan du treillis**	
Longueur d'épure L	**L : Distance entre 2 nœuds d'assemblages successifs**		**L : Distance entre 2 appuis latéraux successifs**	
	Profils ouverts	Profils creux	Profils ouverts	Profils creux
Membrures	$L_{cr} = 0,9.L$ (section en I ou H) $L_{cr} = L$ (autres sections)	$L_{cr} = 0,9.L$	$L_{cr} = L$	$L_{cr} = 0,9.L$
Treillis (diagonales et montants)	$L_{cr} = L$ (si 1 boulon) $L_{cr} = 0,9.L$ (si 2 boulons ou +)	$L_{cr} = L$	$L_{cr} = L$	$L_{cr} = L$

Remarques :

- Les valeurs indiquées dans ce tableau sont des valeurs sécuritaires.
- Toute valeur inférieure justifiée par analyse peut être validée.
- Pour les treillis en profils creux soudés, des formules adaptées permettent de définir avec plus de précision les longueurs de flambement des différents éléments (voir ENV 1993). Dans certaines conditions, une valeur de 0,75.L peut être admise (voir EN 1993-1-1 – Annexe BB).
- Pour les treillis composés de cornières (attachées par 2 boulons ou plus), les excentricités peuvent être négligées et les encastrements d'extrémités peuvent être pris en compte en considérant un élancement réduit calculé comme suit :

$$\overline{\lambda}_{eff,v} = 0,35 + 0,7 \cdot \overline{\lambda}_v \qquad \text{pour le flambement par rapport à l'axe v-v ;}$$
$$\overline{\lambda}_{eff,y} = 0,50 + 0,7 \cdot \overline{\lambda}_y \qquad \text{pour le flambement par rapport à l'axe y-y ;}$$
$$\overline{\lambda}_{eff,z} = 0,50 + 0,7 \cdot \overline{\lambda}_z \qquad \text{pour le flambement par rapport à l'axe z-z.}$$

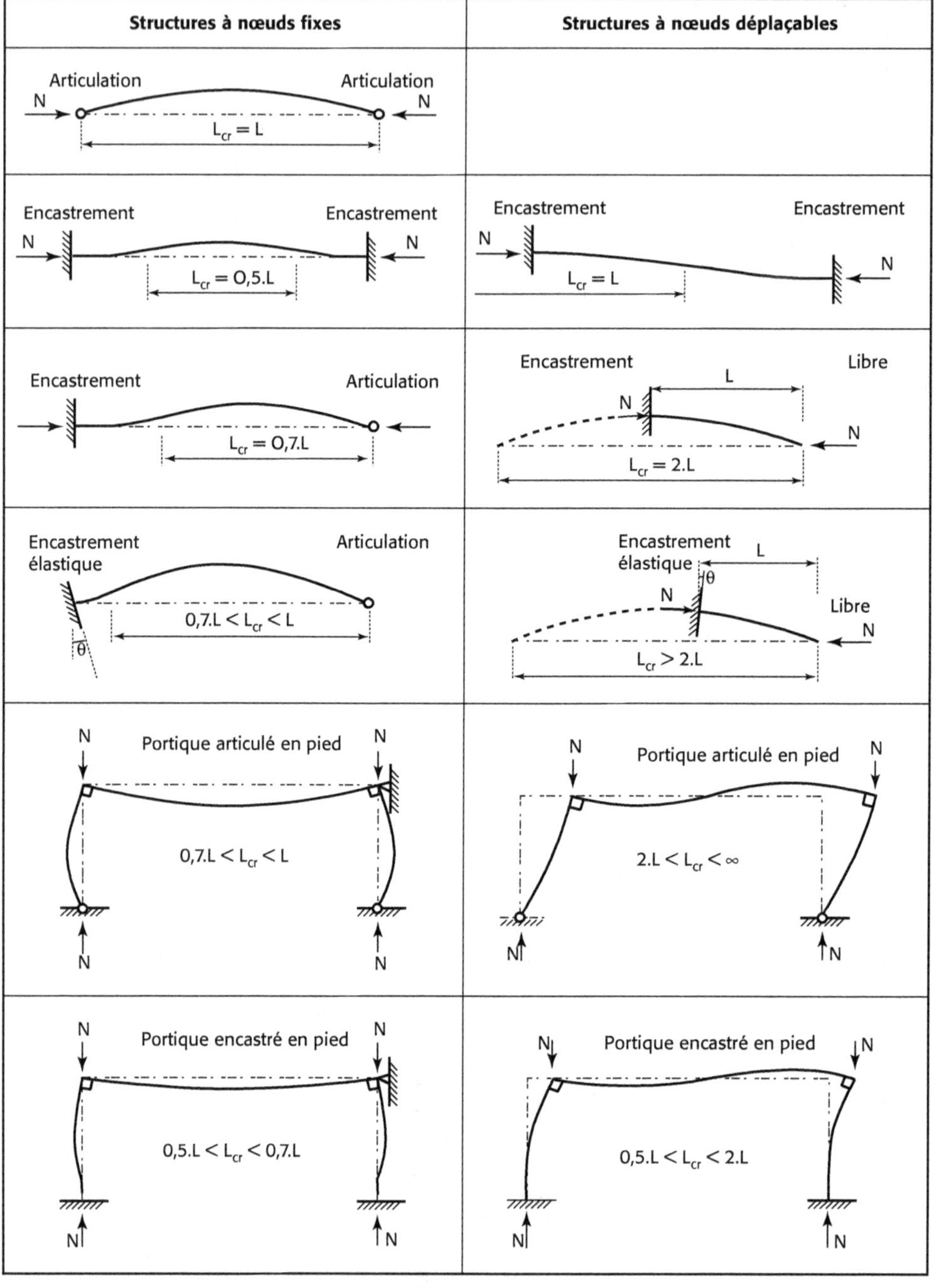

Structures à nœuds fixes
Structures à nœuds déplaçables
Articulation
Articulation
N
N
$L_{cr} = L$
Encastrement
Encastrement
N
N
$L_{cr} = 0,5.L$
Encastrement
Encastrement
N
N
$L_{cr} = L$
Encastrement
Articulation
N
$L_{cr} = 0,7.L$
Encastrement
Libre
L
N
N
$L_{cr} = 2.L$
Encastrement
élastique
Articulation
$0,7.L < L_{cr} < L$
θ
Encastrement
élastique
L
θ
N
Libre
N
$L_{cr} > 2.L$
N
N
Portique articulé en pied
$0,7.L < L_{cr} < L$
N
N
N
N
Portique articulé en pied
$2.L < L_{cr} < \infty$
N
N
N
N
Portique encastré en pied
$0,5.L < L_{cr} < 0,7.L$
N
N
N
N
Portique encastré en pied
$0,5.L < L_{cr} < 2.L$
N
N

Annexe AX1
de l'annexe nationale
de l'EN 1993-1-1

Annexe AX1
Moment critique de déversement élastique

1.　Objectif et domaine d'application

La présente annexe donne une formulation approchée pour le calcul du moment critique de déversement élastique M_{cr} de barres (ou tronçons de barres) satisfaisant à la fois tous les critères suivants :

- barres uniformes à section transversale doublement symétrique et supposée indéformable ;
- barres simplement fléchies, le chargement étant appliqué dans le plan de forte inertie de la barre ;
- barres maintenues au déversement à leurs deux extrémités, sans aucun maintien latéral intermédiaire, ponctuel ou continu. Les conditions de maintien à chaque extrémité sont au minimum les suivantes qui constituent les conditions « nominales » de maintien, aussi appelées « appuis à fourche » :
  - maintien en déplacement latéral,
  - maintien en rotation autour de l'axe longitudinal de la barre.

Dans tous les cas, et en particulier pour les cas non couverts par la présente annexe, le moment critique de déversement élastique peut être déterminé par une analyse de stabilité élastique de la poutre, à condition que le calcul prenne en compte tous les paramètres susceptibles d'affecter notablement la valeur de M_{cr} tels que :

- géométrie de la section,
- rigidité au gauchissement,
- position verticale de la charge transversale par rapport au centre de cisaillement,
- conditions de maintien latéral.

Des études spécifiques peuvent être trouvées dans la littérature.

Remarque : La formulation donnée ici est tirée, par exemple, de l'annexe F de la norme expérimentale XP 22-311 (EC3-DAN). L'attention est attirée ici sur le fait que la formulation un peu plus complexe donnée également par cette annexe F et applicable aux sections monosymétriques peut donner des résultats erronés par excès en cas de forte dissymétrie de la section.

2. Formulation de M_{cr}

Le moment critique de déversement élastique peut être calculé comme suit :

$$M_{cr} = C_1 \frac{\pi^2 E I_z}{(k_z L)^2} \left\{ \sqrt{\left(\frac{k_z}{k_w}\right)^2 \frac{I_w}{I_z} + \frac{(k_z L)^2 G I_t}{\pi^2 E I_z} + (C_2 z_g)^2} - C_2 z_g \right\} \tag{1}$$

où :

E	est le module de Young (E = 210 000 MPa),
G	est le module de cisaillement (G = 80 770 MPa),
I_z	est l'inertie de flexion par rapport à l'axe faible z,
I_t	est l'inertie de torsion,
I_w	est l'inertie de gauchissement,
L	est la longueur de la barre ou tronçon de barre étudié,
k_z et k_w	sont des coefficients « de longueur de flambement »,
z_g	est la distance entre le point d'application de la charge et le centre de cisaillement (qui coïncide ici avec le centre de gravité). Un signe est attribué à z_g (voir ci-après),
C_1 et C_2	sont des coefficients dépendant des conditions de maintien aux extrémités et de chargement (voir § 3).

Le coefficient k_z est lié aux conditions de maintien des sections d'extrémité à la rotation autour de l'axe faible z. Il est analogue au rapport de la longueur de flambement sur la longueur de la barre pour un élément comprimé. k_z est généralement pris égal à 1,0, sauf si une valeur inférieure peut être justifiée.

Le coefficient k_w est lié aux conditions de maintien des sections d'extrémité au gauchissement. k_w doit être pris égal à 1,0, sauf si une valeur inférieure peut être justifiée par une disposition particulière pour un maintien en gauchissement.

Dans le cas général, z_g est positif pour les charges agissant vers le centre de cisaillement depuis leur point d'application (figure 1), et négatif dans le cas contraire.

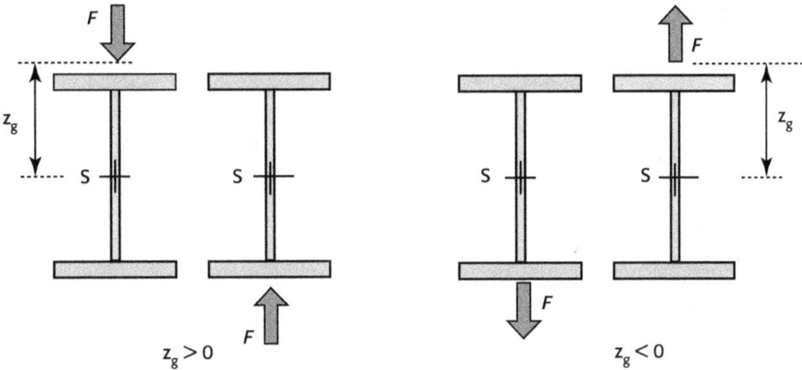

Figure 1 - Signe de z_g en fonction du point et du sens d'application de la charge

Dans le cas de conditions « nominales » d'appui aux extrémités (appuis dits « à fourche »), k_z et k_w sont pris égaux à 1,0 et la formule (1) s'écrit :

$$M_{cr} = C_1 \frac{\pi^2 E I_z}{L^2} \left\{ \sqrt{\frac{I_w}{I_z} + \frac{L^2 G I_t}{\pi^2 E I_z} + (C_2 z_g)^2} - C_2 z_g \right\} \tag{2}$$

Si, de plus, le moment fléchissant est linéaire le long de la barre (absence de charge transversale) ou lorsque la charge transversale est appliquée au centre de cisaillement, alors $(C_2 z_g) = 0$ et la formule (2) se réduit à :

$$M_{cr} = C_1 \frac{\pi^2 E I_z}{L^2} \sqrt{\frac{I_w}{I_z} + \frac{L^2 G I_t}{\pi^2 E I_z}} \tag{3}$$

Pour les sections en I doublement symétriques, l'inertie de gauchissement I_w peut être calculée comme suit :

$$I_w = \frac{I_z (h - t_f)^2}{4} \tag{4}$$

où

    h   est la hauteur totale de la section transversale,

    t_f est l'épaisseur de semelle.

Rappelons que pour un PRS doublement symétrique, l'inertie de torsion s'exprime sous la forme :

$$I_t = \frac{1}{3}\left[\left(h - 2 \cdot t_f\right) t_w^3 + 2 \cdot b \cdot t_f^3\right] \tag{5}$$

où :

    h   est la hauteur totale de la section transversale

    b   est la largeur des semelles

    t_f est l'épaisseur des semelles

    t_w est l'épaisseur de l'âme

3.   Coefficients C_1 et C_2

3.1   Généralités

Les coefficients C_1 et C_2 dépendent de divers paramètres :

- propriétés de la section ;
- conditions d'appui ;
- allure du diagramme de moment.

On peut démontrer, en particulier, que les coefficients C_1 et C_2 peuvent être notablement influencés par le rapport :

$$\kappa_{wt} = \frac{1}{L} \sqrt{\frac{E I_w}{G I_t}}$$

Les valeurs données ici ont été calculées en supposant $\kappa_{wt} = 0$. Cette hypothèse conduit à des valeurs de C_1 qui placent du côté de la sécurité.

Ces valeurs sont données ci-après pour quelques cas simples de chargement, ainsi que pour le cas très courant d'une barre soumise à une combinaison de moments d'extrémité et d'une charge uniformément répartie (sous forme graphique, dans ce dernier cas). Dans tous les cas, on a supposé :

$$k_z = k_w = 1.$$

3.2 Barre seulement soumise à des moments d'extrémité

Le coefficient C_1 peut être déterminé à l'aide du tableau 1, et $C_2 = 0$. On peut également utiliser la formule approchée suivante :

$$C_1 = \frac{1}{\sqrt{0,325 + 0,423\,\psi + 0,252\,\psi^2}}$$

Tableau 1 - Valeurs de C_1 pour moments d'extrémité (pour $k_z = k_w = 1$)

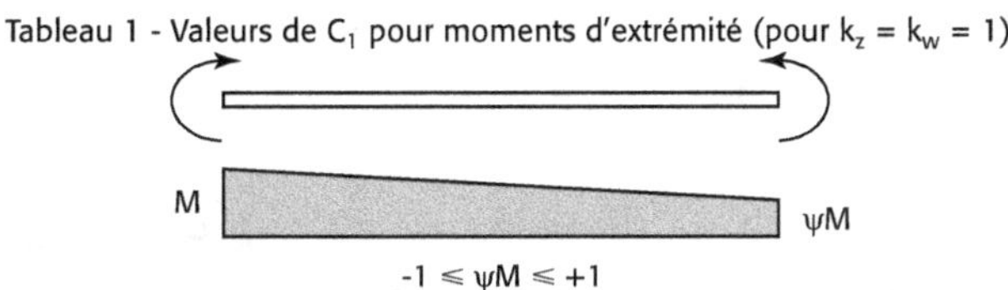

ψ	C_1
+1,00	1,00
+0,75	1,14
+0,50	1,31
+0,25	1,52
0,00	1,77
-0,25	2,05
-0,50	2,33
-0,75	2,57
-1,00	2,55

3.3 Barre avec charge transversale

Le tableau 2 donne les valeurs de C_1 et C_2 pour certains cas simples de chargement transversal. D'autres cas peuvent être trouvés dans la littérature.

Tableau 2 - Valeurs de C_1 et C_2 pour des cas simples de charge (pour $k_z = k_w = 1$)

Chargement et conditions d'appui dans le plan	Diagramme du moment fléchissant	C_1	C_2
		1,13	0,45
		2,57	1,55
		1,35	0,59
		1,69	1,50

Note : M_{cr} est calculé pour la section de moment maximal le long de la barre (en gras).

3.4 Barre avec moments d'extrémité et charge transversale (ponctuelle ou répartie uniforme)

La distribution des moments peut être définie au moyen de deux paramètres :

- ψ rapport des moments d'extrémité. Par définition, M est le moment d'extrémité maximal en valeur absolue, et donc : $-1 \leq \psi \leq 1$ ($\psi = 1$ pour un moment uniforme) ;
- μ rapport du moment « isostatique » (barre supposée sur appuis simples) dû à la charge transversale q au moment maximal d'extrémité M

$$\mu = \frac{q L^2}{8 M}.$$

Convention de signe pour μ :

- $\mu > 0$ si M et la charge transversale q fléchissent la poutre dans le même sens (comme illustré, par exemple, sur la figure 2) ;
- $\mu < 0$ autrement.

Les valeurs de C_1 et C_2 ont été déterminées pour $k_z = 1$ et $k_w = 1$.

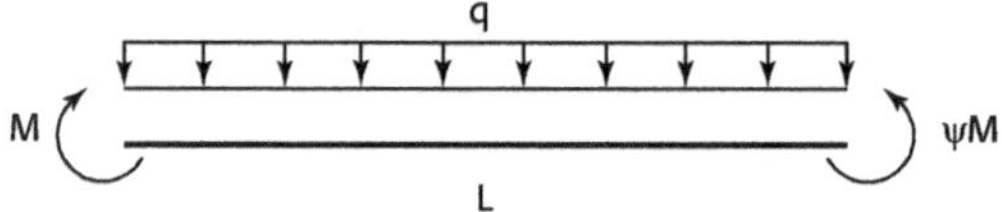

Figure 2 - Moments d'extrémité avec une charge uniformément répartie

Nota : Les différents tableaux donnés dans l'Annexe nationale (non repris ici) peuvent être avantageusement remplacés par les tableaux de Y. Galéa parus dans la revue du CTICM (n° 2, 2002), résumés dans les pages suivantes.

Caractérisation de la distribution du moment fléchissant :

ψ : rapport des moments d'extrémité.

Par définition :

$-1 < \psi < 1$

($\psi = 1$ correspond au moment uniforme).

Rapport des moments isostatiques au moment d'extrémité maximum M en valeur absolue.

$$\left\{ \mu = \frac{q\,L^2}{8\,M} \right.$$

$$\left\{ \mu = \frac{F\,L}{4\,M} \right.$$

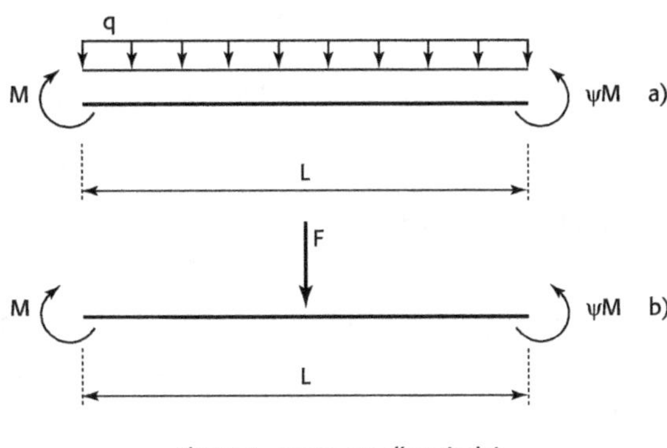

Figure 3 - Moments d'extrémité

$\mu > 0$ si q (ou F) et le moment maximum d'extrémité M fléchissent la poutre dans le même sens (cas de la figure 3).

Dans ces conditions, et en adoptant ici les notations de l'Annexe nationale pour la norme NF EN 1993-1-1, le moment critique de déversement M_{cr} **au point maximum dans la poutre** est donné par :

$$M_{cr} = C_1 \frac{\pi^2 E I_z}{L^2} \left[\sqrt{\frac{I_w}{I_z} + \frac{L^2\,G\,I_t}{\pi^2 E I_z} + (C_2\,z_g)^2} - C_2\,z_g \right]$$

où

E :   module d'Young

G :   module de cisaillement (G = E/2,6 pour l'acier)

I_z :   inertie de flexion de la section par rapport à l'axe faible

I_t :   inertie de torsion de la section

I_w :   inertie de gauchissement de la section $I_w = \dfrac{I_z\,(h - t_f)^2}{4}$ les profils en I doublement symétriques, ($h - t_f$ - = distance entre centres de gravité des semelles)

z_g :   distance du point d'application de la charge au centre de gravité de la section :

$z_g > 0$ si la charge transversale est dirigée vers le centre de gravité (figure 4),

$z_g = 0$ si la charge est appliquée au centre de gravité (figure 4),

$z_g < 0$ si la charge s'éloigne du centre de gravité de la section (figure 4).

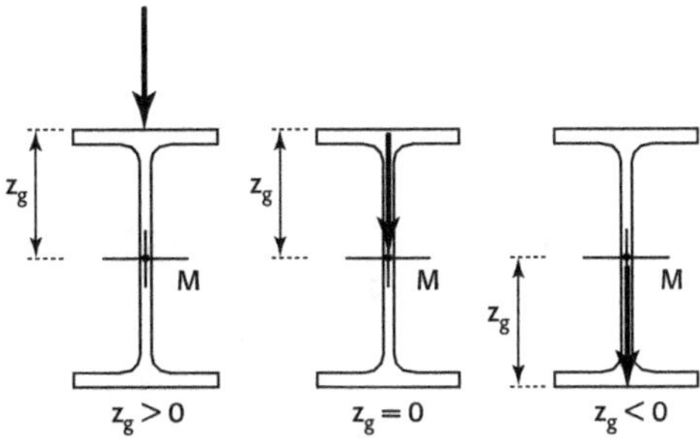

Figure 4 - Signe de z_g

C_1 , C_2 : coefficients dépendant de la distribution du moment fléchissant, donc ici des paramètres ψ et μ.

On remarquera : $I_t = J$, C_1 et C_2 se déterminent à l'aide des tableaux fournis ci-après.

3.4.0.1   Tableaux de coefficients C_1 et C_2

Moments d'extrémité et charge répartie

Tableau 1 : Coefficient $C_1 - \mu > 0$

Tableau 2 : Coefficient $C_1 - \mu < 0$

Tableau 3 : Coefficient $C_2 - \mu > 0$

Tableau 4 : Coefficient $C_2 - \mu < 0$

Moments d'extrémité et charge concentrée

Tableau 5 : Coefficient $C_1 - \mu > 0$

Tableau 6 : Coefficient $C_1 - \mu < 0$

Tableau 7 : Coefficient $C_2 - \mu > 0$

Tableau 8 : Coefficient $C_2 - \mu < 0$

Tableau 1 - Coefficient C_1 - Moments d'extrémité et charge répartie – $\mu > 0$

$$\mu = q\,L^2 / 8\,M > 0$$

C_1	ψ																				
	-1	-0,9	-0,8	-0,7	-0,6	-0,5	-0,4	-0,3	-0,2	-0,1	0	0,1	0,2	0,3	0,4	0,5	0,6	0,7	0,8	0,9	1
0	2,554	2,627	2,606	2,534	2,438	2,331	2,219	2,104	1,990	1,878	1,770	1,667	1,569	1,477	1,391	1,312	1,238	1,171	1,109	1,052	1,000
0,1	2,450	2,411	2,337	2,246	2,148	2,046	1,943	1,842	1,744	1,648	1,558	1,472	1,391	1,315	1,245	1,179	1,119	1,070	1,037	1,018	1,012
0,2	2,233	2,160	2,076	1,986	1,894	1,802	1,712	1,625	1,541	1,461	1,385	1,314	1,246	1,187	1,139	1,101	1,071	1,049	1,034	1,025	1,022
0,3	2,003	1,925	1,843	1,760	1,678	1,598	1,521	1,446	1,375	1,310	1,254	1,206	1,165	1,131	1,102	1,080	1,062	1,048	1,039	1,033	1,030
0,4	1,790	1,717	1,642	1,569	1,497	1,430	1,370	1,316	1,269	1,227	1,190	1,159	1,131	1,108	1,089	1,073	1,061	1,051	1,044	1,039	1,037
0,5	1,604	1,539	1,479	1,423	1,373	1,326	1,284	1,247	1,213	1,184	1,157	1,135	1,115	1,098	1,084	1,072	1,063	1,055	1,049	1,046	1,043
0,6	1,468	1,421	1,377	1,336	1,299	1,265	1,234	1,206	1,181	1,159	1,139	1,122	1,106	1,093	1,082	1,073	1,065	1,059	1,054	1,051	1,049
0,7	1,382	1,346	1,313	1,282	1,253	1,227	1,203	1,181	1,161	1,144	1,128	1,114	1,102	1,091	1,082	1,074	1,068	1,063	1,059	1,056	1,054
0,8	1,324	1,296	1,270	1,245	1,222	1,201	1,182	1,164	1,148	1,134	1,121	1,110	1,100	1,090	1,083	1,076	1,071	1,066	1,062	1,060	1,058
0,9	1,284	1,261	1,239	1,219	1,201	1,183	1,167	1,153	1,140	1,128	1,117	1,107	1,098	1,091	1,084	1,078	1,073	1,069	1,066	1,063	1,061
1	1,254	1,236	1,217	1,201	1,185	1,170	1,157	1,145	1,133	1,123	1,114	1,105	1,098	1,091	1,085	1,080	1,076	1,072	1,069	1,067	1,065
1,1	1,233	1,217	1,201	1,187	1,174	1,161	1,150	1,139	1,129	1,120	1,112	1,105	1,098	1,092	1,087	1,082	1,078	1,075	1,072	1,070	1,068
1,2	1,216	1,202	1,189	1,176	1,165	1,154	1,144	1,135	1,126	1,118	1,111	1,104	1,098	1,093	1,088	1,084	1,081	1,077	1,075	1,072	1,071
1,3	1,203	1,191	1,179	1,168	1,158	1,148	1,139	1,131	1,124	1,117	1,110	1,104	1,099	1,094	1,090	1,086	1,083	1,079	1,077	1,075	1,073
1,4	1,193	1,181	1,172	1,162	1,153	1,144	1,136	1,129	1,122	1,116	1,110	1,104	1,099	1,095	1,091	1,087	1,084	1,081	1,079	1,077	1,075
1,5	1,184	1,175	1,165	1,157	1,148	1,141	1,134	1,127	1,121	1,115	1,110	1,105	1,100	1,096	1,092	1,089	1,086	1,083	1,081	1,079	1,078
1,6	1,177	1,168	1,160	1,152	1,145	1,138	1,131	1,125	1,120	1,114	1,110	1,105	1,101	1,097	1,094	1,091	1,088	1,085	1,083	1,081	1,080
1,7	1,171	1,164	1,156	1,149	1,142	1,135	1,130	1,124	1,119	1,114	1,109	1,105	1,102	1,098	1,095	1,092	1,089	1,087	1,085	1,083	1,081
1,8	1,167	1,159	1,153	1,146	1,140	1,134	1,128	1,123	1,118	1,114	1,109	1,106	1,102	1,099	1,096	1,093	1,090	1,088	1,086	1,084	1,083
2	1,159	1,153	1,147	1,141	1,136	1,131	1,126	1,122	1,118	1,114	1,109	1,107	1,103	1,101	1,098	1,095	1,093	1,091	1,089	1,087	1,086
2,2	1,153	1,148	1,143	1,138	1,133	1,129	1,125	1,121	1,117	1,114	1,111	1,107	1,105	1,102	1,100	1,097	1,095	1,093	1,091	1,090	1,089
2,5	1,148	1,143	1,139	1,135	1,131	1,127	1,124	1,120	1,117	1,114	1,111	1,109	1,107	1,104	1,102	1,100	1,098	1,096	1,094	1,093	1,092
3	1,141	1,138	1,135	1,131	1,128	1,126	1,123	1,120	1,117	1,115	1,113	1,111	1,109	1,107	1,105	1,103	1,102	1,100	1,099	1,098	1,096
3,5	1,137	1,134	1,132	1,130	1,127	1,125	1,122	1,120	1,118	1,116	1,114	1,112	1,111	1,109	1,108	1,106	1,105	1,103	1,102	1,101	1,100
4	1,135	1,133	1,130	1,128	1,126	1,124	1,122	1,121	1,119	1,117	1,115	1,114	1,112	1,111	1,110	1,108	1,107	1,105	1,105	1,104	1,103
5	1,132	1,130	1,129	1,127	1,126	1,124	1,122	1,121	1,119	1,118	1,117	1,116	1,115	1,114	1,112	1,111	1,110	1,109	1,108	1,108	1,107
7	1,129	1,128	1,127	1,126	1,125	1,124	1,123	1,122	1,121	1,120	1,120	1,119	1,118	1,117	1,116	1,115	1,114	1,114	1,113	1,112	1,112
10	1,128	1,127	1,127	1,126	1,125	1,125	1,124	1,123	1,123	1,122	1,121	1,121	1,120	1,119	1,119	1,118	1,118	1,117	1,117	1,116	1,116
∞	1,127	1,127	1,127	1,127	1,127	1,127	1,127	1,127	1,127	1,127	1,127	1,127	1,127	1,127	1,127	1,127	1,127	1,127	1,127	1,127	1,127

Tableau 2 - Coefficient C_1 - Moments d'extrémité et charge répartie – $\mu < 0$

$$\mu = q\,L^2/\,8\,M < 0$$

C_1 \ ψ	-1	-0,9	-0,8	-0,7	-0,6	-0,5	-0,4	-0,3	-0,2	-0,1	0	0,1	0,2	0,3	0,4	0,5	0,6	0,7	0,8	0,9	1
0	2,554	2,627	2,606	2,534	2,438	2,331	2,219	2,104	1,990	1,878	1,770	1,667	1,569	1,477	1,391	1,312	1,238	1,171	1,100	1,052	1,000
-0,1	2,450	2,672	2,805	2,815	2,751	2,653	2,538	2,415	2,288	2,160	2,033	1,909	1,791	1,678	1,573	1,475	1,385	1,302	1,227	1,158	1,095
-0,2	2,233	2,490	2,763	2,972	3,034	2,987	2,890	2,770	2,637	2,497	2,354	2,210	2,069	1,932	1,802	1,680	1,567	1,464	1,371	1,286	1,209
-0,3	2,003	2,231	2,505	2,817	3,108	3,249	3,236	3,149	3,027	2,886	2,735	2,576	2,414	2,252	2,094	1,942	1,800	1,670	1,551	1,444	1,348
-0,4	1,790	1,980	2,210	2,491	2,828	3,190	3,440	3,489	3,423	3,306	3,162	3,001	2,829	2,648	2,463	2,279	2,101	1,934	1,781	1,644	1,522
-0,5	1,604	1,759	1,944	2,171	2,450	2,795	3,201	3,579	3,726	3,703	3,601	3,461	3,296	3,113	2,915	2,705	2,490	2,279	2,081	1,902	1,742
-0,6	1,468	1,570	1,719	1,897	2,115	2,385	2,722	3,140	3,598	3,908	3,971	3,902	3,775	3,614	3,426	3,214	2,979	2,728	2,477	2,240	2,027
-0,7	1,382	1,410	1,530	1,671	1,840	2,046	2,300	2,618	3,020	3,507	3,972	4,191	4,192	4,094	3,945	3,760	3,540	3,281	2,989	2,685	2,400
-0,8	1,324	1,316	1,372	1,486	1,618	1,776	1,967	2,201	2,493	2,862	3,326	3,863	4,290	4,433	4,397	4,276	4,104	3,882	3,600	3,253	2,884
-0,9	1,284	1,278	1,271	1,332	1,438	1,562	1,708	1,882	2,095	2,357	2,685	3,101	3,617	4,175	4,550	4,646	4,584	4,438	4,219	3,898	3,471
-1	1,254	1,250	1,245	1,242	1,291	1,389	1,503	1,637	1,796	1,986	2,218	2,505	2,865	3,317	3,865	4,419	4,754	4,820	4,724	4,498	4,089
-1,1	1,233	1,229	1,226	1,223	1,222	1,248	1,339	1,444	1,566	1,709	1,879	2,083	2,331	2,638	3,019	3,491	4,045	4,574	4,869	4,871	4,590
-1,2	1,216	1,213	1,211	1,209	1,208	1,208	1,208	1,290	1,386	1,496	1,625	1,775	1,954	2,168	2,428	2,746	3,136	3,607	4,133	4,583	4,712
-1,3	1,203	1,201	1,199	1,198	1,197	1,197	1,198	1,200	1,241	1,329	1,429	1,544	1,678	1,834	2,019	2,239	2,504	2,823	3,207	3,648	4,084
-1,4	1,193	1,191	1,190	1,189	1,189	1,189	1,190	1,192	1,195	1,199	1,274	1,364	1,467	1,586	1,723	1,883	2,070	2,292	2,555	2,865	3,221
-1,5	1,184	1,183	1,182	1,182	1,182	1,183	1,184	1,185	1,188	1,191	1,196	1,221	1,303	1,396	1,501	1,621	1,760	1,920	2,107	2,325	2,578
-1,6	1,177	1,176	1,176	1,176	1,176	1,177	1,178	1,180	1,183	1,186	1,190	1,194	1,200	1,245	1,328	1,422	1,528	1,649	1,788	1,946	2,128
-1,7	1,171	1,171	1,171	1,171	1,171	1,172	1,174	1,176	1,178	1,181	1,185	1,189	1,194	1,199	1,207	1,266	1,350	1,444	1,550	1,670	1,805
-1,8	1,167	1,166	1,166	1,167	1,167	1,168	1,170	1,171	1,174	1,177	1,180	1,184	1,189	1,194	1,200	1,207	1,214	1,283	1,366	1,460	1,564
-2	1,159	1,159	1,159	1,160	1,161	1,162	1,163	1,165	1,167	1,170	1,173	1,176	1,180	1,185	1,190	1,195	1,201	1,208	1,215	1,223	1,232
-2,2	1,153	1,154	1,154	1,155	1,156	1,157	1,159	1,160	1,162	1,165	1,167	1,170	1,174	1,178	1,182	1,186	1,192	1,197	1,203	1,209	1,217
-2,5	1,148	1,148	1,148	1,149	1,151	1,152	1,153	1,155	1,157	1,159	1,161	1,164	1,167	1,170	1,173	1,177	1,181	1,185	1,189	1,195	1,201
-3	1,141	1,142	1,143	1,143	1,144	1,146	1,147	1,148	1,150	1,152	1,154	1,156	1,158	1,160	1,163	1,166	1,169	1,172	1,175	1,179	1,183
-3,5	1,137	1,138	1,139	1,140	1,141	1,142	1,143	1,144	1,146	1,147	1,149	1,151	1,152	1,155	1,157	1,159	1,161	1,164	1,167	1,170	1,173
-4	1,135	1,136	1,136	1,137	1,138	1,139	1,140	1,142	1,143	1,144	1,145	1,147	1,149	1,151	1,152	1,154	1,156	1,158	1,160	1,163	1,165
-5	1,132	1,133	1,133	1,134	1,135	1,136	1,137	1,138	1,139	1,140	1,141	1,142	1,144	1,145	1,146	1,148	1,149	1,151	1,152	1,154	1,156
-7	1,129	1,130	1,130	1,131	1,132	1,133	1,133	1,134	1,135	1,136	1,137	1,137	1,138	1,139	1,140	1,141	1,142	1,143	1,144	1,145	1,146
-10	1,128	1,129	1,129	1,130	1,130	1,131	1,131	1,132	1,132	1,133	1,133	1,134	1,134	1,135	1,136	1,136	1,137	1,138	1,139	1,139	1,140
∞	1,127	1,127	1,127	1,127	1,127	1,127	1,127	1,127	1,127	1,127	1,127	1,127	1,127	1,127	1,127	1,127	1,127	1,127	1,127	1,127	1,127

Tableau 3 - Coefficient C_2 - Moments d'extrémité et charge répartie – $\mu > 0$

C_2	ψ																				
	-1	-0,9	-0,8	-0,7	-0,6	-0,5	-0,4	-0,3	-0,2	-0,1	0	0,1	0,2	0,3	0,4	0,5	0,6	0,7	0,8	0,9	1
0	0,000	0,000	0,000	0,000	0,000	0,000	0,000	0,000	0,000	0,000	0,000	0,000	0,000	0,000	0,000	0,000	0,000	0,000	0,000	0,000	0,000
0,1	0,081	0,076	0,072	0,070	0,068	0,066	0,065	0,063	0,062	0,060	0,058	0,056	0,054	0,052	0,049	0,047	0,045	0,043	0,041	0,039	0,037
0,2	0,142	0,136	0,131	0,128	0,125	0,122	0,119	0,116	0,112	0,109	0,105	0,101	0,097	0,093	0,090	0,086	0,082	0,079	0,075	0,072	0,069
0,3	0,192	0,186	0,181	0,176	0,172	0,167	0,163	0,158	0,154	0,149	0,144	0,138	0,133	0,128	0,123	0,118	0,113	0,109	0,104	0,100	0,096
0,4	0,234	0,227	0,222	0,216	0,211	0,205	0,199	0,193	0,187	0,181	0,175	0,169	0,163	0,157	0,151	0,145	0,140	0,134	0,129	0,125	0,120
0,5	0,269	0,262	0,255	0,249	0,242	0,236	0,229	0,222	0,215	0,208	0,201	0,194	0,187	0,181	0,174	0,168	0,162	0,157	0,151	0,146	0,141
0,6	0,298	0,290	0,283	0,276	0,268	0,261	0,253	0,245	0,238	0,230	0,223	0,216	0,208	0,201	0,195	0,188	0,182	0,176	0,170	0,165	0,159
0,7	0,322	0,313	0,305	0,297	0,289	0,281	0,273	0,265	0,257	0,249	0,241	0,234	0,226	0,219	0,212	0,205	0,199	0,193	0,187	0,181	0,175
0,8	0,341	0,332	0,324	0,315	0,307	0,298	0,290	0,282	0,273	0,265	0,257	0,250	0,242	0,235	0,228	0,221	0,214	0,208	0,202	0,196	0,190
0,9	0,357	0,348	0,339	0,330	0,321	0,313	0,304	0,296	0,287	0,279	0,271	0,263	0,256	0,248	0,241	0,234	0,227	0,221	0,215	0,209	0,203
1	0,370	0,361	0,352	0,342	0,334	0,325	0,316	0,308	0,299	0,291	0,283	0,275	0,268	0,260	0,253	0,246	0,240	0,233	0,227	0,221	0,215
1,1	0,380	0,371	0,362	0,353	0,344	0,335	0,327	0,318	0,310	0,302	0,294	0,286	0,278	0,271	0,264	0,257	0,250	0,244	0,238	0,232	0,226
1,2	0,389	0,380	0,371	0,362	0,353	0,344	0,336	0,327	0,319	0,311	0,303	0,295	0,288	0,281	0,274	0,267	0,260	0,254	0,248	0,241	0,236
1,3	0,397	0,387	0,378	0,369	0,360	0,352	0,343	0,335	0,327	0,319	0,311	0,304	0,296	0,289	0,282	0,275	0,269	0,263	0,256	0,251	0,245
1,4	0,403	0,394	0,385	0,376	0,367	0,359	0,350	0,342	0,334	0,326	0,318	0,311	0,304	0,297	0,290	0,284	0,277	0,271	0,265	0,259	0,253
1,5	0,408	0,399	0,390	0,381	0,373	0,364	0,356	0,348	0,340	0,333	0,325	0,318	0,311	0,304	0,297	0,291	0,284	0,278	0,272	0,266	0,261
1,6	0,413	0,404	0,395	0,386	0,378	0,370	0,362	0,354	0,346	0,339	0,331	0,324	0,317	0,310	0,304	0,297	0,291	0,285	0,279	0,274	0,268
1,7	0,416	0,408	0,399	0,391	0,383	0,375	0,367	0,359	0,351	0,344	0,337	0,330	0,323	0,316	0,310	0,303	0,297	0,291	0,286	0,280	0,274
1,8	0,420	0,411	0,403	0,394	0,386	0,379	0,371	0,363	0,356	0,349	0,342	0,335	0,328	0,322	0,315	0,309	0,303	0,297	0,291	0,286	0,281
2	0,425	0,417	0,409	0,401	0,393	0,386	0,378	0,371	0,364	0,357	0,351	0,344	0,338	0,331	0,325	0,319	0,313	0,308	0,302	0,297	0,292
2,2	0,429	0,421	0,414	0,406	0,399	0,392	0,385	0,378	0,371	0,365	0,358	0,352	0,346	0,340	0,334	0,328	0,323	0,317	0,312	0,306	0,301
2,5	0,433	0,426	0,419	0,412	0,406	0,399	0,392	0,386	0,380	0,374	0,368	0,362	0,356	0,350	0,345	0,339	0,334	0,329	0,324	0,319	0,314
3	0,438	0,432	0,426	0,420	0,413	0,408	0,402	0,396	0,390	0,385	0,380	0,374	0,369	0,364	0,359	0,354	0,349	0,344	0,340	0,335	0,331
3,5	0,441	0,436	0,430	0,425	0,419	0,414	0,409	0,404	0,398	0,393	0,389	0,384	0,379	0,374	0,370	0,365	0,361	0,356	0,352	0,348	0,344
4	0,444	0,438	0,433	0,428	0,424	0,419	0,414	0,409	0,405	0,400	0,396	0,391	0,387	0,382	0,378	0,374	0,370	0,366	0,362	0,358	0,354
5	0,446	0,442	0,437	0,433	0,429	0,425	0,421	0,417	0,413	0,409	0,406	0,402	0,398	0,394	0,391	0,387	0,384	0,380	0,377	0,374	0,370
7	0,448	0,445	0,442	0,439	0,435	0,432	0,429	0,426	0,423	0,420	0,418	0,415	0,412	0,409	0,406	0,404	0,401	0,398	0,395	0,393	0,390
10	0,449	0,447	0,445	0,442	0,440	0,438	0,436	0,433	0,431	0,429	0,427	0,425	0,423	0,421	0,419	0,416	0,414	0,412	0,410	0,408	0,406
∞	0,454	0,454	0,454	0,454	0,454	0,454	0,454	0,454	0,454	0,454	0,454	0,454	0,454	0,454	0,454	0,454	0,454	0,454	0,454	0,454	0,454

$$\mu = q\,L^2/\,8\,M > 0$$

Tableau 4 - Coefficient C_2 - Moments d'extrémité et charge répartie – $\mu < 0$

C_2	ψ																				
	-1	-0,9	-0,8	-0,7	-0,6	-0,5	-0,4	-0,3	-0,2	-0,1	0	0,1	0,2	0,3	0,4	0,5	0,6	0,7	0,8	0,9	1
0	0,000	0,000	0,000	0,000	0,000	0,000	0,000	0,000	0,000	0,000	0,000	0,000	0,000	0,000	0,000	0,000	0,000	0,000	0,000	0,000	0,000
-0,1	0,083	0,094	0,096	0,089	0,083	0,080	0,077	0,076	0,074	0,073	0,071	0,069	0,067	0,064	0,061	0,058	0,055	0,052	0,050	0,047	0,044
-0,2	0 150	0,172	0,197	0,209	0,197	0,181	0,171	0,165	0,161	0,159	0,156	0,153	0,149	0,144	0,138	0,132	0,124	0,118	0,111	0,104	0,098
-0,3	0,205	0,232	0,265	0,307	0,338	0,328	0,298	0,277	0,266	0,259	0,256	0,253	0,249	0,243	0,235	0,224	0,212	0,200	0,187	0,175	0,164
-0,4	0,250	0,279	0,315	0,360	0,418	0,477	0,487	0,445	0,406	0,384	0,372	0,367	0,364	0,360	0,353	0,341	0,325	0,306	0,285	0,265	0,246
-0,5	0,287	0,316	0,352	0,396	0,453	0,526	0,612	0,665	0,629	0,567	0,526	0,505	0,497	0,494	0,491	0,483	0,467	0,442	0,412	0,381	0,350
-0,6	0,317	0,345	0,380	0,421	0,474	0,540	0,625	0,731	0,834	0,849	0,777	0,708	0,669	0,652	0,648	0,646	0,638	0,616	0,578	0,532	0,485
-0,7	0,340	0,368	0,400	0,439	0,486	0,544	0,617	0,710	0,829	0,968	1,067	1,035	0,946	0,878	0,844	0,834	0,832	0,823	0,789	0,731	0,661
-0,8	0,358	0,385	0,415	0,451	0,493	0,544	0,606	0,683	0,780	0,904	1,058	1,223	1,300	1,241	1,151	1,091	1,065	1,058	1,039	0,982	0,888
-0,9	0,373	0,398	0,427	0,460	0,498	0,542	0,596	0,660	0,738	0,836	0,958	1,113	1,302	1,483	1,544	1,482	1,403	1,355	1,328	1,280	1,169
-1	0,385	0,409	0,435	0,465	0,500	0,540	0,586	0,640	0,705	0,783	0,878	0,996	1,145	1,330	1,548	1,743	1,807	1,760	1,696	1,628	1,498
-1,1	0,394	0,417	0,442	0,469	0,501	0,536	0,577	0,624	0,678	0,742	0,819	0,910	1,022	1,160	1,332	1,543	1,785	1,994	2,071	2,025	1,876
-1,2	0,402	0,423	0,446	0,472	0,500	0,532	0,569	0,609	0,656	0,710	0,773	0,847	0,934	1,039	1,166	1,322	1,513	1,742	1,993	2,190	2,204
-1,3	0,409	0,428	0,450	0,474	0,500	0,529	0,561	0,597	0,638	0,685	0,737	0,798	0,869	0,951	1,049	1,165	1,305	1,474	1,678	1,911	2,133
-1,4	0,414	0,433	0,453	0,475	0,499	0,525	0,555	0,587	0,623	0,664	0,709	0,760	0,819	0,886	0,964	1,054	1,161	1,286	1,436	1,613	1,817
-1,5	0,419	0,436	0,455	0,475	0,498	0,522	0,549	0,578	0,610	0,646	0,685	0,730	0,780	0,836	0,900	0,973	1,056	1,154	1,267	1,400	1,554
-1,6	0,422	0,439	0,457	0,476	0,497	0,519	0,543	0,570	0,599	0,631	0,666	0,705	0,748	0,796	0,850	0,910	0,978	1,056	1,146	1,248	1,366
-1,7	0,426	0,441	0,458	0,476	0,495	0,516	0,539	0,563	0,589	0,618	0,650	0,684	0,722	0,763	0,809	0,861	0,918	0,982	1,055	1,137	1,230
-1,8	0,428	0,443	0,459	0,476	0,494	0,513	0,534	0,557	0,581	0,607	0,635	0,666	0,700	0,737	0,777	0,821	0,870	0,924	0,985	1,052	1,128
-2	0,433	0,446	0,461	0,476	0,492	0,509	0,527	0,546	0,567	0,589	0,612	0,638	0,665	0,695	0,726	0,761	0,799	0,839	0,884	0,933	0,986
-2,2	0,436	0,448	0,461	0,475	0,489	0,504	0,520	0,537	0,555	0,574	0,594	0,616	0,639	0,663	0,690	0,718	0,748	0,780	0,815	0,853	0,893
-2,5	0,440	0,451	0,462	0,474	0,486	0,499	0,513	0,527	0,542	0,558	0,574	0,592	0,610	0,629	0,650	0,672	0,695	0,719	0,745	0,772	0,802
-3	0,444	0,453	0,462	0,472	0,482	0,492	0,503	0,514	0,526	0,538	0,551	0,564	0,578	0,592	0,607	0,623	0,639	0,656	0,674	0,692	0,712
-3,5	0,447	0,454	0,462	0,470	0,479	0,487	0,496	0,505	0,515	0,525	0,535	0,545	0,556	0,568	0,579	0,591	0,604	0,617	0,630	0,644	0,659
-4	0,448	0,455	0,462	0,469	0,476	0,483	0,491	0,499	0,507	0,515	0,524	0,532	0,541	0,550	0,560	0,570	0,580	0,591	0,601	0,612	0,624
-5	0,450	0,455	0,461	0,466	0,472	0,478	0,483	0,490	0,496	0,502	0,508	0,515	0,521	0,528	0,535	0,542	0,550	0,557	0,565	0,572	0,581
-7	0,452	0,456	0,459	0,463	0,467	0,471	0,475	0,479	0,483	0,487	0,492	0,496	0,500	0,505	0,509	0,514	0,518	0,523	0,528	0,533	0,538
-10	0,453	0,455	0,458	0,461	0,463	0,466	0,469	0,471	0,474	0,477	0,480	0,482	0,485	0,488	0,491	0,494	0,497	0,500	0,503	0,506	0,509
∞	0,454	0,454	0,454	0,454	0,454	0,454	0,454	0,454	0,454	0,454	0,454	0,454	0,454	0,454	0,454	0,454	0,454	0,454	0,454	0,454	0,454

$$\mu = q\,L^2/\,8\,M < 0$$

Tableau 5 - Coefficient C_1 - Moments d'extrémité et charge concentrée – $\mu > 0$

$\mu = FL/4M > 0$

C_1	ψ = -1	-0,9	-0,8	-0,7	-0,6	-0,5	-0,4	-0,3	-0,2	-0,1	0	0,1	0,2	0,3	0,4	0,5	0,6	0,7	0,8	0,9	1
0	2,554	2,627	2,606	2,534	2,438	2,331	2,219	2,104	1,990	1,878	1,770	1,667	1,569	1,477	1,391	1,312	1,238	1,171	1,109	1,052	1,000
0,1	2,494	2,475	2,408	2,317	2,216	2,109	2,002	1,896	1,792	1,693	1,597	1,507	1,423	1,344	1,271	1,203	1,140	1,082	1,029	1,028	1,027
0,2	2,348	2,285	2,200	2,105	2,006	1,906	1,807	1,711	1,619	1,532	1,449	1,371	1,298	1,231	1,168	1,109	1,055	1,055	1,055	1,053	1,051
0,3	2,168	2,089	2,000	1,908	1,815	1,724	1,636	1,551	1,470	1,394	1,322	1,255	1,192	1,134	1,079	1,080	1,080	1,078	1,077	1,074	1,072
0,4	1,983	1,901	1,816	1,730	1,646	1,564	1,486	1,412	1,342	1,276	1,213	1,155	1,101	1,102	1,103	1,102	1,101	1,098	1,096	1,093	1,090
0,5	1,809	1,730	1,651	1,573	1,498	1,426	1,358	1,293	1,231	1,174	1,120	1,122	1,124	1,124	1,123	1,121	1,118	1,116	1,112	1,109	1,105
0,6	1,650	1,577	1,505	1,436	1,370	1,306	1,246	1,189	1,136	1,140	1,142	1,143	1,143	1,141	1,140	1,137	1,134	1,131	1,127	1,123	1,119
0,7	1,508	1,442	1,378	1,317	1,258	1,203	1,150	1,155	1,158	1,160	1,161	1,160	1,159	1,157	1,154	1,151	1,148	1,144	1,140	1,136	1,132
0,8	1,383	1,324	1,267	1,213	1,161	1,168	1,173	1,175	1,177	1,177	1,177	1,175	1,173	1,170	1,167	1,163	1,160	1,156	1,152	1,147	1,143
0,9	1,273	1,221	1,170	1,179	1,185	1,189	1,191	1,192	1,192	1,192	1,190	1,188	1,185	1,182	1,178	1,174	1,170	1,166	1,162	1,158	1,153
1	1,177	1,187	1,194	1,200	1,203	1,206	1,207	1,206	1,205	1,204	1,201	1,199	1,195	1,192	1,188	1,184	1,180	1,176	1,171	1,167	1,163
1,1	1,202	1,209	1,214	1,217	1,219	1,220	1,219	1,218	1,217	1,214	1,211	1,208	1,205	1,201	1,197	1,193	1,188	1,184	1,180	1,175	1,171
1,2	1,222	1,227	1,230	1,231	1,232	1,231	1,230	1,229	1,226	1,223	1,220	1,217	1,213	1,209	1,205	1,201	1,196	1,192	1,187	1,183	1,179
1,3	1,238	1,241	1,243	1,243	1,243	1,241	1,240	1,237	1,235	1,231	1,228	1,224	1,220	1,216	1,212	1,208	1,203	1,199	1,194	1,190	1,186
1,4	1,252	1,253	1,254	1,253	1,252	1,250	1,248	1,245	1,242	1,238	1,235	1,231	1,227	1,223	1,218	1,214	1,210	1,205	1,201	1,196	1,192
1,5	1,263	1,263	1,263	1,262	1,260	1,258	1,255	1,252	1,248	1,245	1,241	1,237	1,233	1,229	1,224	1,220	1,216	1,211	1,207	1,202	1,198
1,6	1,273	1,272	1,271	1,269	1,267	1,264	1,261	1,258	1,254	1,250	1,246	1,242	1,238	1,234	1,230	1,225	1,221	1,217	1,212	1,208	1,204
1,7	1,280	1,279	1,277	1,275	1,273	1,270	1,266	1,263	1,259	1,255	1,251	1,247	1,243	1,239	1,235	1,230	1,226	1,222	1,217	1,213	1,209
1,8	1,287	1,286	1,283	1,281	1,278	1,275	1,271	1,268	1,264	1,260	1,256	1,252	1,248	1,243	1,239	1,235	1,231	1,226	1,222	1,218	1,214
2	1,298	1,296	1,293	1,290	1,287	1,283	1,279	1,276	1,272	1,268	1,264	1,260	1,256	1,251	1,247	1,243	1,239	1,235	1,231	1,226	1,222
2,2	1,306	1,303	1,300	1,297	1,294	1,290	1,286	1,282	1,278	1,274	1,270	1,266	1,262	1,258	1,254	1,250	1,246	1,242	1,238	1,234	1,230
2,5	1,315	1,312	1,309	1,305	1,302	1,298	1,294	1,290	1,287	1,283	1,279	1,275	1,271	1,267	1,263	1,259	1,255	1,251	1,247	1,244	1,240
3	1,325	1,322	1,318	1,315	1,311	1,307	1,304	1,300	1,296	1,293	1,289	1,285	1,282	1,278	1,274	1,271	1,267	1,264	1,260	1,257	1,253
3,5	1,331	1,328	1,324	1,321	1,317	1,314	1,311	1,307	1,304	1,300	1,297	1,293	1,290	1,287	1,283	1,280	1,277	1,273	1,270	1,267	1,263
4	1,335	1,332	1,328	1,325	1,322	1,319	1,316	1,312	1,309	1,306	1,303	1,300	1,296	1,293	1,290	1,287	1,284	1,281	1,278	1,275	1,272
5	1,339	1,337	1,334	1,331	1,328	1,325	1,322	1,320	1,317	1,314	1,311	1,308	1,306	1,303	1,300	1,298	1,295	1,292	1,290	1,287	1,284
7	1,343	1,341	1,339	1,337	1,334	1,332	1,330	1,328	1,326	1,323	1,321	1,319	1,317	1,315	1,313	1,311	1,308	1,306	1,304	1,302	1,300
10	1,346	1,344	1,342	1,341	1,339	1,337	1,336	1,334	1,332	1,331	1,329	1,327	1,326	1,324	1,322	1,321	1,319	1,318	1,316	1,315	1,313
∞	1,348	1,348	1,348	1,348	1,348	1,348	1,348	1,348	1,348	1,348	1,348	1,348	1,348	1,348	1,348	1,348	1,348	1,348	1,348	1,348	1,348

Tableau 6 - Coefficient C_1 - Moments d'extrémité et charge concentrée – $\mu < 0$

C_1	-1	-0,9	-0,8	-0,7	-0,6	-0,5	-0,4	-0,3	-0,2	-0,1	0	0,1	0,2	0,3	0,4	0,5	0,6	0,7	0,8	0,9	1
0	2,554	2,627	2,606	2,534	2,438	2,331	2,219	2,104	1,990	1,878	1,770	1,667	1,569	1,477	1,391	1,312	1,238	1,171	1,109	1,052	1,000
-0,1	2,494	2,682	2,760	2,737	2,663	2,563	2,451	2,333	2,212	2,090	1,970	1,852	1,740	1,633	1,533	1,439	1,353	1,274	1,202	1,136	1,075
-0,2	2,348	2,597	2,804	2,889	2,868	2,792	2,690	2,575	2,451	2,324	2,195	2,066	1,939	1,817	1,700	1,590	1,489	1,395	1,310	1,232	1,161
-0,3	2,168	2,417	2,689	2,916	3,012	2,994	2,919	2,817	2,700	2,573	2,440	2,304	2,166	2,029	1,896	1,769	1,649	1,538	1,437	1,344	1,261
-0,4	1,983	2,207	2,472	2,763	3,012	3,124	3,114	3,044	2,943	2,826	2,697	2,560	2,417	2,270	2,123	1,978	1,838	1,707	1,586	1,476	1,377
-0,5	1,809	2,000	2,231	2,505	2,811	3,083	3,219	3,225	3,163	3,067	2,950	2,821	2,681	2,532	2,377	2,218	2,059	1,906	1,762	1,631	1,512
-0,6	1,650	1,811	2,004	2,236	2,514	2,828	3,122	3,291	3,322	3,274	3,185	3,072	2,943	2,801	2,647	2,483	2,311	2,138	1,970	1,813	1,671
-0,7	1,508	1,643	1,802	1,992	2,222	2,496	2,811	3,122	3,332	3,399	3,372	3,295	3,189	3,062	2,919	2,760	2,586	2,400	2,210	2,025	1,855
-0,8	1,383	1,496	1,627	1,783	1,968	2,189	2,453	2,760	3,080	3,332	3,449	3,453	3,394	3,297	3,175	3,032	2,868	2,681	2,477	2,267	2,066
-0,9	1,273	1,368	1,478	1,605	1,754	1,931	2,141	2,390	2,681	2,998	3,283	3,458	3,508	3,475	3,393	3,278	3,135	2,963	2,760	2,533	2,302
-1	1,177	1,258	1,349	1,454	1,576	1,718	1,884	2,080	2,312	2,583	2,885	3,185	3,414	3,523	3,529	3,469	3,363	3,220	3,035	2,807	2,554
-1,1	1,202	1,220	1,239	1,327	1,427	1,542	1,675	1,831	2,012	2,225	2,472	2,753	3,048	3,313	3,485	3,544	3,515	3,422	3,273	3,066	2,806
-1,2	1,222	1,239	1,258	1,279	1,301	1,396	1,505	1,629	1,773	1,940	2,133	2,357	2,612	2,889	3,163	3,382	3,500	3,512	3,434	3,273	3,031
-1,3	1,238	1,255	1,273	1,293	1,314	1,338	1,363	1,465	1,581	1,713	1,865	2,040	2,242	2,470	2,722	2,984	3,222	3,386	3,439	3,374	3,193
-1,4	1,252	1,268	1,285	1,304	1,324	1,346	1,369	1,395	1,424	1,531	1,652	1,791	1,949	2,129	2,333	2,559	2,798	3,029	3,210	3,291	3,233
-1,5	1,263	1,278	1,295	1,312	1,331	1,351	1,374	1,397	1,423	1,451	1,481	1,592	1,718	1,861	2,022	2,203	2,403	2,616	2,827	3,003	3,090
-1,6	1,273	1,287	1,302	1,319	1,337	1,356	1,376	1,398	1,422	1,447	1,474	1,503	1,534	1,648	1,777	1,921	2,082	2,258	2,446	2,633	2,792
-1,7	1,280	1,294	1,309	1,325	1,341	1,359	1,378	1,398	1,420	1,443	1,468	1,494	1,522	1,551	1,581	1,698	1,827	1,969	2,125	2,289	2,453
-1,8	1,287	1,300	1,314	1,329	1,345	1,361	1,379	1,398	1,418	1,439	1,461	1,485	1,511	1,537	1,565	1,594	1,623	1,739	1,866	2,003	2,147
-2	1,298	1,310	1,323	1,336	1,350	1,364	1,380	1,396	1,413	1,431	1,451	1,471	1,492	1,514	1,537	1,561	1,585	1,611	1,636	1,660	1,683
-2,2	1,306	1,317	1,329	1,341	1,353	1,366	1,380	1,394	1,409	1,425	1,441	1,458	1,476	1,495	1,515	1,535	1,556	1,577	1,599	1,621	1,642
-2,5	1,315	1,325	1,335	1,345	1,356	1,367	1,379	1,391	1,403	1,416	1,430	1,444	1,458	1,473	1,489	1,505	1,522	1,539	1,556	1,574	1,592
-3	1,325	1,333	1,341	1,349	1,358	1,367	1,376	1,386	1,395	1,405	1,416	1,426	1,437	1,448	1,460	1,472	1,484	1,497	1,509	1,522	1,535
-3,5	1,331	1,338	1,344	1,351	1,359	1,366	1,373	1,381	1,389	1,397	1,406	1,414	1,423	1,432	1,441	1,450	1,460	1,469	1,479	1,489	1,499
-4	1,335	1,341	1,346	1,352	1,359	1,365	1,371	1,378	1,384	1,391	1,398	1,405	1,412	1,420	1,427	1,435	1,442	1,450	1,458	1,466	1,475
-5	1,339	1,344	1,348	1,353	1,358	1,363	1,367	1,372	1,377	1,382	1,388	1,393	1,398	1,404	1,409	1,414	1,420	1,426	1,432	1,437	1,443
-7	1,343	1,347	1,350	1,353	1,356	1,359	1,363	1,366	1,369	1,372	1,376	1,379	1,383	1,386	1,390	1,393	1,397	1,401	1,404	1,408	1,411
-10	1,346	1,348	1,350	1,352	1,354	1,356	1,358	1,361	1,363	1,365	1,367	1,369	1,372	1,374	1,376	1,379	1,381	1,383	1,386	1,388	1,390
∞	1,348	1,348	1,348	1,348	1,348	1,348	1,848	1,348	1,348	1,348	1,348	1,348	1,348	1,348	1,348	1,348	1,348	1,348	1,348	1,348	1,348

$$\mu = F\,L\,/\,4\,M < 0$$

Tableau 7 - Coefficient C_2 - Moments d'extrémité et charge concentrée – $\mu > 0$

C_2										ψ											
	-1	-0,9	-0,8	-0,7	-0,6	-0,5	-0,4	-0,3	-0,2	-0,1	0	0,1	0,2	0,3	0,4	0,5	0,6	0,7	0,8	0,9	1
0	0,000	0,000	0,000	0,000	0,000	0,000	0,000	0,000	0,000	0,000	0,000	0,000	0,000	0,000	0,000	0,000	0,000	0,000	0,000	0,000	0,000
0,1	0,060	0,057	0,054	0,053	0,053	0,054	0,055	0,055	0,056	0,056	0,055	0,054	0,053	0,051	0,050	0,048	0,046	0,044	0,042	0,040	0,038
0,2	0,109	0,105	0,103	0,103	0,104	0,105	0,106	0,106	0,106	0,105	0,103	0,101	0,099	0,095	0,092	0,089	0,085	0,081	0,078	0,075	0,071
0,3	0,153	0,151	0,150	0,151	0,152	0,153	0,153	0,152	0,151	0,149	0,145	0,142	0,138	0,133	0,129	0,124	0,119	0,114	0,110	0,105	0,101
0,4	0,196	0,195	0,195	0,196	0,196	0,196	0,195	0,193	0,190	0,186	0,182	0,177	0,172	0,166	0,160	0,154	0,149	0,143	0,138	0,132	0,127
0,5	0,237	0,236	0,236	0,236	0,235	0,234	0,231	0,228	0 223	0,219	0,213	0,207	0,201	0,194	0,188	0,181	0,175	0,168	0,162	0,156	0,151
0,6	0,275	0,274	0,273	0,272	0,270	0,267	0,263	0,258	0,253	0,247	0,240	0,233	0,226	0,219	0,212	0,205	0,198	0,191	0,184	0,178	0,172
0,7	0,310	0,308	0,306	0,303	0,300	0,295	0,290	0,284	0,278	0,271	0,264	0,256	0,249	0,241	0,233	0,226	0,218	0,211	0,204	0,198	0,191
0,8	0,340	0,337	0,334	0,330	0,325	0,320	0,314	0,307	0,300	0,292	0,284	0,276	0,268	0,260	0,252	0,245	0,237	0,229	0,222	0,215	0,208
0,9	0,367	0,363	0,358	0,353	0,347	0,341	0,334	0,326	0,319	0,311	0,303	0,294	0,286	0,277	0,269	0,261	0,253	0,246	0,238	0,231	0,224
1	0,390	0,385	0,379	0,373	0,366	0,359	0,351	0,343	0,335	0,327	0,318	0,310	0,301	0,293	0,285	0,276	0,268	0,261	0,253	0,246	0,239
1,1	0,410	0,404	0,397	0,390	0,383	0,375	0,367	0,359	0,350	0,341	0,333	0,324	0,315	0,307	0,298	0,290	0,282	0,274	0,267	0,259	0,252
1,2	0,426	0,420	0,413	0,405	0,397	0,389	0,380	0,372	0,363	0,354	0,345	0,337	0,328	0,319	0,311	0,302	0,294	0,287	0,279	0,271	0,264
1,3	0,441	0,434	0,426	0,418	0,410	0,401	0,392	0,383	0,375	0,366	0,357	0,348	0,339	0,331	0,322	0,314	0,306	0,298	0,290	0,283	0,276
1,4	0,453	0,446	0,437	0,429	0,420	0,412	0,403	0,394	0,385	0,376	0,367	0,358	0,349	0,341	0,333	0,324	0,316	0,308	0,301	0,293	0,286
1,5	0,464	0,456	0,448	0,439	0,430	0,421	0,412	0,403	0,394	0,385	0,376	0,368	0,359	0,350	0,342	0,334	0,326	0,318	0,310	0,303	0,296
1,6	0,473	0,465	0,456	0,448	0,439	0,430	0,421	0,412	0,403	0,394	0,385	0,376	0,368	0,359	0,351	0,343	0,335	0,327	0,320	0,312	0,305
1,7	0,482	0,473	0,464	0,455	0,446	0,437	0,428	0,419	0,410	0,401	0,393	0,384	0,376	0,367	0,359	0,351	0,343	0,335	0,328	0,321	0,313
1,8	0,489	0,480	0,471	0,462	0,453	0,444	0,435	0,426	0,417	0,408	0,400	0,391	0,383	0,375	0,366	0,358	0,351	0,343	0,336	0,328	0,321
2	0,500	0,491	0,482	0,473	0,465	0,456	0,447	0,438	0,429	0,421	0,412	0,404	0,396	0,388	0,380	0,372	0,365	0,357	0,350	0,343	0,336
2,2	0,509	0,500	0,491	0,483	0,474	0,465	0,457	0,448	0,440	0,431	0,423	0,415	0,407	0,399	0,392	0,384	0,377	0,369	0,362	0,355	0,349
2,5	0,519	0,511	0,502	0,494	0,485	0,477	0,469	0,460	0,452	0,444	0,436	0,429	0,421	0,414	0,407	0,399	0,392	0,385	0,379	0,372	0,365
3	0,530	0,523	0,514	0,507	0,499	0,491	0,484	0,476	0,469	0,461	0,454	0,447	0,440	0,433	0,426	0,420	0,413	0,407	0,400	0,394	0,388
3,5	0,538	0,530	0,523	0,515	0,508	0,501	0,494	0,487	0,480	0,474	0,467	0,460	0,454	0,448	0,441	0,435	0,429	0,423	0,417	0,412	0,406
4	0,542	0,535	0,529	0,522	0,515	0,509	0,502	0,496	0,490	0,483	0,477	0,471	0,465	0,459	0,454	0,448	0,442	0,437	0,431	0,426	0,420
5	0,548	0,542	0,536	0,531	0,525	0,519	0,514	0,508	0,503	0,497	0,492	0,487	0,482	0,477	0,472	0,467	0,462	0,457	0,452	0,447	0,443
7	0,553	0,549	0,544	0,540	0,535	0,531	0,527	0,522	0,518	0,514	0,510	0,506	0,502	0,498	0,494	0,490	0,486	0,482	0,478	0,475	0,471
10	0,556	0,552	0,549	0,546	0,543	0,539	0,536	0,533	0,530	0,527	0,524	0,521	0,518	0,515	0,512	0,509	0,506	0,503	0,500	0,497	0,494
∞	0,630	0,630	0,630	0,630	0,630	0,630	0,630	0,630	0,630	0,630	0,630	0,630	0,630	0,630	0,630	0,630	0,630	0,630	0,630	0,630	0,630

$$\mu = F L / 4 M > 0$$

Tableau 8 - Coefficient C_2 - Moments d'extrémité et charge concentrée – $\mu < 0$

$\mu = FL/4M < 0$

C_2	ψ = -1	-0,9	-0,8	-0,7	-0,6	-0,5	-0,4	-0,3	-0,2	-0,1	0	0,1	0,2	0,3	0,4	0,5	0,6	0,7	0,8	0,9	1
0	0,000	0,000	0,000	0,000	0,000	0,000	0,000	0,000	0,000	0,000	0,000	0,000	0,000	0,000	0,000	0,000	0,000	0,000	0,000	0,000	0,000
-0,1	0,067	0,073	0,069	0,063	0,059	0,057	0,057	0,058	0,059	0,061	0,061	0,061	0,061	0,060	0,058	0,056	0,053	0,051	0,048	0,046	0,044
-0,2	0,134	0,154	0,163	0,151	0,135	0,125	0,121	0,120	0,122	0,125	0,128	0,129	0,130	0,128	0,126	0,121	0,116	0,111	0,105	0,099	0,094
-0,3	0,202	0,231	0,263	0,277	0,253	0,222	0,202	0,193	0,191	0,194	0,198	0,203	0,206	0,206	0,204	0,198	0,191	0,181	0,172	0,161	0,152
-0,4	0,267	0,304	0,349	0,396	0,416	0,382	0,332	0,298	0,280	0,275	0,277	0,282	0,289	0,293	0,293	0,288	0,278	0,265	0,250	0,235	0,220
-0,5	0,326	0,368	0,419	0,482	0,548	0,581	0,543	0,475	0,421	0,391	0,378	0,376	0,381	0,388	0,392	0,390	0,381	0,365	0,345	0,322	0,300
-0,6	0,377	0,420	0,474	0,541	0,621	0,707	0,761	0,736	0,658	0,583	0,533	0,508	0,499	0,501	0,506	0,507	0,500	0,483	0,457	0,427	0,396
-0,7	0,419	0,463	0,516	0,582	0,662	0,757	0,862	0,943	0,947	0,875	0,787	0,717	0,674	0,652	0,646	0,645	0,639	0,623	0,592	0,552	0,509
-0,8	0,452	0,496	0,548	0,610	0,684	0,775	0,882	1,002	1,110	1,156	1,113	1,026	0,942	0,880	0,842	0,822	0,808	0,789	0,754	0,703	0,645
-0,9	0,480	0,522	0,571	0,629	0,697	0,779	0,876	0,991	1,122	1,252	1,341	1,346	1,282	1,197	1,121	1,065	1,026	0,993	0,949	0,886	0,808
-1	0,502	0,542	0,588	0,642	0,704	0,777	0,863	0,965	1,084	1,220	1,364	1,490	1,552	1,532	1,463	1,383	1,313	1,252	1,189	1,108	1,005
-1,1	0,520	0,558	0,601	0,651	0,707	0,773	0,849	0,938	1,041	1,161	1,299	1,449	1,598	1,710	1,748	1,716	1,647	1,567	1,481	1,376	1,243
-1,2	0,535	0,571	0,611	0,657	0,709	0,767	0,835	0,913	1,002	1,105	1,224	1,360	1,512	1,670	1,815	1,910	1,930	1,887	1,803	1,683	1,523
-1,3	0,547	0,581	0,619	0,661	0,708	0,762	0,822	0,890	0,968	1,057	1,159	1,276	1,408	1,556	1,716	1,875	2,008	2,079	2,070	1,983	1,824
-1,4	0,557	0,589	0,624	0,664	0,707	0,756	0,810	0,871	0,940	1,017	1,105	1,205	1,318	1,446	1,588	1,744	1,905	2,053	2,155	2,174	2,084
-1,5	0,565	0,596	0,629	0,665	0,706	0,750	0,799	0,854	0,915	0,984	1,060	1,146	1,243	1,352	1,474	1,610	1,759	1,915	2,064	2,177	2,209
-1,6	0,572	0,601	0,632	0,666	0,704	0,745	0,790	0,839	0,894	0,955	1,022	1,098	1,182	1,275	1,380	1,496	1,625	1,765	1,913	2,055	2,167
-1,7	0,578	0,606	0,635	0,667	0,702	0,740	0,781	0,826	0,876	0,930	0,991	1,057	1,131	1,212	1,302	1,402	1,513	1,635	1,766	1,904	2,036
-1,8	0,584	0,609	0,637	0,667	0,700	0,735	0,773	0,815	0,860	0,909	0,963	1,023	1,088	1,159	1,238	1,325	1,421	1,526	1,641	1,764	1,891
-2	0,592	0,615	0,640	0,667	0,696	0,726	0,760	0,795	0,833	0,875	0,920	0,968	1,021	1,078	1,140	1,207	1,281	1,361	1,449	1,543	1,645
-2,2	0,598	0,620	0,642	0,666	0,692	0,719	0,748	0,779	0,812	0,848	0,886	0,926	0,970	1,017	1,068	1,123	1,181	1,245	1,314	1,388	1,467
-2,5	0,605	0,624	0,644	0,665	0,686	0,710	0,734	0,760	0,788	0,817	0,847	0,880	0,915	0,952	0,991	1,033	1,077	1,125	1,176	1,230	1,287
-3	0,612	0,628	0,644	0,661	0,679	0,698	0,717	0,737	0,759	0,781	0,804	0,828	0,854	0,881	0,909	0,938	0,969	1,002	1,036	1,073	1,111
-3,5	0,617	0,630	0,644	0,658	0,673	0,689	0,705	0,721	0,739	0,756	0,775	0,794	0,814	0,835	0,857	0,880	0,903	0,928	0,953	0,980	1,008
-4	0,620	0,632	0,644	0,656	0,669	0,682	0,695	0,709	0,724	0,739	0,754	0,770	0,787	0,804	0,821	0,839	0,858	0,878	0,898	0,919	0,941
-5	0,624	0,633	0,642	0,652	0,662	0,672	0,682	0,693	0,704	0,715	0,727	0,738	0,750	0,763	0,775	0,788	0,802	0,815	0,830	0,844	0,859
-7	0,627	0,633	0,640	0,647	0,653	0,660	0,667	0,675	0,682	0,689	0,697	0,705	0,712	0,720	0,728	0,737	0,745	0,754	0,762	0,771	0,780
-10	0,628	0,633	0,637	0,642	0,647	0,651	0,656	0,661	0,666	0,671	0,676	0,681	0,686	0,691	0,696	0,701	0,707	0,712	0,718	0,723	0,729
∞	0,630	0,630	0,630	0,630	0,630	0,630	0,630	0,630	0,630	0,630	0,630	0,630	0,630	0,630	0,630	0,630	0,630	0,630	0,630	0,630	0,630

Eurocode 3
Calcul des assemblages

CHAPITRE 6

Calcul des assemblages

1. Introduction

1.1 Objet

(1) La partie 1-8 de l'EN 1993 donne des règles pour la conception et le calcul des assemblages soumis à un chargement statique prédominant et composés de nuances d'acier S235, S275, S355 et S460.

1.3 Termes et définitions

(1) Les termes et définitions suivants s'appliquent.

1.3.1 Composant de base (d'un assemblage)

Partie d'un assemblage qui apporte une contribution identifiée à une ou plusieurs de ses propriétés structurales.

1.3.2 Attache

Emplacement où deux ou plusieurs éléments se rencontrent. Pour les besoins du calcul, assemblage des composants de base nécessaires pour représenter le comportement lors du transfert des sollicitations par l'assemblage.

1.3.3 Élément attaché

Tout élément qui est assemblé à un élément porteur ou autre support.

1.3.4   Assemblage

Zone d'interconnexion de deux barres ou plus. Pour les besoins du calcul, ensemble des composants de base qui permettent d'attacher des éléments de telle sorte que les sollicitations appropriées puissent être transmises entre eux. Un assemblage poutre-poteau est composé d'un panneau d'âme et soit d'une seule attache (configuration d'assemblage unilatérale) soit de deux attaches (configuration d'assemblage bilatérale) (voir figure1.1).

1.3.5   Configuration de l'assemblage

Type ou disposition d'un ou plusieurs assemblages dans une zone à l'intérieur de laquelle les axes de deux ou plusieurs éléments attachés se coupent (voir figure 1.2).

1.3.6   Capacité de rotation

Angle de rotation qu'un assemblage peut subir sans ruine pour un niveau donné de résistance.

1.3.7   Rigidité en rotation

Moment nécessaire pour produire une rotation unitaire dans un assemblage.

1.3.8   Propriétés structurales (d'un assemblage)

Résistance aux sollicitations s'exerçant dans les éléments assemblés, rigidité en rotation et capacité de rotation.

1.3.9   Assemblage plan

Dans une structure en treillis, un assemblage plan assemble des éléments qui sont situés dans un seul et même plan.

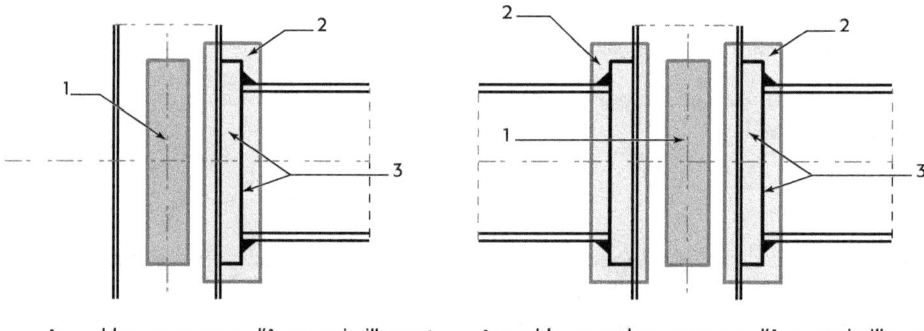

Figure 1.1 - Parties d'une configuration d'assemblage poutre-poteau

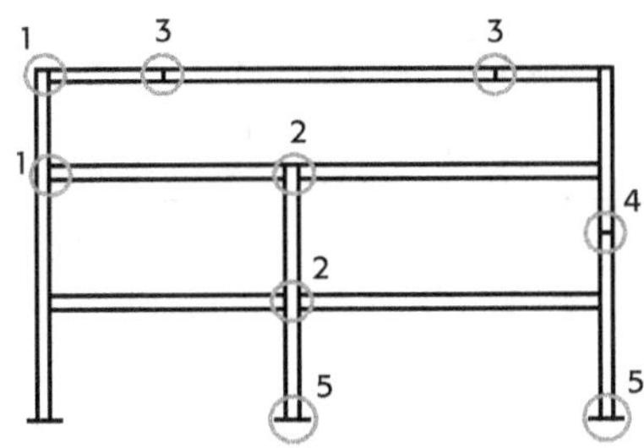

1 Configuration unilatérale d'assemblage poutre-poteau ;
2 Configuration bilatérale d'assemblage poutre-poteau ;
3 Assemblage de continuité de poutre ;
4 Assemblage de continuité de poteau ;
5 Pied de poteau.

a) Configurations d'assemblage selon l'axe d'inertie maximale

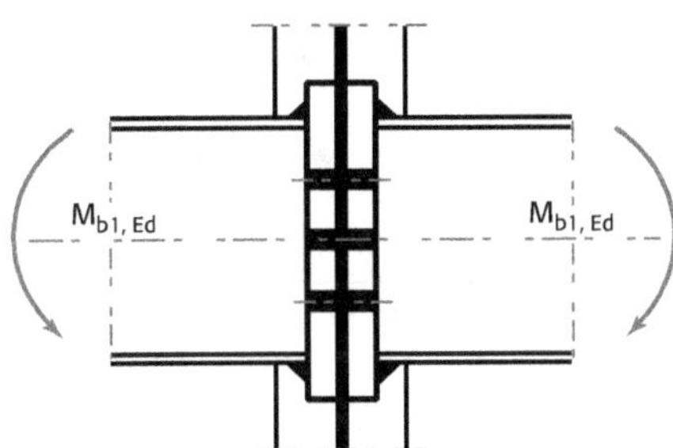

Configuration bilatérale d'assemblage poutre-poteau

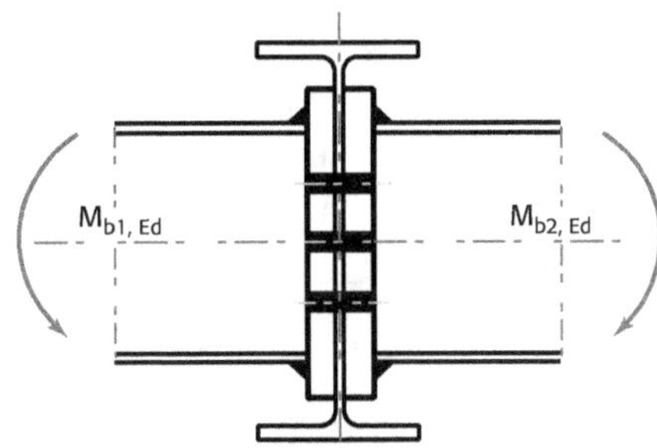

Configuration bilatérale d'assemblage poutre-poutre

b) Configurations d'assemblage selon l'axe d'inertie minimale (à n'utiliser que pour des moments équilibrés $M_{b1,Ed} = M_{b2,Ed}$)

Figure 1.2 - Configurations d'assemblage

2. Bases de calcul

2.1 Hypothèses

(1) Les règles données dans cette partie de l'EN 1993 supposent que le niveau de qualité de construction est tel que spécifié dans les normes d'exécution données en 2.8 et que les matériaux et produits de construction utilisés sont ceux spécifiés dans l'EN 1993 ou dans les spécifications de matériaux et produits appropriées.

2.2 Exigences générales

(1) Il convient que tous les assemblages possèdent une résistance de calcul telle que la structure soit capable de satisfaire toutes les exigences fondamentales de calcul données dans la présente norme et dans l'EN 1993-1-1.

(2) Les coefficients partiels γ_M pour les assemblages sont donnés dans le tableau 2.1.

Tableau 2.1 - Coefficients partiels pour les assemblages

Résistance des barres et sections transversales	$\gamma_{M0} = 1{,}0$ $\gamma_{M1} = 1{,}0$ et $\gamma_{M2} = 1{,}25$ suivant l'EN 1993-1-1 et Annexe nationale
Résistance des boulons et des rivets Résistance des soudures Résistance des axes d'articulation Résistance des plaques en pression diamétrale	$\gamma_{M2} = 1{,}25$

Résistance au glissement
  – pour les attaches hybrides ou les attaches soumises à la fatigue
  – pour les autres situations de calcul
Résistance en pression diamétrale d'un boulon injecté
Résistance des assemblages dans une poutre à treillis en profils creux
Résistance des axes d'articulation à l'état limite de service
Précontrainte des boulons à haute résistance
Résistance du béton
	
	$\gamma_{M3} = 1{,}1$
	$\gamma_{M3,ser} = 1{,}25$
	$\gamma_{M4} = 1{,}0$
	$\gamma_{M5} = 1{,}0$
	$\gamma_{M6,ser} = 1{,}0$
	$\gamma_{M7} = 1{,}1$
	γ_c voir EN 1992

2.3   Sollicitations

(1) Il convient que les sollicitations appliquées aux assemblages à l'état limite ultime soient déterminées conformément aux principes donnés dans l'EN 1993-1-1.

2.4   Résistance des assemblages

(1) Il convient que la résistance d'un assemblage soit déterminée sur la base de la résistance individuelle de ses composants.

(2) L'analyse linéaire élastique ou élasto-plastique peut être utilisée pour le calcul des assemblages.

(3) Lorsque des fixations possédant des rigidités différentes sont utilisées pour reprendre un effort de cisaillement, il convient de dimensionner les fixations possédant la plus grande rigidité pour qu'elles reprennent l'effort de calcul. Une exception à cette règle est donnée en 3.9.3.

2.5   Hypothèses de calcul

(1) Il convient que les assemblages soient calculés sur la base d'une hypothèse réaliste de la répartition des sollicitations. Il convient d'utiliser les hypothèses suivantes pour déterminer la répartition des sollicitations :

  (a) les sollicitations considérées dans l'analyse sont en équilibre avec les sollicitations appliquées sur les assemblages ;

  (b) chaque élément de l'assemblage est capable de résister aux sollicitations ;

  (c) les déformations résultant de cette répartition n'excèdent pas la capacité de déformation des éléments de fixation ou des soudures et des différentes parties attachées ;

(d) il convient que la répartition supposée des sollicitations soit réaliste en ce qui concerne les rigidités relatives au sein de l'assemblage ;

(e) les déformations considérées dans un modèle de calcul quelconque fondé sur une analyse élasto-plastique sont basées sur des rotations de corps rigides et/ou des déformations dans le plan qui sont physiquement possibles ;

(f) et tout modèle utilisé est conforme à l'évaluation de résultats expérimentaux (voir l'EN 1990).

(2) Les règles d'application données dans cette partie satisfont 2.5(1).

2.6 Assemblages sollicités en cisaillement soumis à des chocs, à des vibrations et/ou à des charges alternées

(1) Lorsqu'un assemblage en cisaillement est soumis à des chocs ou à des vibrations significatives, il convient d'utiliser une des méthodes d'assemblage suivantes :

- soudage ;
- boulons munis de dispositifs de blocage ;
- boulons précontraints ;
- boulons injectés ;
- autres types de boulons empêchant efficacement tout mouvement des pièces attachées, rivets.

(2) Lorsque le glissement n'est pas acceptable dans un assemblage (parce qu'il est soumis à un effort de cisaillement alterné ou pour toute autre raison), il convient d'utiliser des boulons précontraints dans une attache de catégorie B ou C (voir 3.4), des boulons « plein-trou » (voir 3.6.1) ou des soudures.

(3) Pour les poutres au vent et les contreventements de stabilité ou de résistance (ou calibrés) au vent, il est possible d'utiliser des attaches boulonnées de catégorie A (voir 3.4).

2.7 Excentricité au niveau des intersections

(1) Lorsqu'il existe une excentricité d'épure au niveau des intersections, il convient de calculer les assemblages et les barres pour les sollicitations qui en résultent, sauf pour certains types particuliers de structures pour lesquels il a été démontré que cela n'était pas nécessaire (voir 5.1.5(5)).

(2) Dans le cas d'assemblages de cornières ou de profils en T attachés soit par une seule rangée de boulons ou par deux rangées de boulons, il convient de prendre en compte toute excentricité éventuelle comme indiqué en 2.7(1). Il convient de déterminer les excentricités dans le plan et hors du plan en considérant les positions relatives de l'axe de la barre et de la ligne de trusquinage dans le plan de l'assemblage (voir figure 2.1). Pour une cornière simple en traction attachée par boulonnage sur une aile, la méthode simplifiée donnée en 3.10.3 peut être utilisée.

Note : L'effet de l'excentricité sur les cornières utilisées comme éléments de triangulation comprimés est donné dans l'EN 1993-1-1, annexe BB 1.2.

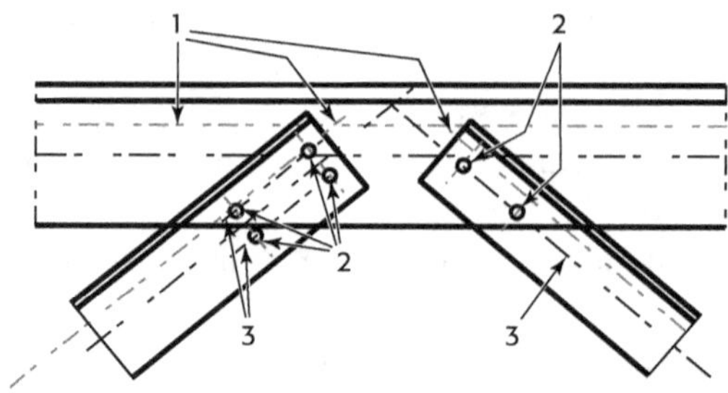

Figure 2.1 - Lignes de trusquinage

2.8 Références

La présente norme européenne contient par références datées ou non datées des dispositions qui proviennent d'autres publications. Ces références normatives sont citées aux endroits appropriés dans le texte, et les publications sont énumérées ci-après (*cf.* EN 1993-1-8).

3. Attaches par boulons ou axes d'articulation

3.1 Boulons, vis, écrous et rondelles

3.1.1 Généralités

(1) Il convient que les vis, écrous et rondelles soient conformes aux exigences données en 2.8, « Normes de référence : Groupe 4 ».

(2) Les règles de la présente norme sont applicables pour les classes de boulons données dans le tableau 3.1.

(3) La limite d'élasticité f_{yb} et la résistance ultime à la traction f_{ub} des boulons des classes 4.6, 4.8, 5.6, 5.8, 6.8, 8.8 et 10.9 sont données dans le tableau 3.1. Il convient d'adopter ces valeurs comme valeurs caractéristiques dans les calculs de dimensionnement.

Tableau 3.1 - Valeurs nominales de la limite d'élasticité f_{yb} et de la résistance ultime
à la traction f_{ub} pour les boulons

Classe de boulons	4.6	4.8	5.6	5.8	6.8	8.8	10.9
f_{yb} (MPa)	240	320	300	400	480	640	900
f_{ub} (MPa)	400	400	500	500	600	800	1000

INFORMATION NE FAISANT PAS PARTIE DES EUROCODES
Principales caractéristiques géométriques des boulons
Caractéristiques géométriques (mm, mm²)

Désignations	M12	M14	M16	M18	M20	M22	M24	M27	M30
d	12	14	16	18	20	22	24	27	30
d_0 trou normal	13	15	18	20	22	24	26	30	33
A	113	154	201	254	314	380	452	573	707
A_s	84,3	115	157	192	245	303	353	459	561
$\varnothing$ rondelle	24	27	30	34	37	40	44	50	52
d_m	19,39	22,63	25,86	29,09	32,32	36,63	38,79	44,17	49,56

   d   diamètre nominal du boulon (celui de la partie non filetée)

   d_0 diamètre du trou normal

   A   aire de la section de la tige lisse du boulon

   A_s section résistante de la partie filetée

   d_m moyenne entre surangle et surplat pour le calcul de $B_{p,Rd}$ (valeurs pour les boulons HM uniquement).

Le diamètre de la vis est choisi en fonction de l'épaisseur des pièces assemblées et d'autres paramètres.

3.1.2   Boulons précontraints

(1) Seuls les boulons des classes 8.8 et 10.9 conformes aux exigences données en 2.8, « Normes de référence : Groupe 4 », peuvent être utilisés comme boulons précontraints à haute résistance pour la construction lorsque le serrage contrôlé est réalisé conformément aux exigences données en 2.8, « Normes de référence : Groupe 7 ».

3.3   Boulons d'ancrage

(1) Les matériaux suivants peuvent être utilisés pour les boulons d'ancrage :

- nuances d'acier conformes aux dispositions données en 2.8, « Normes de référence : Groupe 1 » ;
- nuances d'acier conformes aux dispositions données en 2.8, « Normes de référence : Groupe 4 » ;
- nuances d'acier utilisées pour les barres d'armature conformes à l'EN 10080, sous réserve que la limite d'élasticité nominale n'excède pas 640 MPa lorsque les boulons d'ancrage doivent travailler en cisaillement, et n'excède pas 900 MPa dans les autres cas.

3.4   Catégories d'attaches boulonnées

3.4.1   Attaches en cisaillement

(1) Il convient que la conception et le calcul des attaches boulonnées sollicitées au cisaillement soient réalisés conformément à l'une des catégories suivantes :

a) **Catégorie A : travaillant à la pression diamétrale**

Dans cette catégorie, il convient d'utiliser des boulons de classes allant de 4.6 à 10.9 comprises. Il n'est exigé aucune précontrainte ni aucune disposition particulière pour les surfaces en contact. Il convient que l'effort de cisaillement de calcul à l'état limite ultime n'excède ni la résistance de calcul au cisaillement ni la résistance de calcul en pression diamétrale, déterminées conformément aux dispositions données en 3.6 et 3.7.

c) **Catégorie C : résistant au glissement à l'état limite ultime**

Dans cette catégorie, il convient d'utiliser des boulons en conformité avec 3.1.2 (1). Il convient qu'aucun glissement ne se produise à l'état limite ultime. Il convient que l'effort de cisaillement de calcul à l'état limite ultime n'excède pas la résistance de calcul au glissement déterminée selon 3.9 ni la résistance de calcul en pression diamétrale déterminée selon 3.6 et 3.7. En outre, pour une attache tendue, il convient de vérifier la résistance plastique de calcul de la section nette au droit des trous de boulons $N_{net,Rd}$ (voir 6.2 de l'EN 1993-1-1), à l'état limite ultime.

3.4.2   Attaches tendues

(1) Il convient que la conception et le calcul des attaches boulonnées sollicitées en traction soient réalisés conformément à l'une des catégories suivantes :

a) **Catégorie D : par boulons non précontraints**

Dans cette catégorie, il convient d'utiliser des boulons des classes 4.6 à 10.9 comprises. Aucune précontrainte n'est exigée. Il convient de ne pas utiliser cette catégorie lorsque les attaches sont soumises à des variations fréquentes de la sollicitation en traction. Cependant, elle peut être utilisée pour les attaches calculées pour résister aux actions usuelles de vent.

b) **Catégorie E : par boulons précontraints à haute résistance**

Dans cette catégorie, il convient d'utiliser des boulons de Classe 8.8 et 10.9 à serrage contrôlé, conformément aux dispositions données en 2.8, « Normes de référence : Groupe 7 ».

Les vérifications de calcul pour ces attaches sont résumées dans le tableau 3.2.

Tableau 3.2 - Catégories d'attaches boulonnées

Catégorie	Critères	Remarques
Attaches en cisaillement		
A **En pression diamétrale**	$F_{v,Ed} \leq F_{v,Rd}$ $F_{v,Ed} \leq F_{b,Rd}$	Aucune précontrainte exigée. Toutes classes de 4.6 à 10.9.
C **Résistant au glissement à l'ELU**	$F_{v,Ed} \leq F_{s,Rd}$ $F_{v,Ed} \leq F_{b,Rd}$ $F_{v,Ed} \leq N_{net,Rd}$	Boulons précontraints 8.8 ou 10.9 requis. Pour résistance au glissement à l'ELU, voir 3.9. $N_{net,Rd}$, voir 3.4.1(1)c).
Attaches en traction		
D **Sans précontrainte**	$F_{t,Ed} \leq F_{t,Rd}$ $F_{t,Ed} \leq B_{p,Rd}$	Aucune précontrainte exigée. Toutes classes de 4.6 à 10.9. $B_{p,Rd}$, voir tableau 3.4.
E **Avec précontrainte**	$F_{t,Ed} \leq F_{t,Rd}$ $F_{t,Ed} \leq B_{p,Rd}$	Boulons précontraints 8.8 ou 10.9 requis. $B_{p,Rd}$, voir tableau 3.4.

Il convient que l'effort de traction de calcul $F_{t,Ed}$ comprenne toute force éventuelle résultant de l'effet de levier (voir 3.11). Il convient que les boulons soumis à la fois à un effort tranchant et à un effort de traction satisfassent les critères donnés dans le tableau 3.4.

3.5   Positionnement des trous de boulons et de rivets

(1) Les pinces longitudinales et transversales ainsi que les entraxes minimum et maximum pour les boulons sont donnés dans le tableau 3.3.

(2) Pour les pinces longitudinales et transversales ainsi que les entraxes minimum et maximum pour les structures soumises à la fatigue, voir l'EN 1993-1-9.

Tableau 3.3 - Pinces longitudinales et transversales, entraxes minimum et maximum

Distances et entraxes	Minimum	Maximum [1] [2] [3]	
		Structures réalisées en aciers conformes à l'EN 10025 à l'exception des aciers conformes à l'EN 10025-5	
Voir figure 3.1		Acier exposé aux intempéries ou autres influences corrosives	Acier non exposé aux intempéries ou autres influences corrosives
Pince longitudinale e_1	$1,2\,d_0$	$4\,t + 40$ mm	
Pince transversale e_2	$1,2\,d_0$	$4\,t + 40$ mm	
Distance e_3 pour les trous oblongs	$1,5\,d_0$ [4]		
Distance e_4 pour les trous oblongs	$1,5\,d_0$ [4]		
Entraxe p_1	$2,2\,d_0$	Minimum de $14\,t$ ou 200 mm	Minimum de $14\,t$ ou 200 mm
Entraxe $p_{1,0}$		Minimum de $14\,t$ ou 200 mm	
Entraxe $p_{1,i}$		Minimum de $28\,t$ ou 400 mm	
Entraxe p_2 [5]	$2,4\,d_0$	Minimum de $14\,t$ ou 200 mm	Minimum de $14\,t$ ou 200 mm

1) Il n'y a pas de valeurs maximales d'entraxe, de pinces longitudinale et transversale, sauf dans les cas suivants :
   - pour les barres comprimées afin d'éviter le voilement local et prévenir la corrosion dans les barres exposées ;
   - et pour les barres tendues exposées afin de prévenir la corrosion.

2) Il convient de calculer la résistance au voilement local de la plaque comprimée entre les fixations conformément à l'EN 1993-1-1 en utilisant $0,6p_1$ comme longueur de flambement. Il est inutile de vérifier le voilement local entre les fixations si p_1/t est inférieur à 9ε. Il convient que la pince transversale n'excède pas les exigences concernant le voilement local pour un élément en console dans les barres comprimées (voir l'EN 1993-1-1). La pince longitudinale n'est pas affectée par cette exigence.

3) t est l'épaisseur de la pièce attachée extérieure la plus mince.

4) Les limites dimensionnelles des trous oblongs sont données au Tableau 10 ci-après.

5) Pour les rangées de fixations en quinconce, un écartement minimum entre rangées $p_2 = 1,2\,d_0$ peut être utilisé, à condition que la distance minimum, L, entre deux fixations quelconques soit supérieure ou égale à $2,4\,d_0$, (voir figure 3.1b).

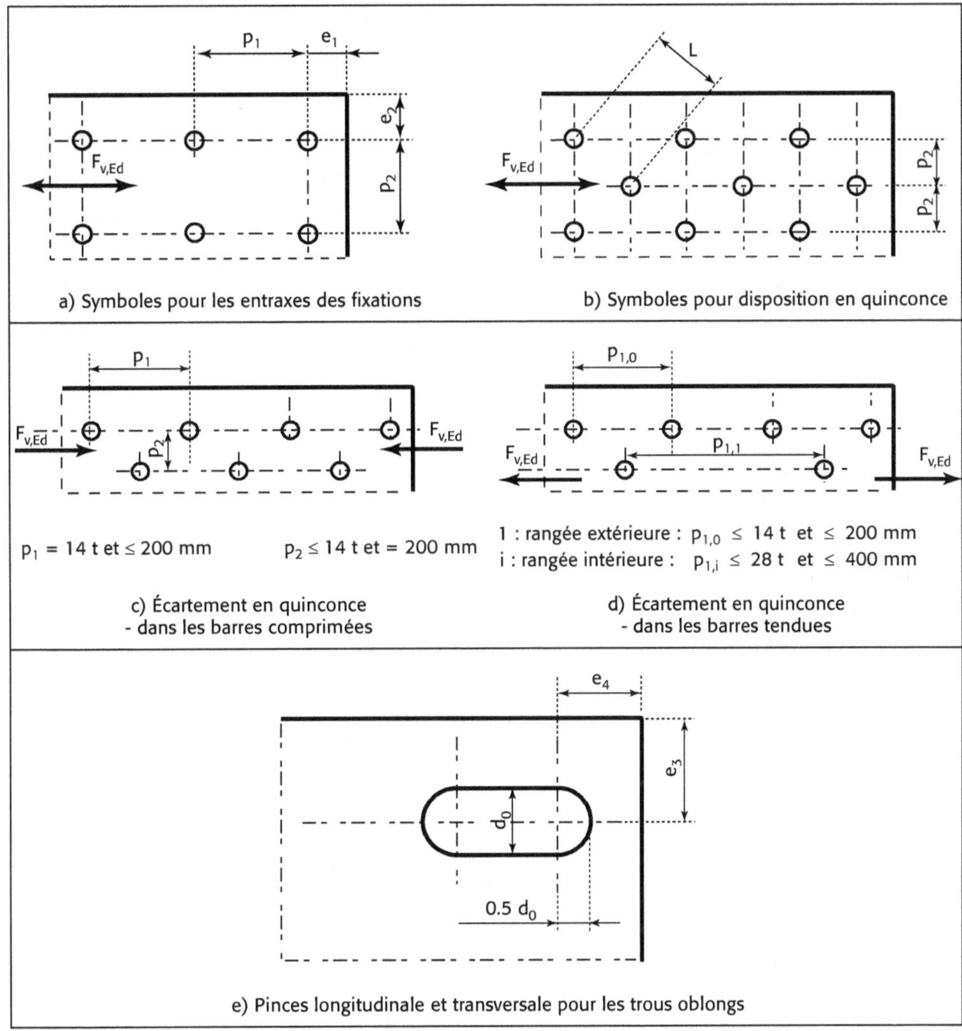

Figure 3.1 - Symboles pour les pinces transversale et longitudinale
et pour l'espacement des fixations

3.5.1 Dimensions des trous selon EN 1090-2 6.6.1

Les dispositions du présent article s'appliquent aux perçages réalisés pour les assemblages au moyen de fixations mécaniques et d'axes d'articulation.

La définition du diamètre nominal du trou combinée au diamètre nominal du boulon devant être utilisée dans ce trou détermine l'appellation « normal » ou « surdimensionné » pour ce trou. Les termes « court » et « long » appliqués aux trous oblongs font référence à deux classes de trous utilisées dans les calculs pour des boulons précontraints. Ces termes peuvent également être employés pour désigner les jeux dans le cas de boulons non précontraints. Il convient que les dimensions spéciales des assemblages glissants soient spécifiées.

216 | *Eurocode 3 – Calcul des assemblages*

Les valeurs nominales des jeux pour les boulons doivent être telles que spécifiées dans le tableau 10 :

Tableau 10 - Valeurs nominales des jeux pour les boulons (mm)

Diamètre nominal des boulons (mm)	M12	M14	M16	M18	M20	M22	M24	M27 et +
Trous ronds normaux [a]	1 [b][c]		2					3
Trous ronds surdimensionnés	3		4				6	8
Trous oblongs courts (sur la longueur)[d]	4		6				8	10
Trous oblongs longs (sur la longueur)[d]	1,5 d							

[a] S'applique également à un axe d'articulation non prévu pour fonctionner dans des conditions ajustées.

[b] Le jeu nominal de 1 mm peut être augmenté de l'épaisseur du revêtement des éléments de fixation comportant un revêtement.

[c] Dans des conditions spécifiées dans l'EN 1993-1-8, les boulons M12 et M14 peuvent aussi être utilisés dans des trous présentant un jeu de 2 mm.

[d] Les valeurs nominales de jeu dans le sens transversal des boulons utilisés dans des trous oblongs doivent être identiques aux valeurs de jeu spécifiées pour les trous ronds normaux.

3.6   Résistance individuelle de calcul des fixations

3.6.1   Boulons

(1) La résistance individuelle de calcul pour une fixation sollicitée au cisaillement et/ou à la traction est donnée dans le tableau 3.4.

(2) Pour les boulons précontraints conformes à 3.1.2(1), il convient de prendre la précontrainte de calcul, $F_{p,Cd}$, à utiliser dans les calculs, égale à :

$$F_{p,Cd} = 0{,}7\ f_{ub}\ A_s\ /\ \gamma_{M7} \tag{3.1}$$

(3) Il convient de n'utiliser les résistances de calcul en traction et au cisaillement dans la partie filetée d'un boulon données dans le tableau 3.4 que pour les boulons fabriqués conformément à 2.8, « Normes de référence : Groupe 4 ». Pour les boulons à filetages usinés, tels que les boulons d'ancrage ou les tirants fabriqués à partir de ronds en acier avec des filetages conformes à l'EN 1090, il convient d'utiliser les valeurs du tableau 3.4. Pour les boulons à filetages usinés dont les filetages ne sont pas conformes à l'EN 1090, il convient de multiplier les valeurs appropriées du tableau 3.4 par un facteur 0,85.

(4) Il convient de n'utiliser la résistance de calcul au cisaillement $F_{v,Rd}$ donnée dans le tableau 3.4 que lorsque les boulons sont utilisés dans des trous dont les jeux nominaux n'excèdent pas ceux des trous normaux tels que spécifiés en 2.8, « Normes de référence : Groupe 7 ».

(5) Des boulons M12 et M14 peuvent également être utilisés dans des trous avec un jeu de 2 mm à condition que la résistance de calcul du groupe de boulons basée sur la pression diamétrale soit égale ou supérieure à la résistance de calcul du groupe de boulon basée sur

le cisaillement des boulons. En outre, pour les boulons de classes 4.8, 5.8, 6.8, 8.8 et 10.9, il convient de prendre la résistance au cisaillement de calcul $F_{v,Rd}$ égale à 0,85 fois la valeur donnée dans le tableau 3.4.

(6) La résistance des boulons pleins-trous peut être calculée de la même façon que celle des boulons utilisés dans des trous avec un jeu normal.

(7) Il convient d'exclure la partie filetée d'un boulon plein-trou du plan de cisaillement.

(8) Il convient que la longueur de la partie filetée d'un boulon plein-trou située vis-à-vis de la plaque sollicitée en pression diamétrale n'excède pas 1/3 de l'épaisseur de la plaque.

(9) Il convient que la tolérance pour les trous de boulons pleins-trous soit conforme aux dispositions données en 2.8, « Normes de référence : Groupe 7).

(10) Dans les assemblages à simple recouvrement ne comportant qu'une seule rangée de boulons (voir figure 3.3), il convient que les boulons soient munis de rondelles sous la tête et sous l'écrou. Il convient que la résistance en pression diamétrale $F_{b,Rd}$ pour chaque boulon soit limitée à :

$$F_{b,Rd} = 1{,}5\, f_u\, d\, t\, /\, \gamma_{M2} \tag{3.2}$$

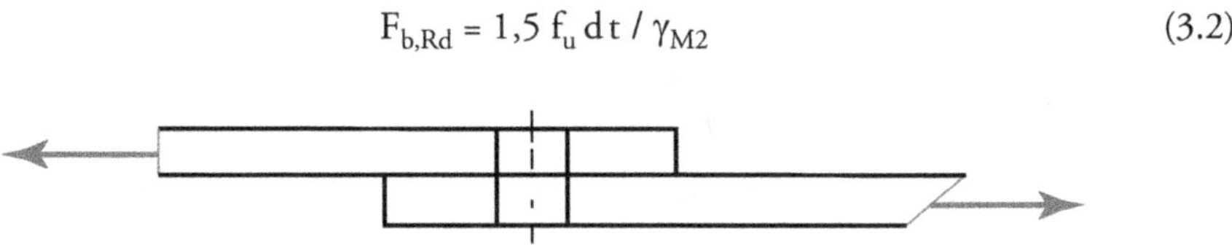

Figure 3.3 - Assemblage à simple recouvrement avec une seule rangée de boulons

(11) Dans le cas de boulons de Classe 8.8 ou 10.9, il convient d'utiliser des rondelles trempées pour les assemblages à simple recouvrement ne comportant qu'un seul boulon ou une seule rangée de boulons.

(12) Lorsque des boulons ou des rivets fonctionnant en cisaillement et en pression diamétrale traversent une épaisseur totale de calage t_p supérieure à un tiers du diamètre nominal d (voir figure 3.4), il convient de multiplier la résistance de calcul au cisaillement $F_{v,Rd}$ obtenue, comme spécifié dans le tableau 3.4, par un coefficient réducteur β_p donné par :

$$\beta_p = \frac{9d}{8d + 3t_p} \quad \text{mais } \beta_p \leq 1 \tag{3.3}$$

(13) Pour les attaches en double cisaillement munies de fourrures des deux côtés du joint, il convient de prendre t_p égale à l'épaisseur de la fourrure la plus épaisse.

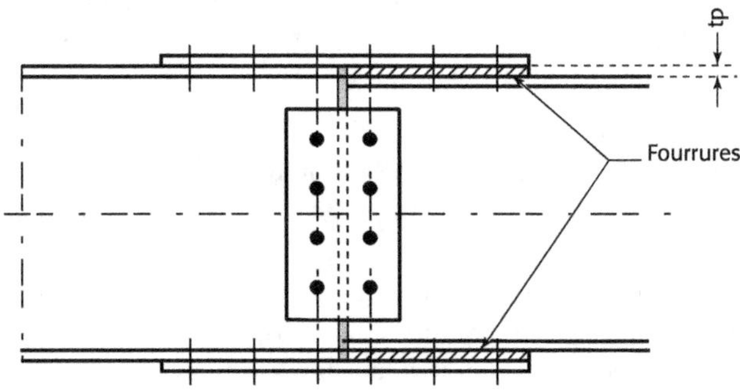

Figure 3.4 - Fixations traversant des fourrures

Tableau 3.4 - Résistance de calcul individuelle pour les fixations sollicitées
au cisaillement et/ou à la traction

Mode de ruine	Boulons

Résistance au cisaillement par plan de cisaillement	$$F_{v,Rd} = \frac{\alpha_v\, f_{ub}\, A}{\gamma_{M2}}$$
	• lorsque le plan de cisaillement passe par la partie filetée du boulon (A est l'aire de la section résistante en traction du boulon As) :
	   – pour les classes 4.6, 5.6 et 8.8 : $\quad \alpha_v = 0,6$
	   – pour les classes 4.8, 5.8, 6.8 et 10.9 : $\alpha_v = 0,5$
	• lorsque le plan de cisaillement passe par la partie non filetée du boulon (A est l'aire de la section brute du boulon) : $\quad \alpha_v = 0,6$

Résistance en pression diamétrale [1), 2), 3)]	$$F_{b,Rd} = \frac{k_1 \alpha_b\, f_u\, d\, t}{\gamma_{M2}}$$ où α_b est la plus petite des 3 valeurs de α_d : $\dfrac{f_{ub}}{f_u}$ ou $1,0$ Situation du boulon dans la direction des efforts : • Boulons de rive : $\quad \alpha_d = \dfrac{e_1}{3\,d_0}$ • Boulons intérieurs : $\quad \alpha_d = \dfrac{p_1}{3\,d_0} - \dfrac{1}{4}$ Situation du boulon perpendiculairement à la direction des efforts : • Boulons de rive : k_1 est la plus petite des valeurs : $\left(2,8\,\dfrac{e_2}{d_0} - 1,7\right)$ et $2,5$ • Boulons intérieurs : k_1 est la plus petite des valeurs : $\left(1,4\,\dfrac{p_2}{d_0} - 1,7\right)$ et $2,5$
Résistance à la traction [2)]	$F_{t,Rd} = \dfrac{k_2\, f_{ub}\, A_s}{\gamma_{M2}}$ où $k_2 = 0,63$ pour un boulon à tête fraisée, sinon $k_2 = 0,9$
Résistance au poinçonnement	$B_{p,Rd} = 0,6\,\pi\, d_m\, t_p\, f_u\, /\, \gamma_{M2}$
Cisaillement et traction combinés	Vérifier $\dfrac{F_{v,Ed}}{F_{v,Rd}} + \dfrac{F_{t,Ed}}{1,4\,F_{t,Rd}} \leq 1,0$ et $F_{t,Ed} \leq F_{t,Rd}$

1) La résistance en pression diamétrale $F_{b,Rd}$ pour les boulons utilisés
   - dans des trous surdimensionnés, est 0,8 fois la résistance en pression diamétrale des boulons utilisés dans des trous normaux ;
   - dans des trous oblongs, lorsque l'axe longitudinal du trou oblong est perpendiculaire à la direction des efforts, est 0,6 fois la résistance en pression diamétrale des boulons utilisés dans des trous circulaires normaux.

2) Pour les boulons à tête fraisée :
   - il convient de calculer la résistance en pression diamétrale $F_{b,Rd}$ avec une épaisseur de plaque t égale à l'épaisseur de la plaque attachée diminuée de la moitié de la profondeur de fraisage ;
   - pour la détermination de la résistance à la traction $F_{t,Rd}$, il convient que l'angle et la profondeur de fraisage soient conformes aux dispositions données en 2.8, « Normes de référence : Groupe 4 ». Sinon, il convient d'adapter la résistance à la traction $F_{t,Rd}$ en conséquence.

3) Lorsque la charge appliquée sur un boulon n'est pas parallèle au bord de la pièce, la résistance en pression diamétrale peut être vérifiée séparément pour les composantes de l'effort appliqué au boulon parallèlement et perpendiculairement au bord.

3.7   Groupe de fixations

(1) La résistance d'un groupe de fixations peut être prise égale à la somme des résistances individuelles en pression diamétrale $F_{b,Rd}$ des fixations, à condition que la résistance individuelle de calcul au cisaillement $F_{v,Rd}$ de chaque fixation soit supérieure ou égale à la résistance de calcul en pression diamétrale $F_{b,Rd}$. Sinon, il convient de prendre la résistance d'un groupe de fixations égale au nombre de fixations multiplié par la résistance de calcul la plus faible des fixations considérées individuellement.

3.8   Assemblages longs

(1) Lorsque la distance L_j entre les axes des fixations extrêmes d'un assemblage, mesurée dans la direction des efforts (voir figure 3.7), est supérieure à 15 d, il convient de réduire la résistance de calcul au cisaillement $F_{v,Rd}$ de toutes les fixations, calculée conformément au tableau 3.4, en la multipliant par un coefficient minorateur β_{Lf}, donné par :

$$\beta_{Lf} = 1 - \frac{L_j - 15d}{200\,d} \quad \text{mais} \quad \beta_{Lf} \leq 1,0 \quad \text{et} \quad \beta_{Lf} \geq 0,75 \tag{3.5}$$

(2) La disposition donnée en 3.8 (1) ne s'applique pas lorsque la transmission de l'effort s'effectue de manière uniforme sur la longueur de l'assemblage, par exemple la transmission de l'effort de cisaillement entre l'âme d'une même section et la semelle.

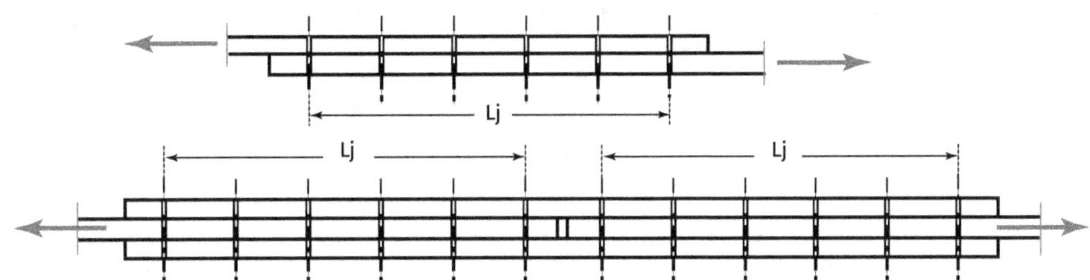

Figure 3.7 - Assemblages longs

3.9   Attaches résistant au glissement comportant des boulons précontraints de classe 8.8 ou 10.9

3.9.1   Résistance au glissement

(1) Il convient de prendre la résistance de calcul au glissement d'un boulon précontraint de classe 8.8 ou 10.9 précontraint égale à :

$$F_{s,Rd} = \frac{k_s\, n\, \mu}{\gamma_{M3}}\, F_{p,C} \tag{3.6}$$

où

- k_s est donné dans le tableau 3.6 ;
- n   le nombre de surfaces de frottement ;
- μ   le coefficient de frottement, obtenu par des essais spécifiques à la surface de frottement selon 2.8, « Normes de référence : Groupe 7 », ou, s'il y a lieu, donné dans le tableau 3.7.

(2) Pour les boulons précontraints de classes 8.8 et 10.9 conformes aux spécifications données en 2.8, « Normes de référence : Groupe 4 », à serrage contrôlé conformément aux dispositions données en 2.8, « Normes de référence : Groupe 7 », il convient de prendre l'effort de précontrainte $F_{p,C}$ à utiliser dans l'expression (3.6) égal à la valeur suivante :

$$F_{p,C} = 0,7\,f_{ub}\,A_s \tag{3.7}$$

Tableau 3.6 - Valeurs de k_s

Description	k_s
Boulons utilisés dans des trous normaux	1,0
Boulons utilisés soit dans des trous surdimensionnés soit dans des trous oblongs courts dont l'axe longitudinal est perpendiculaire à la direction des efforts	0,85
Boulons utilisés dans des trous oblongs longs dont l'axe longitudinal est perpendiculaire à la direction des efforts	0,7
Boulons utilisés dans des trous oblongs courts dont l'axe longitudinal est parallèle à la direction des efforts	0,76
Boulons utilisés dans des trous oblongs longs dont l'axe longitudinal est parallèle à la direction des efforts	0,63

Tableau 3.7 - Coefficient de frottement, μ, pour les boulons précontraints

Préparation	Classe de surfaces de frottement (voir 2.8, « Normes de référence : Groupe 7 »)	Coefficient de frottement μ
Surfaces grenaillées ou sablées, sans rouille ni piqûre, ou métallisées	A	0,5
Peinture au silicate alcali-zinc appliquée après grenaillage ou sablage	B	0,4
Surfaces nettoyées à la brosse ou au chalumeau, sans rouille	C	0,3
Surfaces non traitées	D	0,2

Note 1 : Les exigences concernant les essais et les contrôles sont données en 2.8, « Normes de référence : Groupe 7 ».

Note 2 : Il convient que la classification de tout autre traitement de surface soit basée sur des échantillons représentatifs des surfaces mises en œuvre dans la structure en utilisant la procédure indiquée en 2.8, « Normes de référence : Groupe 7 ».

Note 3 : Les définitions des classes de surface de frottement sont données en 2.8, « Normes de référence : Groupe 7 ».

Note 4 : En présence de surfaces peintes, une perte éventuelle de précontrainte dans le temps peut se produire.

3.9.2 Traction et cisaillement combinés

(1) Si une attache résistant au glissement est soumise à un effort de traction $F_{t,Ed}$ ou $F_{t,Ed,ser}$ en sus de l'effort tranchant $F_{v,Ed}$ ou $F_{v,Ed,ser}$ tendant à entraîner le glissement, il convient de prendre la résistance au glissement par boulon égale à la valeur suivante :

- pour une attache de catégorie B :

$$F_{s,Rd,ser} = \frac{k_s\, n\, \mu\, (F_{p,C} - 0{,}8\, F_{t,Ed,ser})}{\gamma_{M3,ser}} \tag{3.8a}$$

- pour une attache de catégorie C :

$$F_{s,Rd,ser} = \frac{k_s\, n\, \mu\, (F_{p,C} - 0{,}8\, F_{t,Ed})}{\gamma_{M3}} \tag{3.8b}$$

(2) Si, dans une attache résistant à la flexion, l'effort de contact du côté comprimé contrebalance l'effort de traction appliqué, aucune réduction de la résistance au glissement n'est exigée.

3.9.3 Attaches hybrides

(1) Par dérogation à 2.4(3), les boulons précontraints de classes 8.8 et 10.9 utilisés dans des attaches calculées comme résistant au glissement à l'état limite ultime (catégorie C en 3.4) peuvent être considérés comme reprenant la charge avec les soudures, à condition que le serrage final des boulons soit effectué après achèvement du soudage.

3.10 Déductions pour les trous de fixations

3.10.1 Généralités

(1) Il convient de procéder aux déductions pour les trous dans la vérification des barres conformément à l'EN 1993-1-1.

3.10.2 Calcul du cisaillement de bloc

(1) Le cisaillement de bloc consiste en une ruine par cisaillement au niveau de la rangée de boulons le long de la partie cisaillée du contour du groupe de trous, accompagnée d'une rupture par traction le long de la file de trous de boulons sur la partie tendue du contour du groupe de boulons. La figure 3.8 donne un exemple de cisaillement de bloc.

(2) Pour un groupe de boulons symétriques soumis à un chargement centré, la résistance de calcul au cisaillement de bloc, $V_{eff,1,Rd}$ est donnée par :

$$V_{eff,1,Rd} = f_u\, A_{nt}/\gamma_{M2} + (1/\sqrt{3})\, f_y\, A_{nv}/\gamma_{M0} \tag{3.9}$$

où

A_{nt} aire nette soumise à la traction ;

A_{nv} aire nette soumise au cisaillement.

(3) Pour un groupe de boulons soumis à un chargement excentré, la résistance de calcul au cisaillement de bloc $V_{\text{eff},2,\text{Rd}}$ est donnée par :

$$V_{\text{eff},2,\text{Rd}} = 0{,}5\,f_u\,A_{\text{nt}}/\gamma_{M2} + (1/\sqrt{3})\,f_y\,A_{\text{nv}}/\gamma_{M0} \tag{3.10}$$

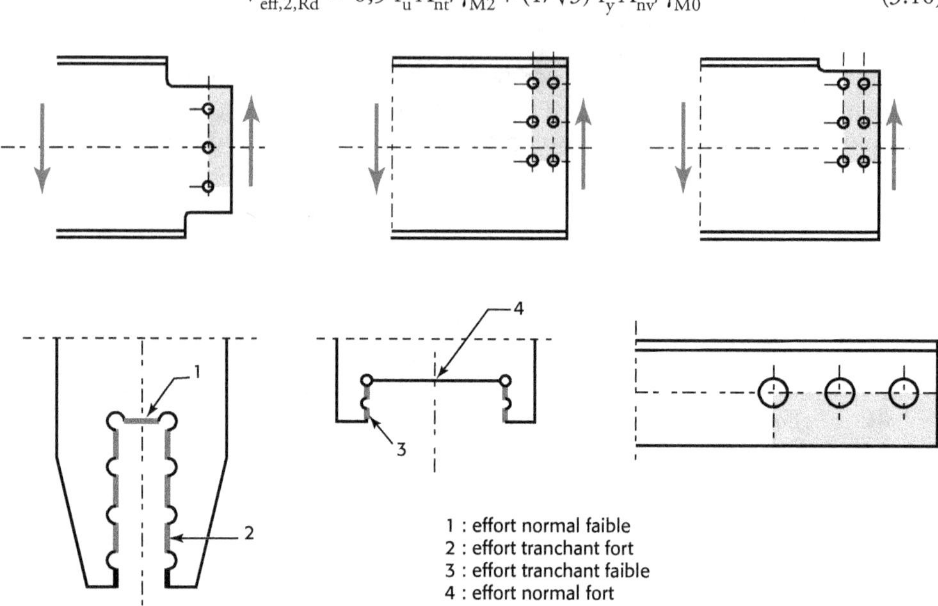

Figure 3.8 - Cisaillement de bloc

3.10.3 Cornières tendues attachées par une aile et autres barres tendues attachées de façon non symétrique

(1) Il convient de prendre en compte l'excentricité dans les attaches (voir 2.7(1)), ainsi que les effets de l'espacement et des pinces des boulons dans la détermination de la résistance de calcul :

- des barres asymétriques ;
- des barres symétriques attachées de façon asymétrique, telles les cornières attachées par une aile.

(2) Une cornière simple attachée par une seule rangée de boulons dans une aile (voir figure 3.9) peut être traitée comme chargée concentriquement, et la résistance ultime de calcul de la section nette peut être déterminée de la façon suivante :

- avec 1 boulon :

$$N_{u,Rd} = \frac{2{,}0(e_2 - 0{,}5\,d_0)\,t\,f_u}{\gamma_{M2}} \tag{3.11}$$

- avec 2 boulons :

$$N_{u,Rd} = \frac{\beta_2\,A_{net}\,f_u}{\gamma_{M2}} \tag{3.12}$$

- avec 3 boulons ou plus :

$$N_{u,Rd} = \frac{\beta_3\,A_{net}\,f_u}{\gamma_{M2}} \tag{3.13}$$

où

β_2 et β_3 coefficients minorateurs dépendant de l'entraxe p_1, comme indiqué dans le tableau 3.8. Pour des valeurs intermédiaires de p_1, la valeur de β peut être déterminée par interpolation linéaire ;

A_{net} aire nette de la cornière. Pour une cornière à ailes inégales attachée par sa petite aile, il convient de prendre A_{net} égale à l'aire nette d'une cornière équivalente à ailes égales de mêmes dimensions que la petite aile.

Tableau 3.8 - Coefficients réducteurs β_2 et β_3

Entraxe	p_1	$\leq 2,5\ d_o$	$\geq 5,0\ d_o$
2 boulons	β_2	0,4	0,7
3 boulons ou plus	β_3	0,5	0,7

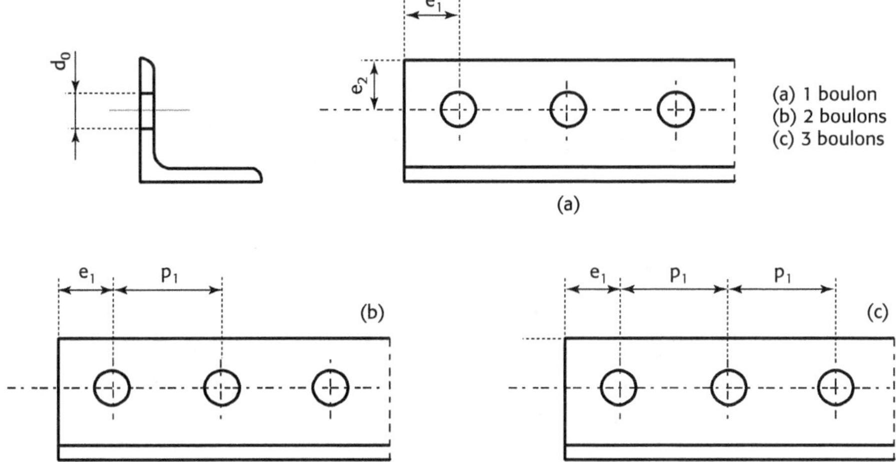

Figure 3.9 - Cornières attachées par une aile

3.11 Effet de levier

(1) Lorsque des fixations doivent supporter un effort de traction, il convient qu'elles soient dimensionnées pour résister aussi à l'effort supplémentaire dû à un effet de levier éventuel.

Note : Les règles données en 6.2.4 prennent implicitement en compte l'effet de levier.

3.12 Distribution des efforts entre fixations à l'état limite ultime

(1) Lorsqu'un moment est appliqué sur un assemblage, la distribution des sollicitations peut être soit linéaire (c'est-à-dire proportionnelle à la distance depuis le centre de rotation) soit plastique (c'est-à-dire que toute distribution qui est en équilibre est acceptable à condition que les résistances des composants ne soient pas dépassées et que la ductilité des composants soit suffisante).

(2) Il convient d'appliquer la distribution élastique linéaire des sollicitations dans les cas suivants :

- lorsqu'on réalise une attache boulonnée résistant au glissement, de catégorie C ;
- dans les attaches en cisaillement lorsque la résistance de calcul au cisaillement $F_{v,Rd}$ d'une fixation est inférieure à la résistance de calcul en pression diamétrale $F_{b,Rd}$;
- lorsque les attaches sont soumises à des chocs, des vibrations ou à une inversion d'effort (à l'exception des actions de vent).

(3) Lorsqu'un assemblage est soumis uniquement à un effort de cisaillement centré, l'effort peut être considéré comme uniformément réparti entre les fixations, à condition que les dimensions et les classes des fixations soient identiques.

INFORMATION ANNEXE POUR LES BTS (ne fait pas partie des Eurocodes)

Cas d'une distribution linéaire des sollicitations : détermination des actions transmises par les boulons dans les attaches excentrées

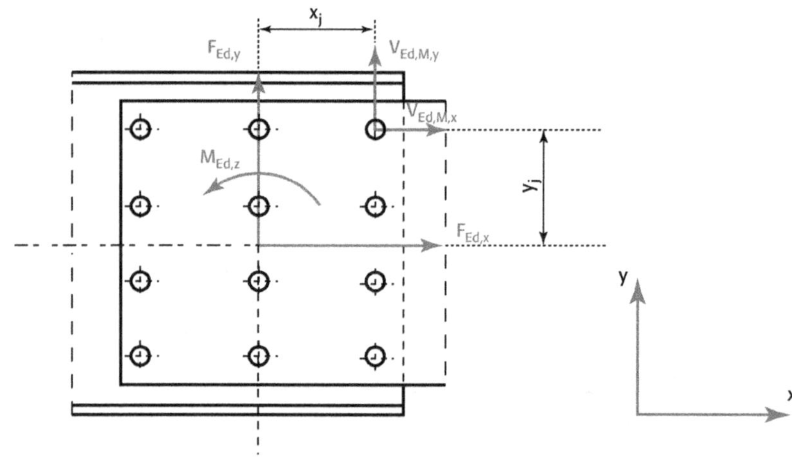

Si

- les boulons sont identiques,
- l'action à transmettre par l'attache est écrite au centre des boulons : $F_{Ed,x}$; $F_{Ed,y}$; $M_{Ed,z}$,

alors

- la résultante ($F_{Ed,x}$; $F_{Ed,y}$) est répartie uniformément sur les boulons,
- le moment ($M_{Ed,z}$) est distribué sur chaque boulon par les actions locales :
  - cisaillement secondaire sur x, pour le boulon repère j : $V_{Ed,M,x} = \dfrac{M_{Ed,z}}{\sum\limits_i (x_i^2 + y_i^2)} \cdot y_j$

  - cisaillement secondaire sur y, pour le boulon repère j ; $V_{Ed,M,y} = -\dfrac{M_{Ed,z}}{\sum\limits_i (x_i^2 + y_i^2)} \cdot x_j$

  - le sens de ces actions locales est à lire sur la figure ci-dessus.

3.13   Attaches par axes d'articulation

3.13.1   Généralités

(1) Dans tous les cas où des axes d'articulation risquent de se détacher, il convient de les immobiliser.

(2) Les attaches articulées pour lesquelles aucune rotation n'est exigée peuvent être calculées comme des attaches à un seul boulon, à condition que la longueur de l'axe d'articulation soit inférieure à trois fois son diamètre (voir 3.6.1). Dans tous les autres cas, il convient de suivre la méthode donnée en 3.13.2.

(3) Dans une attache articulée, il convient que la géométrie de l'élément non renforcé muni d'un perçage destiné à l'axe d'articulation satisfasse les exigences de dimensions données dans le tableau 3.9.

Tableau 3.9 - Exigences géométriques pour les éléments articulés

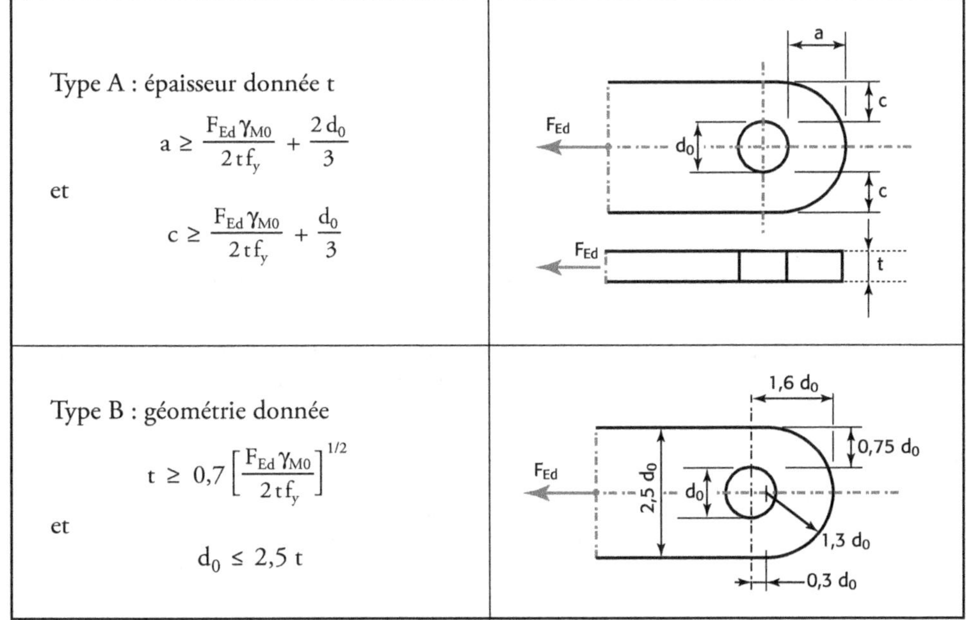

Type A : épaisseur donnée t

$$a \geq \frac{F_{Ed}\,\gamma_{M0}}{2\,t\,f_y} + \frac{2\,d_0}{3}$$

et

$$c \geq \frac{F_{Ed}\,\gamma_{M0}}{2\,t\,f_y} + \frac{d_0}{3}$$

Type B : géométrie donnée

$$t \geq 0{,}7 \left[\frac{F_{Ed}\,\gamma_{M0}}{2\,t\,f_y}\right]^{1/2}$$

et

$$d_0 \leq 2{,}5\,t$$

(4) Il convient que les barres articulées soient disposées de sorte à éviter toute excentricité et soient de dimensions suffisantes pour transférer les efforts au droit du trou de l'axe à la barre loin de celui-ci.

3.13.2   Calcul des axes d'articulation

(1) Les exigences de dimensionnement concernant les axes en rond plein sont données dans le tableau 3.10.

(2) Il convient de calculer le moment exercé dans un axe en prenant pour hypothèse que les pièces attachées constituent des appuis simples. Il convient de supposer, d'une façon

générale, que les réactions entre l'axe et les pièces attachées sont uniformément réparties sur la longueur en contact sur chaque pièce, comme indiqué dans la figure 3.11.

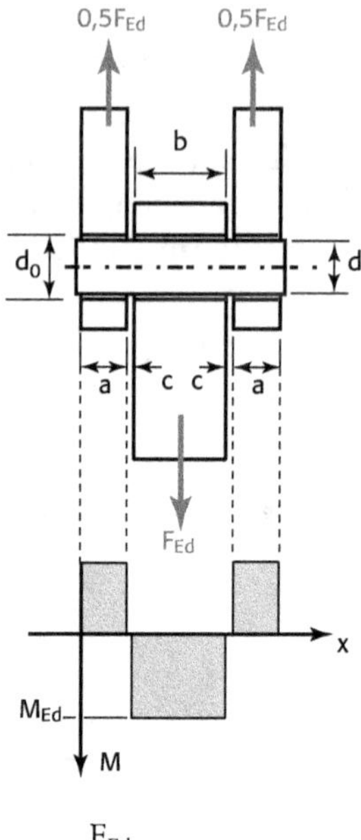

$$M_{Ed} = \frac{F_{Ed}}{8}(b + 4c + 2a)$$

Figure 3.11 - Moment fléchissant exercé dans un axe d'articulation

(3) Si l'axe est prévu pour être remplaçable, outre les dispositions données en 3.13.1 et 3.13.2, il convient que la pression diamétrale de contact satisfasse la condition :

$$\sigma_{h,Ed} \leq f_{h,Rd} \tag{3.14}$$

où

$$\sigma_{h,Ed} = 0{,}591 \sqrt{\frac{E\, F_{Ed,ser}(d_0 - d)}{d^2 t}} \tag{3.15}$$

$$f_{h,Ed} = 2{,}5\, f_y / \gamma_{M6,ser} \tag{3.16}$$

où

d diamètre de l'axe d'articulation ;

d_0 diamètre du trou ;

$F_{Ed,ser}$ valeur de calcul de l'effort à transmettre en pression diamétrale, sous l'effet de la combinaison caractéristique relative aux états limites de service.

Tableau 3.10 - Critères de calcul pour les attaches articulées

Mode de ruine	Exigences de calcul
Résistance au cisaillement de l'axe.	$F_{v,Rd} = 0{,}6\ A\ f_{up}/\gamma_{M2} \geq F_{v,Ed}$
Résistance en pression diamétrale de la plaque et de l'axe. Si l'axe est prévu pour être remplaçable, il convient que cette exigence soit également satisfaite.	$F_{b,Rd} = 1{,}5\ t\ d\ f_y/\gamma_{M0} \geq F_{b,Ed}$ $F_{b,Rd,ser} = 0{,}6\ t\ d\ f_y/\gamma_{M6,ser} \geq F_{b,Ed,ser}$
Résistance à la flexion de l'axe. Si l'axe est prévu pour être remplaçable, il convient que cette exigence soit également satisfaite.	$M_{Rd} = 1{,}5\ W_{el}\ f_{yp}/\gamma_{M0} \geq M_{Ed}$ $M_{Rd,ser} = 0{,}8\ W_{el}\ f_{yp}/\gamma_{M6,ser} \geq F_{b,Ed,ser}$
Résistance de l'axe à une combinaison de cisaillement et de flexion.	$\left[\dfrac{M_{Ed}}{M_{Rd}}\right]^2 + \left[\dfrac{F_{v,Ed}}{F_{v,Rd}}\right]^2 \leq 1$

d   diamètre de l'axe d'articulation,

f_y plus faible limite d'élasticité dans l'axe ou dans la pièce attachée,

f_{up} résistance ultime en traction de l'axe d'articulation,

f_{yp} limite d'élasticité de l'axe d'articulation,

t   épaisseur de la pièce attachée,

A   aire de l'axe d'articulation,

4. Attaches soudées

4.1 Généralités

(1) Les dispositions données dans ce chapitre s'appliquent aux aciers de construction soudables conformes à l'EN 1993-1-1 et aux épaisseurs de matériau de 4 mm et plus. Ces dispositions s'appliquent également aux assemblages soudés dans lesquels les propriétés mécaniques du métal d'apport sont compatibles avec celles du métal de base (voir 4.2).

Pour les soudures effectuées sur un matériau d'épaisseur moindre, il convient de se reporter à l'EN 1993, partie 1.3, et pour les soudures réalisées sur les profils creux de construction avec des épaisseurs de 2,5 mm et plus, des dispositions sont données en 7 de la présente norme.

(2) Il convient que les soudures soumises à la fatigue satisfassent également les principes donnés dans l'EN 1993-1-9.

(4) Il convient d'éviter l'arrachement lamellaire.

(5) Des recommandations concernant l'arrachement lamellaire sont données dans l'EN 1993-1-10.

4.2 Produits d'apport de soudage

(1) Il convient que tous les produits d'apport de soudage soient conformes aux normes appropriées spécifiées en 2.8, « Normes de référence : Groupe 5 ».

(2) Il convient que les valeurs spécifiées de limite d'élasticité, de résistance ultime en traction, d'allongement à la rupture et d'énergie minimale lors de l'essai de flexion par choc sur éprouvette Charpy du métal d'apport soient équivalentes ou supérieures aux valeurs spécifiées pour le métal de base.

Note : En général, l'utilisation d'électrodes de caractéristiques supérieures à celles des nuances d'acier assemblées offre toute sécurité.

4.3   Géométrie et dimensions

4.3.1   Type de soudure

(1) La présente norme couvre le calcul des soudures d'angle, des soudures en entaille, des soudures bout à bout, des soudures en bouchon et des soudures sur bords tombés. Les soudures bout à bout peuvent être à pleine pénétration ou à pénétration partielle. Les soudures en entaille et les soudures en bouchon peuvent être réalisées dans des trous circulaires ou dans des trous oblongs.

4.3.2   Soudures d'angle

4.3.2.1   Généralités

(1) Des soudures d'angle peuvent être effectuées pour l'assemblage de pièces lorsque les faces forment un angle compris entre 60° et 120°.

(2) Des angles inférieurs à 60° sont également autorisés. Cependant, dans ce cas, il convient que la soudure soit considérée comme une soudure bout à bout à pénétration partielle.

(3) Pour les angles supérieurs à 120°, il convient de déterminer la résistance des soudures d'angle par des essais conformément à l'EN 1990, annexe D : « Dimensionnement assisté par l'expérimentation ».

(4) Il convient que les soudures d'angle aboutissant aux extrémités ou sur les côtés d'une pièce soient contournées avec la même dimension, sur une distance au moins égale à deux fois le côté du cordon, sauf si l'accès ou la configuration de l'assemblage rend cette opération impossible.

Note : Dans le cas de soudures discontinues, cette règle ne s'applique qu'au dernier cordon discontinu.

(5) Il convient que ces retours soient indiqués sur les plans.

4.3.2.2   Soudures d'angle discontinues

(1) Il convient de ne pas utiliser des soudures d'angle discontinues en ambiance corrosive.

(4) Dans toute passe de soudure d'angle discontinue, il convient qu'il existe toujours une longueur de soudure à chaque extrémité de la pièce attachée.

(5) Dans une barre composée où les plats sont attachés par soudures d'angle discontinues, il convient de réaliser une soudure d'angle continue sur chaque côté du plat à chaque extrémité sur une longueur au moins égale aux trois quarts de la largeur du plat concerné le plus étroit (voir figure 4.1).

4.3.3   Soudures bout à bout

(1) Une soudure bout à bout à pleine pénétration est définie comme une soudure qui présente une pénétration et une fusion complètes des métaux d'apport et de base sur la totalité de l'épaisseur du joint.

(3) Il convient de ne pas utiliser de soudures bout à bout discontinues.

4.5   Résistance de calcul d'une soudure d'angle

4.5.1   Longueur des soudures

(1) Il convient de prendre la longueur efficace d'une soudure d'angle égale à la longueur sur laquelle la soudure possède sa pleine épaisseur. Cela peut être pris comme la longueur totale de la soudure réduite de deux fois la gorge utile a. Sous réserve que la soudure possède sa pleine épaisseur sur toute sa longueur, y compris ses extrémités, il n'est pas nécessaire d'opérer une réduction de la longueur efficace pour le début ou pour la fin de la soudure.

(2) Pour supporter un effort, il convient de ne pas prévoir de soudure d'angle d'une longueur efficace inférieure à 30 mm ou inférieure à six fois son épaisseur de gorge, en prenant la plus grande de ces deux valeurs.

4.5.2   Gorge utile

Pour la définition de la gorge utile, voir figures suivantes :

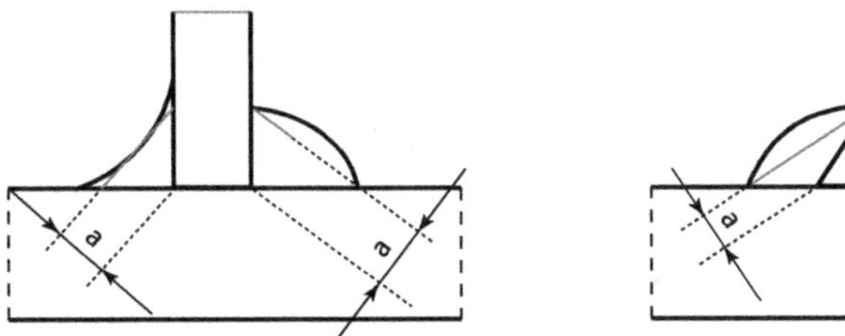

Figure 4.3 - Gorge utile d'une soudure d'angle

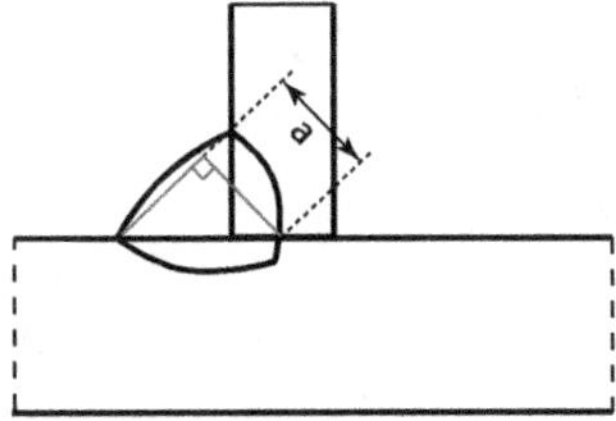

Figure 4.4 - Gorge utile d'une soudure à forte pénétration

(2) Il convient que la gorge utile d'une soudure d'angle ne soit pas inférieure à 3 mm.

4.5.3　Résistance des soudures d'angle

4.5.3.1　Généralités

(1) Il convient de déterminer la résistance de calcul d'une soudure d'angle soit par la méthode directionnelle donnée en 4.5.3.2 soit par la méthode simplifiée donnée en 4.5.3.3.

4.5.3.2　Méthode directionnelle

(1) Dans cette méthode, les forces transmises par une longueur unitaire de soudure sont décomposées en composants parallèles et transversaux à l'axe longitudinal de la soudure et perpendiculaires et transversaux au plan de sa gorge.

(2) Il convient de prendre l'aire de gorge de calcul A_w égale à $A_w = \Sigma\, a\, \ell_{\text{eff}}$.

(3) Il convient de supposer que l'emplacement de l'aire de gorge de calcul est concentré à la racine.

(4) Il est supposé une distribution uniforme des contraintes dans le plan de gorge de la soudure, ce qui conduit aux contraintes normales et aux contraintes de cisaillement illustrées par la figure 4.5, comme suit :

- $\sigma_\perp$ contrainte normale perpendiculaire à la gorge ;
- $\tau_\perp$ contrainte tangente (dans le plan de la gorge) perpendiculaire à l'axe de la soudure ;
- $\tau_{/\!/}$ contrainte tangente (dans le plan de la gorge) parallèle à l'axe de la soudure.

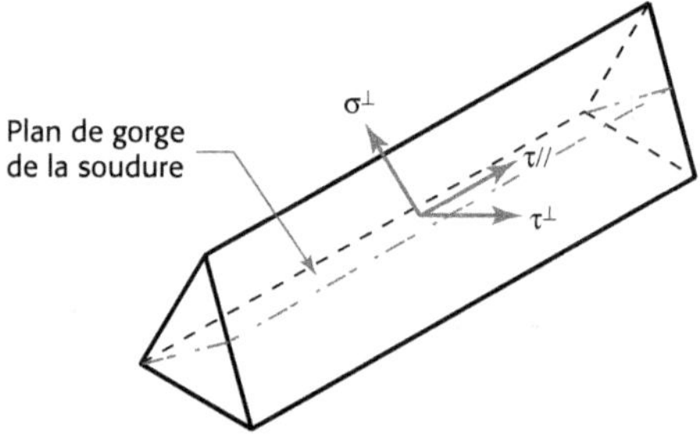

Figure 4.5 - Contraintes exercées sur le plan de gorge d'une soudure d'angle

(6) La résistance de la soudure d'angle sera suffisante si les deux conditions suivantes sont satisfaites :

$$\left[\begin{array}{l} \sqrt{\sigma_\perp^2 + 3\left(\tau_\perp^2 + \tau_{/\!/}^2\right)} \ \le\ \dfrac{f_u}{\beta_w\,\gamma_{M2}} \\[2ex] \sigma_\perp \le 0{,}9\,\dfrac{f_u}{\gamma_{M2}} \end{array}\right. \tag{4.1}$$

où

- f_u　résistance nominale ultime à la traction de la pièce assemblée la plus faible ;
- β_w　facteur de corrélation approprié pris dans le tableau 4.1.

(7) Il convient que les soudures réalisées entre des pièces de nuances différentes soient calculées en utilisant les propriétés de la nuance la plus faible.

Tableau 4.1 - Facteur de corrélation β_w pour les soudures d'angle

Nuance	β_w	Nuance	β_w	Nuance	β_w	Nuance	β_w
S 235 …	$\beta_w = 0,8$	S 275 …	$\beta_w = 0,85$	S 355 …	$\beta_w = 0,9$	S 420 …	$\beta_w = 1,0$

4.5.3.3 Méthode simplifiée pour la résistance des soudures d'angle

(1) Comme alternative à l'article 4.5.3.2, la résistance d'une soudure d'angle peut être supposée appropriée si, en chaque point de sa longueur, la résultante de tous les efforts par unité de longueur transmis par la soudure satisfait le critère suivant :

$$F_{w,Ed} \leq F_{w,Rd} \tag{4.2}$$

où

- $F_{w,Ed}$ valeur de calcul de l'effort exercé dans la soudure par unité de longueur ;
- $F_{w,Rd}$ résistance de calcul de la soudure par unité de longueur.

(2) Indépendamment de l'orientation du plan de gorge de la soudure par rapport à l'effort, il convient de déterminer la résistance de calcul par unité de longueur $F_{w,Rd}$ au moyen de l'expression :

$$F_{w,Rd} = a\, \frac{f_u}{\sqrt{3}\,\beta_w\,\gamma_{M2}} \tag{(4.3) + (4.4)}$$

4.7   Résistance de calcul des soudures bout à bout

4.7.1   Soudures bout à bout à pleine pénétration

(1) Il convient de prendre la résistance de calcul d'une soudure bout à bout à pleine pénétration égale à la résistance de calcul de la plus faible des pièces assemblées, à condition que la soudure soit réalisée au moyen d'un métal d'apport qui permette d'obtenir des éprouvettes de traction entièrement soudées possédant une limite d'élasticité et une résistance à la traction minimales au moins égales à celles spécifiées pour le métal de base.

4.7.3   Assemblages bout à bout en T

(1) La résistance d'un assemblage bout à bout en T, composé de deux soudures bout à bout à pénétration partielle renforcée par des soudures d'angle, peut être déterminée comme pour une soudure bout à bout à pleine pénétration (voir 4.7.1) si l'épaisseur de gorge nominale totale, excluant le talon non soudé, n'est pas inférieure à l'épaisseur t de la pièce formant l'âme de l'assemblage en T, et à condition que le talon non soudé ne soit pas supérieur à la plus petite de ces deux valeurs (t / 5) ou 3 mm (voir figure 4.6).

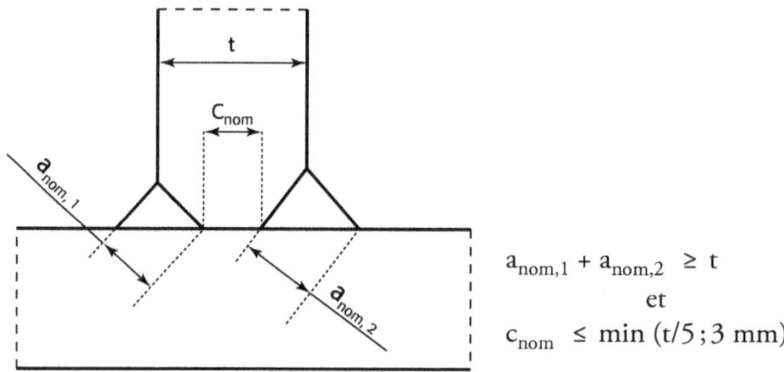

Figure 4.6 - Pleine pénétration efficace des soudures bout à bout en T

4.9   Distribution des forces

(1) La distribution des efforts dans une attache soudée peut être calculée sur l'hypothèse d'un comportement élastique ou plastique conformément aux dispositions données en 2.4 et 2.5.

(2) Il est acceptable de prendre pour hypothèse une distribution simplifiée des efforts dans les soudures.

(5) Dans les assemblages où des rotules plastiques sont susceptibles de se former, il convient que les soudures soient calculées de sorte à posséder une résistance de calcul au moins égale à celle de la plus faible des pièces assemblées.

4.10   Attaches sur des semelles non raidies

(1) Lorsqu'un plat (ou une semelle de poutre) est soudé sur la semelle non raidie d'une section en I, en H ou autre (voir figure 4.8), et à condition que le critère donné en 4.10(3) soit satisfait, il convient que la force appliquée perpendiculairement à la semelle non raidie n'excède aucune des résistances appropriées parmi les suivantes :

- celle de l'âme du profil receveur en I ou H, donnée en 6.2.6.2 ou 6.2.6.3 selon le cas ;
- celle d'un plat transversal sur un profil RHS, donnée dans le tableau 7.13 ;
- celle de la semelle receveuse, donnée par l'expression (6.20) de 6.2.6.4.3(1) et calculée en supposant la force appliquée répartie sur une largeur efficace de semelle, b_{eff}, donnée en 4.10(2) ou 4.10(4) selon le cas.

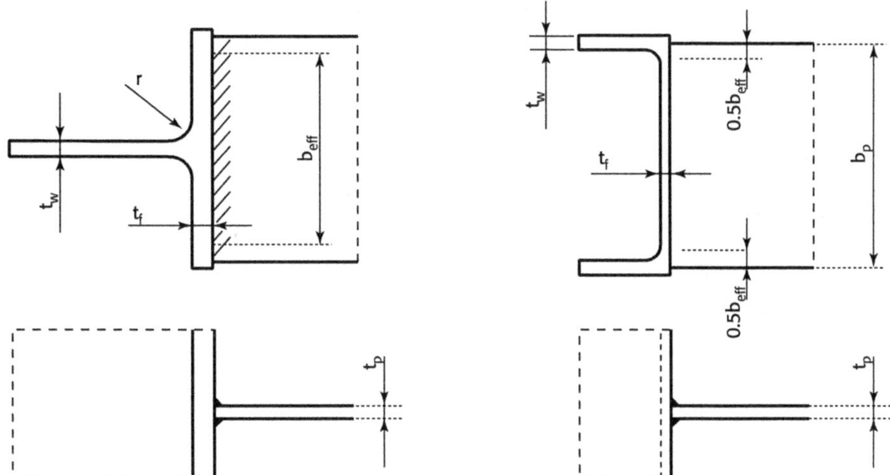

Figure 4.8 - Largeur efficace d'un assemblage en T non raidi

(2) Pour une section en I ou H non raidie, il convient de calculer la largeur efficace b_{eff} au moyen de l'expression :

$$b_{eff} = t_w + 2s + 7k\,t_f \tag{4.6a}$$

où

$$k = \frac{t_f}{t_p}\frac{f_{y,f}}{f_{y,p}} \quad \text{mais } k \leq 1 \tag{4.6b}$$

- $f_{y,f}$ limite d'élasticité de la semelle de la section en I ou H ;
- $f_{y,p}$ limite d'élasticité du plat soudé sur la section en I ou H.

Il convient de calculer la dimension s au moyen des expressions :
- pour une section en I ou H laminée : $s = r$; $\tag{4.6c}$
- pour une section en I ou H reconstituée soudée : $s = a\sqrt{2}$ $\tag{4.6d}$

Pour une semelle non raidie de section en I ou H, il convient que le critère suivant soit satisfait :

$$b_{eff} \geq (f_{y,p} / f_{u,p})\,b_p \tag{4.7}$$

où

- $f_{u,p}$ résistance ultime de la plaque soudée sur la section en I ou H ;
- b_p largeur de la plaque soudée sur la section en I ou H.

Dans le cas contraire, il convient que l'assemblage soit raidi.

Pour d'autres sections, comme les sections en caisson ou les sections en U où la largeur de la plaque attachée est assimilable à la largeur de la semelle, il convient de calculer la largeur efficace b_{eff} au moyen de l'expression :

$$b_{eff} = 2t_w + 5\,t_f \quad \text{mais} \quad b_{eff} \leq 2t_w + 5k\,t_f \tag{4.8}$$

Note : Pour les profils creux, voir tableau 7.13.

Même si $b_{eff} \leq b_p$, il convient que les soudures qui attachent la plaque sur la semelle soient calculées afin de résister à un effort égal à la résistance de la plaque ($b_p\, t_p\, f_{y,p}/\gamma_{M0}$) en considérant une distribution uniforme des contraintes.

4.11   Assemblages longs

(1) Dans les assemblages à recouvrement d'une longueur supérieure à 150 a, il convient de réduire la résistance de calcul d'une soudure d'angle en la multipliant par un coefficient réducteur β_{Lw} (*cf.* EC3-1-8(3)(4)) afin de prendre en compte les effets de la distribution non uniforme des contraintes sur sa longueur.

(2) Les dispositions données en 4.11 ne s'appliquent pas lorsque la distribution des contraintes sur la longueur de la soudure correspond à la distribution des contraintes dans le métal de base adjacent comme, par exemple, dans le cas d'une soudure entre la semelle et l'âme d'une poutre à âme pleine.

4.12   Cordons d'angle uniques ou soudures bout à bout d'un seul côté à pénétration partielle soumis à une charge excentrée

(1) Il convient d'éviter les excentricités locales dans la mesure du possible (figure 4.9).

(3) Il n'est pas nécessaire de prendre en compte l'excentricité locale si une soudure fait partie d'un ensemble de soudures sur le périmètre d'un profil creux de construction.

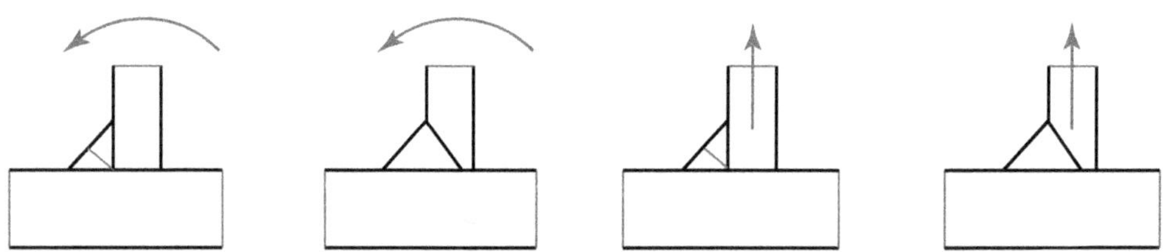

Figure 4.9 - Cordons d'angle uniques et soudures bout à bout à pénétration partielle d'un seul côté

4.13   Cornières attachées par une seule aile

(1) Pour les cornières attachées par une seule aile, l'excentricité dans les assemblages d'extrémité à recouvrement peut être prise en compte en adoptant une aire de section transversale efficace, puis en traitant la barre comme soumise à une charge centrée.

(2) Pour une cornière à ailes égales ou une cornière à ailes inégales attachée par la plus grande aile, l'aire efficace peut être prise égale à l'aire brute.

(3) Pour une cornière à ailes inégales attachée par la plus petite aile, il convient de prendre l'aire efficace égale à l'aire de la section transversale brute d'une cornière à ailes égales équivalente possédant des ailes de dimensions égales à celles de la plus petite aile, pour la détermination de la résistance de calcul de la section transversale (voir l'EN 1993-1-1).

Cependant, pour la détermination de la résistance de calcul au flambement d'une barre comprimée (voir l'EN 1993-1-1), il convient d'utiliser l'aire de la section brute réelle.

4.14   Soudage dans les zones formées à froid

(1) Le soudage peut être effectué dans une plage de longueur égale à 5 t de part et d'autre d'une zone formée à froid (voir tableau 4.2), à condition que l'une des conditions suivantes soit satisfaite :

- les zones formées à froid sont normalisées après formage à froid mais avant soudage ;
- le rapport r/t satisfait la valeur appropriée prise dans le tableau 4.2.

Tableau 4.2 - Conditions pour le soudage dans les zones formées à froid et le matériau adjacent

r/t	Déformation due au formage à froid (%)	Épaisseur maximale (mm)		Acier calmé totalement à l'aluminium (Al ≥ 0.02 %)
		En général		
		Chargement statique prédominant	Fatigue prédominante	
≥ 25	≤ 2	quelconque	quelconque	quelconque
≥ 10	≤ 5	quelconque	16	quelconque
≥ 3.0	≤ 14	24	12	24
≥ 2.0	≤ 20	12	10	12
≥ 1.5	≤ 25	8	8	10
≥ 1.0	≤ 33	4	4	6

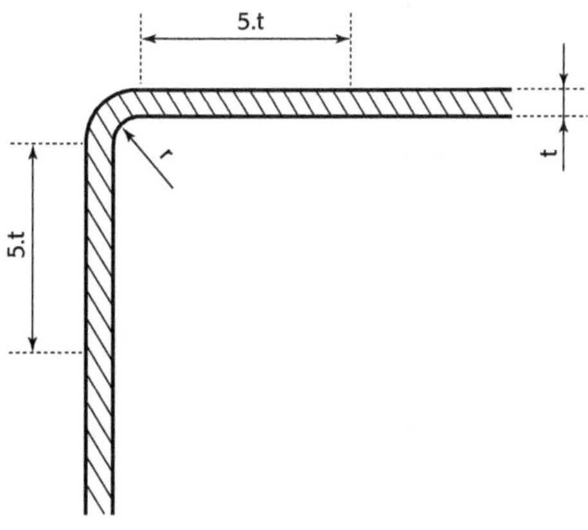

INFORMATION ANNEXE POUR LES BTS (ne fait pas partie des Eurocodes)

Formules globales pour les cordons courants

Si

- la pièce support et la pièce attachée sont perpendiculaires, sauf dans le cas des cordons quelconques ;
- l'action transmise par ce joint est centrée : elle est réduite à une résultante passant par le centre des plans de gorge ;
- les rigidités de la pièce support et de la pièce attachée sont uniformes le long des cordons,

alors

- la contrainte est constante le long des cordons, et les paragraphes 4.5.3.2 et 4.5.3.3 peuvent être remplacés par les relations suivantes.

Cordons latéraux, sollicitation centrée

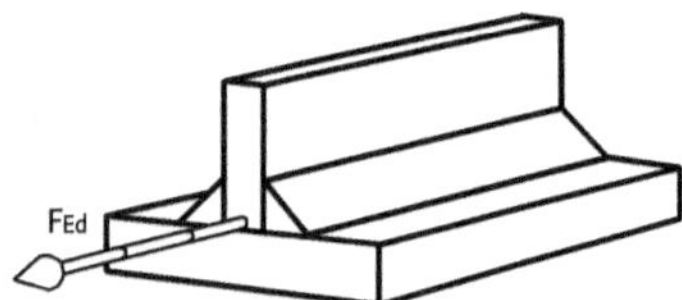

$$\sigma_\perp = \tau_\perp = 0$$

$$\tau_{//} = \frac{F_{Ed}}{A_w}$$

$$F_{Ed} \le F_{Rd} = \frac{A_w\, f_u}{\sqrt{3}\,\beta_w\,\gamma_{M2}}$$

Cordons frontaux, sollicitation centrée

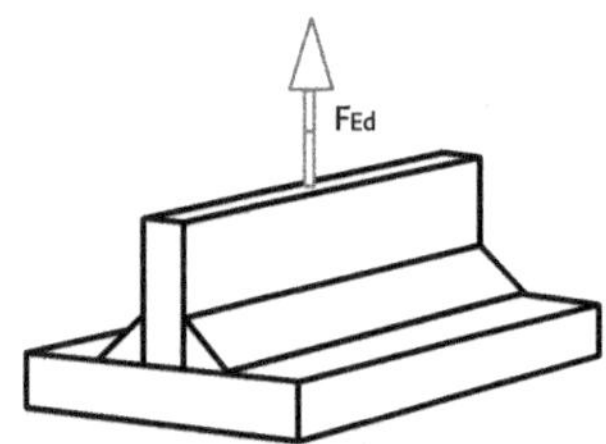

$$\sigma_\perp = \tau_\perp = \frac{F_{Ed}}{A_w} \cos(45°) = \frac{F_{Ed}}{A_w} \cdot \frac{1}{\sqrt{2}}$$

$$\tau_{//} = 0$$

$$F_{Ed} \le F_{Rd} = \frac{A_w\, f_u}{\sqrt{2}\,\beta_w\,\gamma_{M2}}$$

Cordons obliques, sollicitation centrée

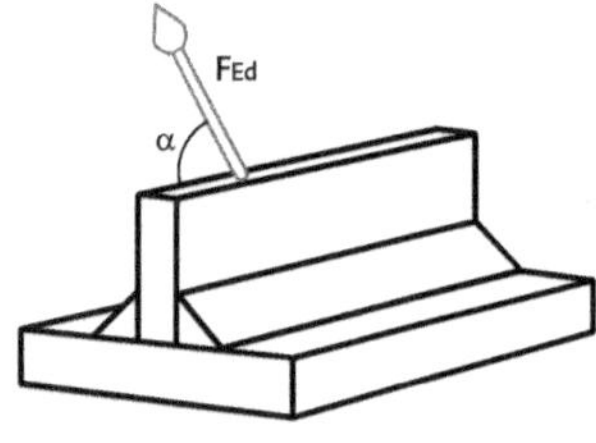

$$F_{Ed} \le F_{Rd} = \frac{A_w\, f_u}{\sqrt{3 - \sin^2(\alpha)}\;\beta_w\,\gamma_{M2}}$$

Cordons quelconques, sollicitation centrée

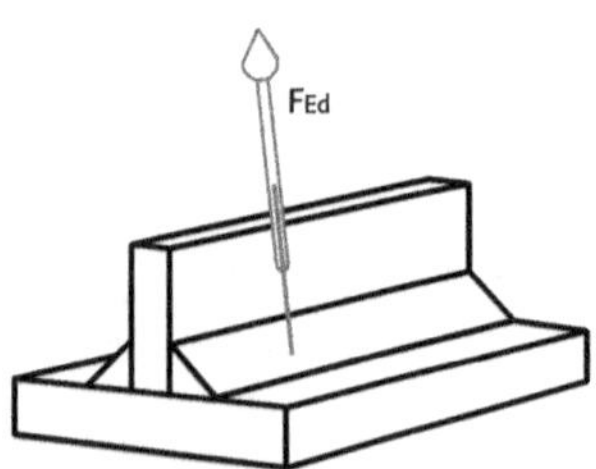

$$F_{Ed} \le F_{Rd} = \frac{A_w\, f_u}{\sqrt{3}\,\beta_w\,\gamma_{M2}}$$

Un cas de charge excentrée

Dans le cas courant du gousset soudé par un double cordon d'angle perpendiculairement à la pièce support (*cf.* figure), les composantes de la contrainte au point le plus sollicité de la section de gorge (point ❶) sont données dans le tableau suivant.

La sollicitation (N_{Ed} , V_{Ed} et M_{Ed}) écrite au centre des cordons est une sollicitation de mécanique plane dans le plan du gousset : N_{Ed} et V_{Ed} sont dans le plan du gousset et M_{Ed} est perpendiculaire au gousset.

N_{Ed}, V_{Ed} et M_{Ed} sont les sollicitations calculées au centre de la soudure.

Soudure en té par cordon d'angle double, chaque cordon ayant :

* une gorge « a »
* une longueur « l »

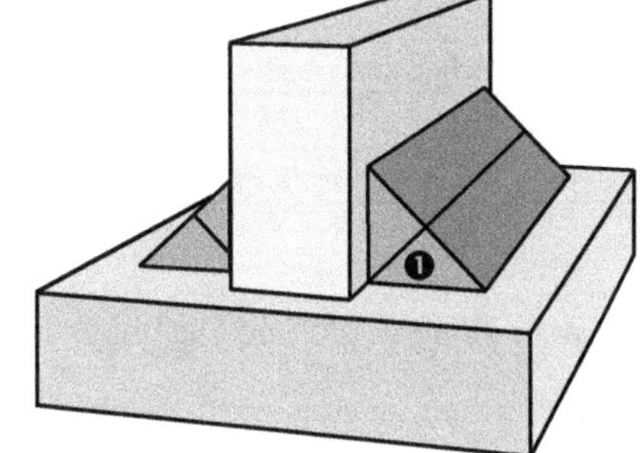

Composante frontale N_{Ed}	$\sigma_\perp = \tau_\perp = \dfrac{N_{Ed}}{2\sqrt{2}\,al}$	$\tau_{//} = 0$
Composante latérale V_{Ed}	$\sigma_\perp = \tau_\perp = 0$	$\tau_{//} = \dfrac{V_{Ed}}{2\,al}$
Moment M_{Ed} Valeurs en ❶	$\sigma_\perp = \tau_\perp = \dfrac{3\,M_{Ed}}{\sqrt{2}\,al^2}$	$\tau_{//} = 0$
Au total	$\sigma_\perp = \tau_\perp = \dfrac{N_{Ed}}{2\sqrt{2}\,al} + \dfrac{3\,M_{Ed}}{\sqrt{2}\,al^2}$	$\tau_{//} = \dfrac{V_{Ed}}{2\,al}$

5. Analyse, classification et modélisation

5.1 Analyse globale

5.1.1 Généralités

(1) D'une manière générale, il convient de prendre en compte les effets du comportement des assemblages sur la distribution des sollicitations dans la structure et ses déformations globales, mais ces effets peuvent être négligés lorsqu'ils sont suffisamment faibles.

(2) Pour identifier si les effets du comportement des assemblages sur l'analyse doivent être pris en compte, une distinction peut être faite entre trois modèles simplifiés d'assemblages de la façon suivante :

- articulé, où l'on peut supposer que l'assemblage ne transmet pas de moments fléchissants ;
- continu, où l'on peut supposer que le comportement des assemblages n'a aucun effet sur l'analyse ;
- semi-continu, où le comportement de l'assemblage nécessite une prise en compte dans l'analyse.

(3) Il convient de déterminer le type de modèle d'assemblage approprié à partir du tableau 5.1, en fonction de la classification de l'assemblage et de la méthode d'analyse choisie.

(4) La loi de comportement moment-rotation de calcul d'un assemblage utilisée dans l'analyse peut être simplifiée en adoptant toute courbe appropriée, y compris par linéarisation (par ex. courbe de comportement bilinéaire ou trilinéaire), à condition que la courbe approchée se situe totalement au-dessous de la courbe moment-rotation de calcul.

Tableau 5.1 - Types de modèles d'assemblages

Méthode d'analyse globale	Classification de l'assemblage		
Élastique	Nominalement articulé	Rigide	Semi-rigide
Type de modèle d'assemblage	Articulé	Continu	Semi-continu

5.1.2 Analyse globale élastique

(1) Il convient de classer les assemblages en fonction de leur rigidité en rotation, voir 5.2.2.

(2) Il convient que les assemblages possèdent une résistance suffisante pour transmettre les sollicitations agissant à leur niveau et calculées par l'analyse.

5.2 Classification des assemblages

5.2.1 Généralités

(1) Il convient que les dispositions constructives de tous les assemblages soient cohérentes avec les hypothèses prises dans la méthode de calcul considérée, sans affecter de façon défavorable une autre partie quelconque de la structure.

(2) Les assemblages peuvent être classés par rigidité (voir 5.2.2.) et par résistance (voir 5.2.3.).

5.2.2 Classification par rigidité

5.2.2.1 Généralités

(1 Un assemblage peut être classé comme rigide, nominalement articulé ou semi-rigide en fonction de sa rigidité en rotation, en comparant sa rigidité en rotation initiale $S_{j,ini}$ avec les limites de classification données en 5.2.2.5.

(2) Un assemblage peut être classé sur la base de résultats expérimentaux, d'une expérience significative de comportement satisfaisant dans des cas similaires précédemment rencontrés, ou par des calculs fondés sur des résultats d'essais.

5.2.2.2 Assemblages nominalement articulés

(1) Il convient qu'un assemblage nominalement articulé soit capable de transmettre les efforts sans développer de moments significatifs susceptibles d'affecter défavorablement les barres ou la structure dans son ensemble.

(2) Il convient qu'un assemblage nominalement articulé soit capable de supporter les rotations résultant de l'effet des charges de calcul.

5.2.2.3 Assemblages rigides

(1) Les assemblages classés comme rigides peuvent être considérés comme possédant une rigidité en rotation suffisante pour justifier une analyse basée sur une continuité totale.

5.2.2.4 Assemblages semi-rigides

(1) Un assemblage qui ne satisfait pas les critères donnés pour un assemblage rigide ou pour un assemblage nominalement articulé doit être classé comme assemblage semi-rigide.

5.2.2.5 Limites de classification

(1) Les limites de classification pour les assemblages autres que les pieds de poteaux sont données en 5.2.2.1 (1) et figure 5.4.

(2) Les pieds de poteaux peuvent être classés comme rigides sous réserve que les conditions suivantes soient satisfaites :

- dans les ossatures où le système de contreventement réduit le déplacement horizontal d'au moins 80 % et où les effets des déformations peuvent être négligés :
- si $\overline{\lambda_0} \leq 0,5$ (5.2 a)
- si $0,5 < \overline{\lambda_0} < 3,93$ et $S_{j,ini} \geq 7(2\,\overline{\lambda_0} - 1)EI_c/L_c$ (5.2 b)
- si $\overline{\lambda_0} \geq 3,93$ et $S_{j,ini} \geq 48\,EI_c/L_c$ (5.2 c)
- sinon si $S_{j,ini} \geq 30\,EI_c/L_c$ (5.2 d)

où :

$\quad\overline{\lambda_0}\quad$ élancement du poteau dont les deux extrémités sont supposées articulées ;

$\quad I_c, L_c\quad$ tels que définis dans la figure 5.4.

Zone 1 : rigide, si $S_{j,ini} = k_b\,EI_b/L_b$

où :

$\quad k_b = 8$ pour les ossatures où le système de contreventement réduit le déplacement horizontal d'au moins 80 % ;

$\quad k_b = 25$ pour les autres ossatures, à condition qu'à chaque niveau $k_b / k_c \geq 0,1$.

Zone 2 : semi-rigide

Il convient de classer tous les assemblages situés dans la zone 2 comme semi-rigides.

Les assemblages situés dans les zones 1 ou 3 peuvent aussi, facultativement, être traités comme semi-rigides.

Zone 3 : nominalement articulé, si $S_{j,ini} \leq 0,5\,EI_b/L_b$

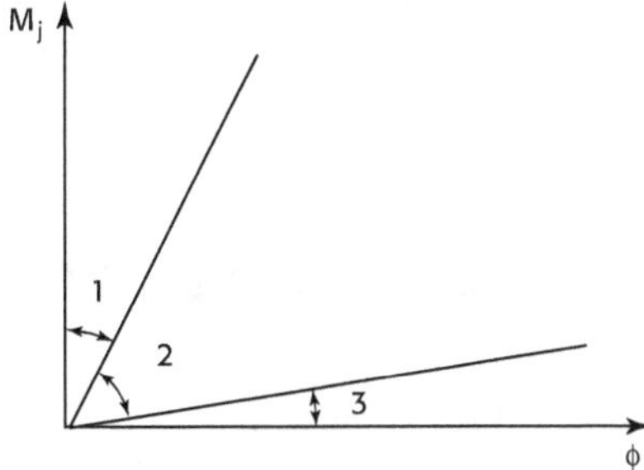

Figure 5.4 - Classification des assemblages par rigidité

Légende

$\quad k_b$ valeur moyenne de I_b/L_b pour toutes les poutres à la partie supérieure de cet étage

$\quad k_c$ valeur moyenne de I_c/L_c pour tous les poteaux de cet étage

$\quad I_b$ moment d'inertie de flexion d'une poutre

$\quad I_c$ moment d'inertie de flexion d'un poteau

$\quad L_b$ portée d'une poutre (entraxe des poteaux)

$\quad L_c$ hauteur d'étage d'un poteau

5.2.3 Classification par résistance

5.2.3.1 *Généralités*

(1) Un assemblage peut être classé comme à résistance complète, nominalement articulé ou à résistance partielle en comparant son moment résistant $M_{j,Rd}$ avec les moments résistants des barres attachées. Pour le classement des assemblages, il convient de prendre comme résistance d'une barre, celle de sa partie adjacente à l'assemblage.

5.2.3.2 *Assemblages nominalement articulés*

(1) Il convient qu'un assemblage nominalement articulé soit capable de transmettre les efforts sans développer de moment significatif susceptible d'affecter défavorablement les barres ou la structure dans son ensemble.

(2) Il convient qu'un assemblage nominalement articulé soit capable de supporter les rotations résultant de l'effet des charges de calcul.

(3) Un assemblage peut être classé comme nominalement articulé si son moment résistant $M_{j,Rd}$ n'excède pas 0,25 fois le moment résistant exigé pour un assemblage à résistance complète, à condition qu'il possède également une capacité de rotation suffisante.

5.2.3.3 *Assemblages à pleine résistance*

(1) Il convient que la résistance de calcul d'un assemblage à résistance complète ne soit pas inférieure à celle des barres attachées.

5.2.3.4 *Assemblages à résistance partielle*

(1) Il convient de classer comme étant à résistance partielle un assemblage qui ne satisfait pas les critères donnés pour un assemblage à résistance complète ou pour un assemblage nominalement articulé.

6. Assemblages structuraux de sections en I ou en H

6.1 Généralités

6.1.1 Bases

(1) Ce chapitre contient des méthodes de calcul pour déterminer les propriétés structurales des assemblages d'ossatures quelconques. Pour l'application de ces méthodes, il convient de modéliser un assemblage comme un ensemble de composants de base.

6.1.2 Composants de base d'un assemblage

(2) Il convient de retenir les composants de base identifiés dans le 6.1, avec la référence aux règles d'application.

(4) Il convient d'utiliser les relations entre les caractéristiques des composants de base d'un assemblage et les propriétés structurales de l'assemblage données en 6.2.7 et 6.2.8 pour le moment résistant.

Tableau 6.1 - Composants de base des assemblages

		Référence à la règle de résistance
1	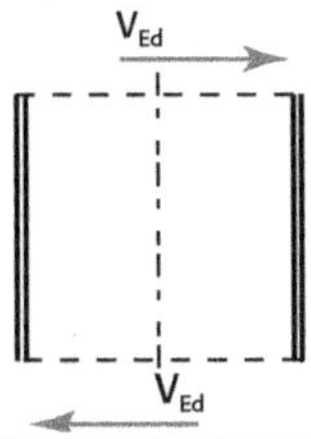	6.2.6.1 Panneau d'âme de poteau en cisaillement $V_{wp,Rd}$
2	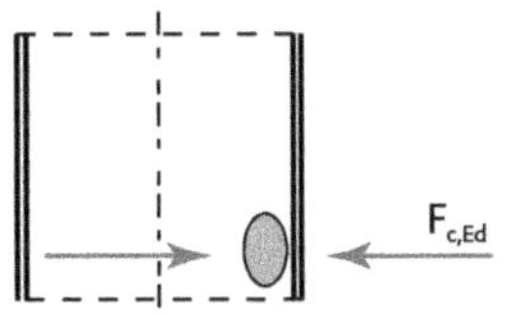	6.2.6.2 Âme de poteau comprimée transversalement $F_{c,wc,Rd}$
3	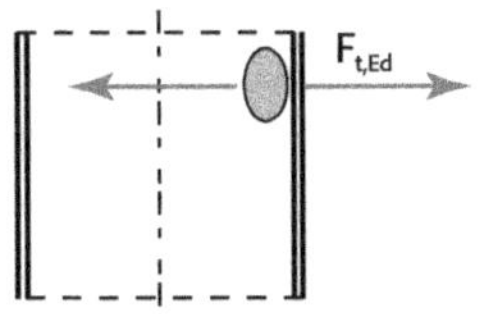	6.2.6.3 Âme de poteau tendue transversalement $F_{t,wc,Rd}$
4	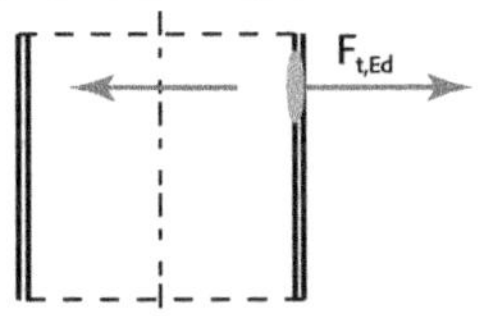	6.2.6.4 Semelle de poteau fléchie transversalement (voir clause de cet extrait)
5	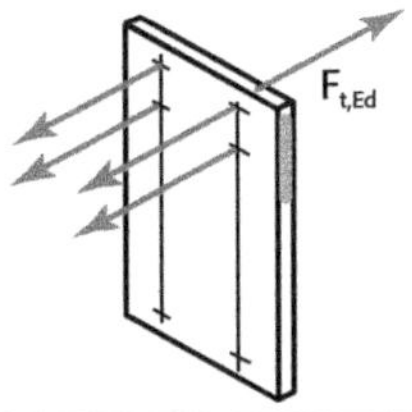	6.2.6.5 Platine d'about fléchie
6	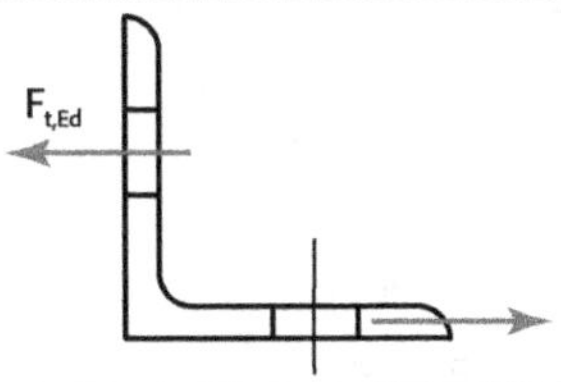	6.2.6.6 Cornière de semelle fléchie
7	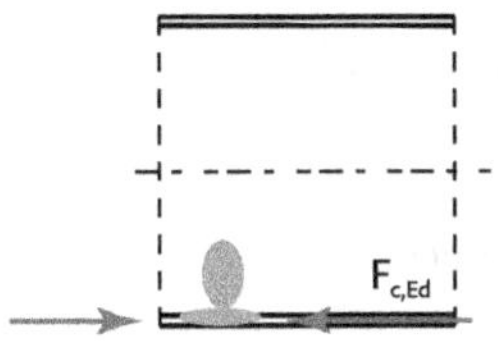	6.2.6.7 Semelle et âme de poutre comprimées $F_{c,fb,Rd}$

8	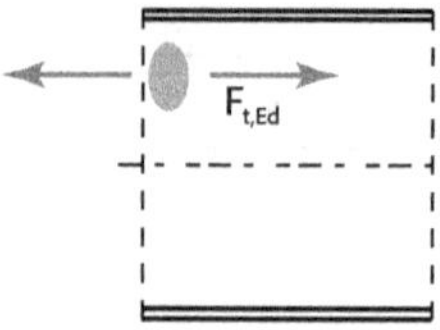	6.2.6.8 Âme de poutre tendue $F_{f,wb,Rd}$
9	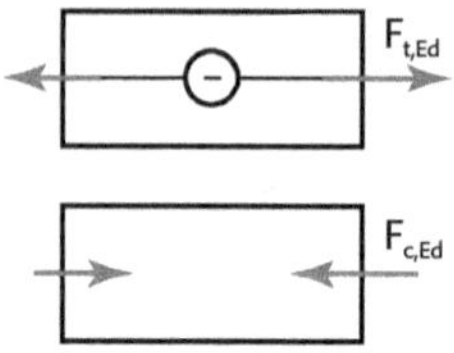	EN 1993 1-1, 6.2.3 et 6.2.4 Plat tendu ou comprimé
10	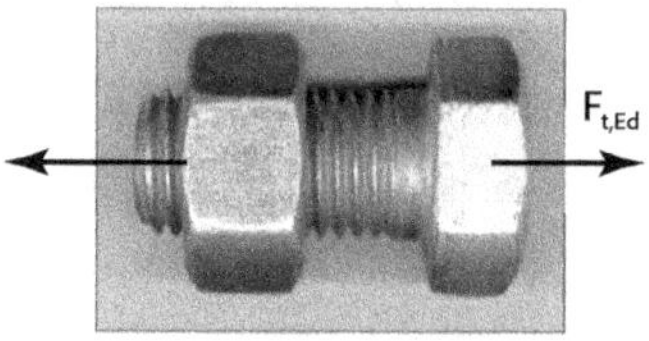	6.2.6.4 Boulon tendu avec semelle de poteau 6.2.6.5 Boulon tendu avec platine d'about 6.2.6.6 Boulon tendu avec cornière de semelle
11	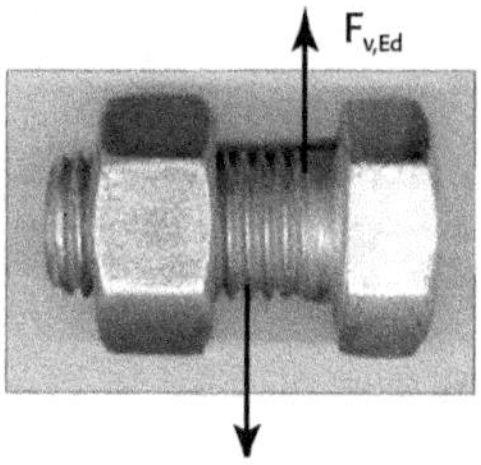	3.6 Boulon en cisaillement
12		3.6 Boulon en pression diamétrale
13		6.2.6.9 Béton comprimé, mortier de calage compris
14		6.2.6.10 Platine du poteau fléchie sous l'effet de la compression
15		6.2.6.11 Platine du poteau fléchie sous l'effet de la traction
16		6.2.6.12 Boulon d'ancrage tendu
17		6.2.2 Boulon d'ancrage au cisaillement
18		6.2.2 Boulon d'ancrage en pression diamétrale
19		4 Soudures
20	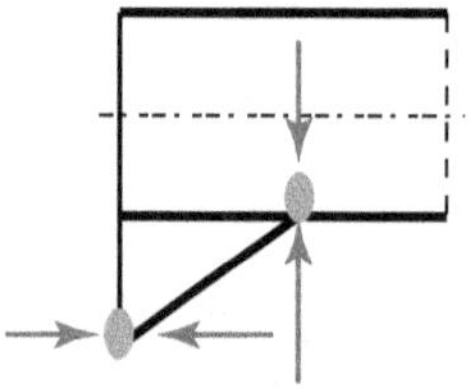	6.2.6.7 Semelle et âme de poutre comprimées $F_{c,fb,Rd}$

6.2 Résistance

6.2.2 Efforts tranchants

(2) Dans les attaches soudées et dans les attaches boulonnées par platine d'about, il convient que les soudures d'attache de l'âme soient calculées pour transmettre l'effort tranchant de l'assemblage, sans aucune contribution des soudures d'attache des semelles de la poutre.

6.2.3 Moments fléchissants

(4) Dans tous les assemblages, il convient que les dimensions des soudures soient telles que le moment résistant soit toujours limité par la résistance des autres composants de l'assemblage et non par celle des soudures.

6.2.4 Tronçon en T équivalent tendu

6.2.4.1 Généralités

(1) Dans les attaches boulonnées, un tronçon en T équivalent tendu peut être utilisé pour modéliser la résistance des composants de base suivants :
- semelle de poteau fléchie ;
- platine d'about fléchie ;
- cornière de semelle fléchie ;
- platine d'assise fléchie sous l'effet de la traction.

(2) Des méthodes pour la modélisation de ces composants de base comme semelles de tronçon en T équivalent, y compris les valeurs à utiliser pour e_{min}, ℓ_{eff} et m, sont données en 6.2.6.

(3) Les modes de ruine possibles de la semelle d'un tronçon en T équivalent peuvent être supposés similaires à ceux prévus pour les composants de base qu'il représente.

(4) Il convient que la longueur efficace totale $\Sigma\ell_{eff}$ d'un tronçon en T équivalent (voir figure 6.2) soit telle que la résistance de calcul de sa semelle soit équivalente à celle de la composante de base qu'il représente.

Note : La longueur efficace d'un tronçon en T équivalent est une longueur théorique et ne correspond pas nécessairement à la longueur physique de la composante de base qu'il représente.

(5) Il convient de déterminer la résistance de calcul à la traction d'un tronçon en T équivalent au moyen du tableau 6.2.

Note : Les effets de levier sont implicitement pris en compte dans la détermination de la résistance de calcul à la traction conformément au tableau 6.2.

(6) Lorsque des effets de levier peuvent apparaître (voir tableau 6.2), il convient que la résistance de calcul à la traction $F_{T,Rd}$ d'une semelle de tronçon en T soit prise égale à la plus petite des valeurs pour les trois modes de ruine possibles 1, 2 et 3.

(7) Lorsque des effets de levier ne peuvent pas apparaître, il convient que la résistance de calcul à la traction $F_{T,Rd}$ d'une semelle de tronçon en T soit prise égale à la plus petite des valeurs pour les deux modes de ruine possibles selon le tableau 6.2.

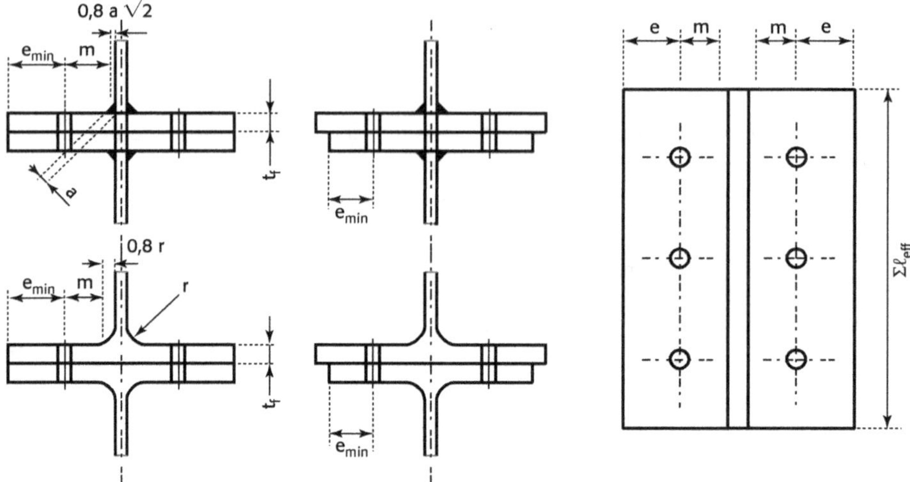

Figure 6.2 - Dimensions d'une semelle de tronçon en T équivalent

Tableau 6.2 - Résistance de calcul d'une semelle de tronçon en T

	Des effets de levier peuvent apparaître, c'est-à-dire que Lb ≤ Lb*		Pas d'effet de levier
Mode 1	**Méthode 1**	**Méthode 2 (méthode alternative)**	
sans contre-plaques	$F_{T,1,Rd} = \dfrac{4M_{pl,1,Rd}}{m}$	$F_{T,1,Rd} = \dfrac{(8n - 2e_w)\,M_{pl,1,Rd}}{2mn - e_w(m + n)}$	$F_{T,1-2,Rd} = \dfrac{2M_{pl,1,Rd}}{m}$
avec contre-plaques	$F_{T,1,Rd} = \dfrac{4M_{pl,1,Rd} + 2M_{bp,Rd}}{m}$	$F_{T,1,Rd} = \dfrac{(8n - 2e_w)\,M_{pl,1,Rd} + 4nM_{bp,Rd}}{2mn - e_w(m + n)}$	
Mode 2	$F_{T,2,Rd} = \dfrac{2M_{pl,2,Rd} + n\Sigma F_{t,Rd}}{m + n}$		
Mode 3	$F_{T,3,Rd} = \Sigma\, F_{t,Rd}$		
Mode 1 : Plastification totale de la semelle Mode 2 : Ruine de boulons avec plastification de la semelle Mode 3 : Ruine de boulons			

L_b longueur du boulon soumise à allongement, prise égale à la longueur de serrage (épaisseur totale du matériau et des rondelles), plus la moitié de la somme de la hauteur de la tête et de la hauteur de l'écrou ou

longueur du boulon d'ancrage soumise à allongement, prise égale à la somme de 8 fois le diamètre nominal du boulon, de la couche de scellement, de l'épaisseur de la plaque, de la rondelle et de la moitié de la hauteur de l'écrou

$$L_b{}^* = \frac{8,8\,m^3\,A_s}{\Sigma\,l_{eff,1}\,t_f^3}$$

$F_{T,Rd}$ résistance à la traction d'une semelle de tronçon en T

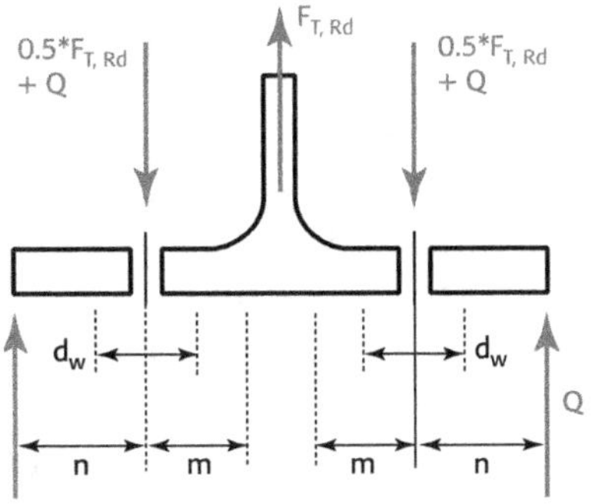

Q effet de levier

$M_{pl,1,Rd} = 0{,}25 \; \Sigma \; \ell_{eff,1} \; t_f^2 f_y / \gamma_{M0}$

$M_{pl,2,Rd} = 0{,}25 \; \Sigma \; \ell_{eff,2} \; t_f^2 f_y / \gamma_{M0}$

$M_{bp,Rd} = 0{,}25 \; \Sigma \; \ell_{eff,1} \; t_{bp}^2 f_{y,bp} / \gamma_{M0}$

$n \qquad = e_{min}$ mais $n \leq 1{,}25 \; m$

$F_{t,Rd}$ résistance à la traction d'un boulon, (voir tableau 3.4)

$\Sigma \, F_{t,Rd}$ valeur totale de $F_{t,Rd}$ pour tous les boulons dans le tronçon en T

$\Sigma \, \ell_{eff,1}$ valeur de $\Sigma \, \ell_{eff}$ pour le mode 1

$\Sigma \, \ell_{eff,2}$ valeur de $\Sigma \, \ell_{eff}$ pour le mode 2

e_{min} m et t_f comme indiqué dans la figure 6.2

$f_{y,bp}$ limite d'élasticité des contreplaques

t_{bp} épaisseur des contreplaques

$e_w \qquad = d_w / 4$

d_w diamètre de la rondelle, ou surangle de la tête de boulon ou de l'écrou, selon le cas.

Note 1 : Dans les assemblages boulonnés poutre-poteau ou de continuité de poutre, il peut être supposé que des effets de levier apparaîtront.

Note 2 : Dans la méthode 2, l'effort appliqué sur une semelle de tronçon en T par un boulon est supposé uniformément réparti sous la rondelle, la tête ou l'écrou, selon le cas (voir figure), au lieu d'être concentré au niveau de l'axe du boulon. Cette hypothèse conduit à une valeur supérieure pour le mode 1, mais laisse inchangées les valeurs pour $F_{T,1\text{-}2,Rd}$ et les modes 2 et 3.

6.2.4.2   Rangées de boulons isolées, groupes de boulons et groupes de rangées de boulons

(1) Bien que, dans une semelle de tronçon en T réelle, les efforts exercés au niveau de chaque rangée de boulons soient en général égaux, lorsque l'on utilise une semelle de tronçon en T équivalent pour modéliser un composant de base donné en 6.2.4.1(1), il convient de tenir compte du fait que les efforts sont en général différents au niveau de chaque rangée de boulons.

(2) Lorsque l'approche par tronçon en T équivalent est utilisée pour modéliser un groupe de rangées de boulons, il peut s'avérer nécessaire de diviser le groupe en rangées séparées et d'utiliser un tronçon en T équivalent pour modéliser chaque rangée de boulons séparée.

(3) Lorsque l'approche par tronçon en T est utilisée pour modéliser un groupe de rangées de boulons, il convient que les conditions suivantes soient satisfaites :

    a)   il convient que l'effort exercé au niveau de chaque rangée de boulons n'excède pas la résistance de calcul déterminée en considérant uniquement cette rangée de boulons isolée ;

    b)   il convient que l'effort total exercé sur chaque groupe de rangées de boulons, comprenant deux ou plusieurs rangées adjacentes dans le même groupe, n'excède pas la résistance de calcul de ce groupe de rangées de boulons.

(4) Pour la détermination de la résistance de calcul à la traction d'un composant de base représenté par une semelle de tronçon en T équivalent, il convient de calculer les paramètres suivants :

    a) la résistance d'une rangée de boulons isolée, déterminée en considérant uniquement cette rangée ;

    b) la contribution de chaque rangée de boulons à la résistance de deux ou plusieurs rangées adjacentes dans un groupe de boulons, déterminée en considérant uniquement ces rangées de boulons.

(5) Dans le cas d'une rangée de boulons isolée, il convient de prendre $\sum \ell_{\text{eff}}$ égale à la longueur efficace ℓ_{eff} donnée en 6.2.6 pour cette rangée de boulons considérée comme rangée de boulons isolée.

(6) Dans le cas d'un groupe de rangées de boulons, il convient de prendre $\sum \ell_{\text{eff}}$ égale à la somme des longueurs efficaces ℓ_{eff} données en 6.2.6 pour chaque rangée de boulons appropriée considérée comme partie d'un groupe de boulons.

6.2.5   Résistance des composants de base

6.2.5.1 *Semelle de poteau fléchie transversalement*

Semelle de poteau non raidie, attache boulonnée

(1) Il convient de déterminer la résistance de calcul et le mode de ruine d'une semelle de poteau non raidie fléchie, ainsi que des boulons tendus associés, comme identiques à ceux d'une semelle de tronçon en T équivalent (voir 6.2.4) à la fois pour :

    • chaque rangée de boulons isolée devant résister à la traction ;

    • chaque groupe de rangées de boulons devant résister à la traction.

(2) Il convient de déterminer les dimensions e_{min} et m à utiliser en 6.2.4 à partir de la figure 6.8.

(3) Il convient de déterminer la longueur efficace de la semelle du tronçon en T équivalent pour les rangées de boulons isolées et pour le groupe de boulons conformément à 6.2.4.2 à partir des valeurs données pour chaque rangée de boulons dans le tableau 6.4.

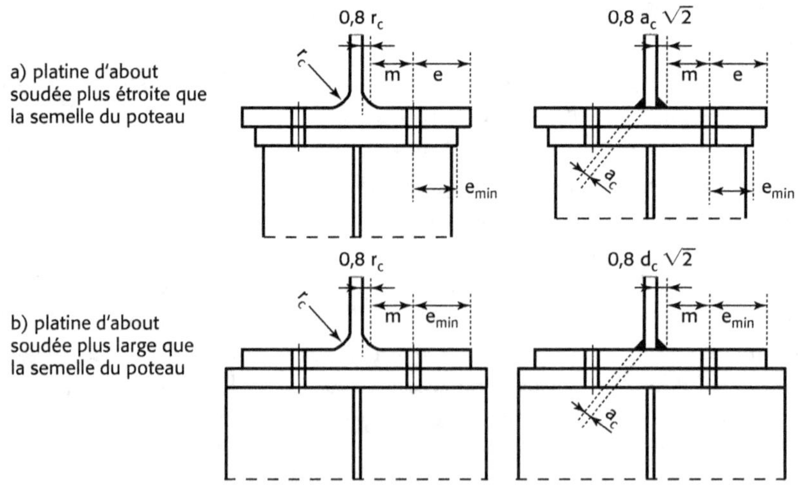

Figure 6.8 - Définitions de e, e_{min}, a_c, r_c et m

Tableau 6.4 - Longueurs efficaces pour une semelle de poteau non raidie

Emplacement de la rangée de boulons	Rangée de boulons prise isolément		Rangée de boulons considérée comme partie d'un groupe de rangées de boulons	
	Mécanismes circulaires $l_{\text{eff,cp}}$	**Mécanismes non circulaires** $l_{\text{eff,nc}}$	**Mécanismes circulaires** $l_{\text{eff,cp}}$	**Mécanismes non circulaires** $l_{\text{eff,nc}}$
Rangée de boulons intérieure	$2\,\pi\,m$	$4m + 1{,}25\,e$	$2p$	p
Rangée de boulons d'extrémité	La plus petite des 2 valeurs $2\,\pi\,m$ $\pi m + 2e_1$	La plus petite des 2 valeurs $4m + 1{,}25e$ $2m + 0{,}625e + e_1$	La plus petite des 2 valeurs $\pi m + p$ $2e_1 + p$	La plus petite des 2 valeurs $2m + 0{,}625e + 0{,}5p$ $e_1 + 0{,}5\,p$
Mode 1	$l_{\text{eff,1}} = l_{\text{eff,nc}}$ mais $l_{\text{eff,1}} \leq l_{\text{eff,cp}}$		$\Sigma l_{\text{eff,1}} = \Sigma l_{\text{eff,nc}}$ mais $\Sigma l_{\text{eff,1}} \leq \Sigma l_{\text{eff,cp}}$	
Mode 2	$l_{\text{eff,2}} = l_{\text{eff,nc}}$		$\Sigma l_{\text{eff,2}} = \Sigma l_{\text{eff,nc}}$	

Semelle de poteau raidie, assemblage avec platine d'about boulonnée

(1) Des raidisseurs transversaux et/ou des dispositions appropriées de raidisseurs diagonaux peuvent être utilisés pour augmenter la résistance de calcul de la semelle de poteau fléchie.

(2) Il convient de déterminer la résistance de calcul et le mode de ruine d'une semelle de poteau raidie fléchie transversalement, ainsi que des boulons tendus associés, comme identiques à ceux d'une aile de tronçon en T équivalent (voir 6.2.4) à la fois pour :

- chaque rangée de boulons isolée devant résister à la traction ;
- chaque groupe de rangées de boulons devant résister à la traction.

(3) Les groupes de rangées de boulons situés de chaque côté d'un raidisseur sont modélisés comme des semelles de tronçon en T équivalent isolé (voir figure 6.9). La résistance de calcul et le mode de ruine sont déterminés séparément pour chaque tronçon en T équivalent.

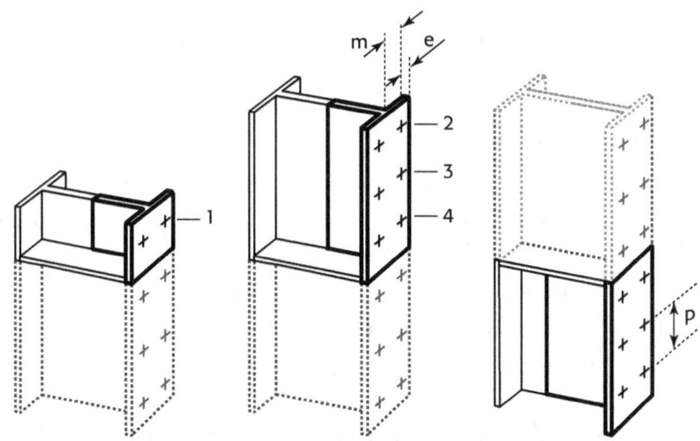

1 : Rangée de boulons d'extrémité adjacente à un raidisseur
2 : Rangée de boulons d'extrémité
3 : Rangée de boulons intérieure
4 : Rangée de boulons adjacente à un raidisseur

Figure 6.9 - Modélisation d'une semelle de poteau raidie sous forme de tronçons en T isolés

(4) Il convient de déterminer les dimensions e_{min} et m à utiliser en 6.2.4 à partir de la figure 6.8.

(5) Il convient de déterminer les longueurs efficaces de semelles de tronçons en T équivalent l_{eff} conformément à 6.2.4.2 au moyen des valeurs données pour chaque rangée de boulons dans le tableau 6.5. Il convient de prendre dans la figure 6.11 la valeur de α à utiliser dans le tableau 6.5.

(6) Les raidisseurs doivent satisfaire les exigences formulées en 6.2.6.1.

Tableau 6.5 - Longueurs efficaces pour une semelle de poteau raidie

Emplacement de la rangée de boulons	Rangée de boulons prise séparément		Rangée de boulons considérée comme partie d'un groupe de rangées de boulons	
	Mécanismes circulaires $l_{eff,cp}$	Mécanismes non circulaires $l_{eff,nc}$	Mécanismes circulaires $l_{eff,cp}$	Mécanismes non circulaires $l_{eff,nc}$
Rangée de boulons adjacente à un raidisseur	$2\pi m$	$\alpha\, m$	$\pi m + p$	$0{,}5\,p + \alpha\, m - (2\,m + 0{,}625\,e)$
Autre rangée de boulons intérieure	$2\pi m$	$4m + 1{,}25\,e$	$2p$	p
Autre rangée de boulons d'extrémité	La plus petite des valeurs : $2\pi m$ $\pi m + 2\,e_1$	La plus petite des valeurs : $4m + 1{,}25\,e$ $2m + 0{,}625\,e + e_1$	La plus petite des valeurs : $\pi m + p$ $2e_1 + p$	La plus petite des valeurs : $2 \cdot m + 0{,}625\,e + 0{,}5\,e_1$ $e_1 + 0{,}5\,p$
Rangée de boulons d'extrémité adjacente à un raidisseur	La plus petite des valeurs : $2\pi m$ $\pi m + 2\,e_1$	$e_1 + \alpha\, m - (2\,m + 0{,}625\,e)$	Sans objet	Sans objet

Pour le mode 1 : $l_{eff,1} = \min\{l_{eff,nc}\,;\,l_{eff,np}\}$ $\Sigma l_{eff,1} = \min\{\Sigma l_{eff,nc}\,;\,\Sigma l_{eff,np}\}$

Pour le mode 2 : $l_{eff,2} = l_{eff,nc}$ $\Sigma l_{eff,2} = \Sigma l_{eff,nc}$

6.2.5.2 Platine d'about fléchie

(1) Il convient de déterminer la résistance de calcul et le mode de ruine d'une platine d'about fléchie, ainsi que des boulons tendus associés, comme identiques à ceux d'une semelle de tronçon en T équivalent (voir 6.2.4), à la fois pour :

- chaque rangée de boulons isolée devant résister à la traction ;
- chaque groupe de rangées de boulons devant résister à la traction.

(2) Il convient de traiter les groupes de rangées de boulons situés de chaque côté d'un raidisseur quelconque assemblé sur la platine d'about comme des tronçons en T équivalents séparés. Dans les platines d'about débordantes, il convient de traiter également la rangée de boulons située dans la partie débordante comme un tronçon en T équivalent isolé (voir figure 6.10). Il convient de déterminer la résistance de calcul et le mode de ruine séparément pour chaque tronçon en T équivalent.

(3) Il convient de déterminer la dimension e_{min} à utiliser en 6.2.4 à l'aide de la figure 6.8 pour la partie de la platine d'about située entre les semelles de poutre. Pour la partie débordante de la platine d'about, il convient de prendre la valeur de e_{min} égale à celle de e_x (voir figure 6.10).

(4) Il convient de déterminer la longueur efficace de semelle de tronçon en T équivalent l_{eff} conformément à 6.2.4.2 au moyen des valeurs données pour chaque rangée de boulons dans le tableau 6.6.

(5) Il convient de déterminer les valeurs de m et m_x à utiliser dans le tableau 6.6 à l'aide de la figure 6.10.

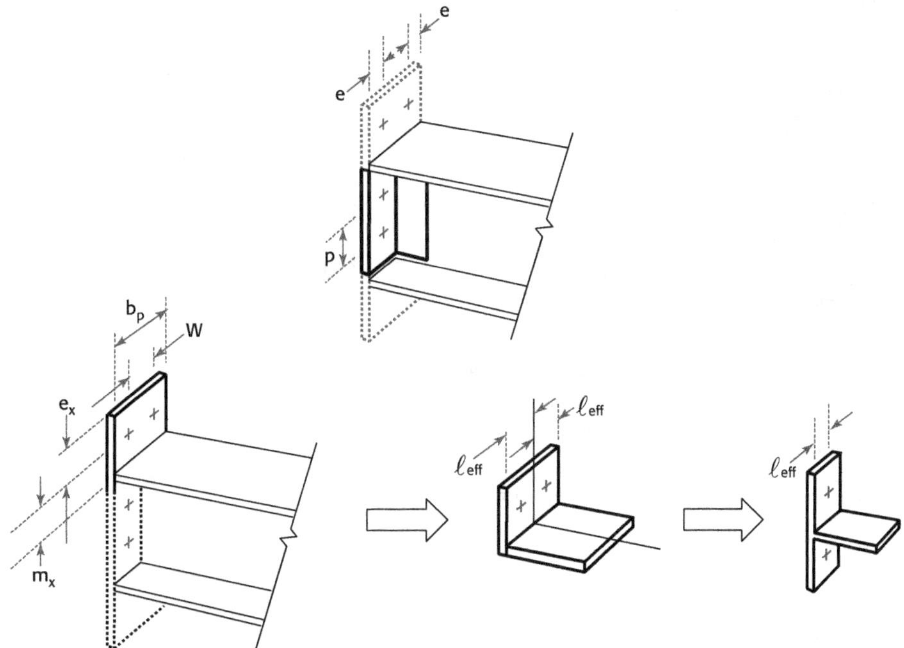

Le débord de la platine d'about et la portion située entre les semelles de poutre sont modélisés comme deux semelles de tronçon en T équivalent séparées.

Pour la partie débordante de la platine d'about, on utilise ex et mx à la place de e et m pour déterminer la résistance de calcul de la semelle du tronçon en T équivalent.

Figure 6.10 - Modélisation d'une platine d'about débordante sous forme de tronçons en T séparés

Tableau 6.6 - Longueurs efficaces pour une platine d'about

Emplacement de la rangée de boulons	Rangée de boulons prise séparément		Rangée de boulons considérée comme partie d'un groupe de rangées de boulons	
	Mécanismes circulaires $l_{eff,cp}$	Mécanismes non circulaires $l_{eff,nc}$	Mécanismes circulaires $l_{eff,cp}$	Mécanismes non circulaires $l_{eff,nc}$
Rangée de boulons située sur la partie débordante de la platine d'about	La plus petite des valeurs : $2\pi m$ $\pi m_x + w$ $\pi m_x + 2e$	La plus petite des valeurs : $4m_x + 1{,}25\,e_x$ $e + 2m_x + 0{,}625\,e_x$ $0{,}5\,b_p$ $0{,}5\,w + 2m_x + 0{,}625\,e_x$	–	–
Première rangée de boulons sous la semelle de poutre tendue	$2\pi m$	αm	$\pi m + p$	$0{,}5\,p + \alpha m$ $- (2m + 0{,}625\,e)$
Autre rangée de boulons intérieure	$2\pi m$	$4m + 1{,}25\,e$	$2p$	p
Autre rangée de boulons d'extrémité	$2\pi m$	$4m + 1{,}25\,e$	$\pi m + p$	$2m + 0{,}625\,e + 0{,}5\,p$

Pour le mode 1 : $l_{eff,1} = l_{eff,nc}$ avec limitation

$\Sigma\, l_{eff,1} = \Sigma\, l_{eff,nc}$ avec limitation

Pour le mode 2 : $l_{eff,2} = l_{eff,nc}$ $\Sigma\, l_{eff,1} = \Sigma\, l_{eff,nc}$

Il convient de déterminer α d'après la figure 6.11.

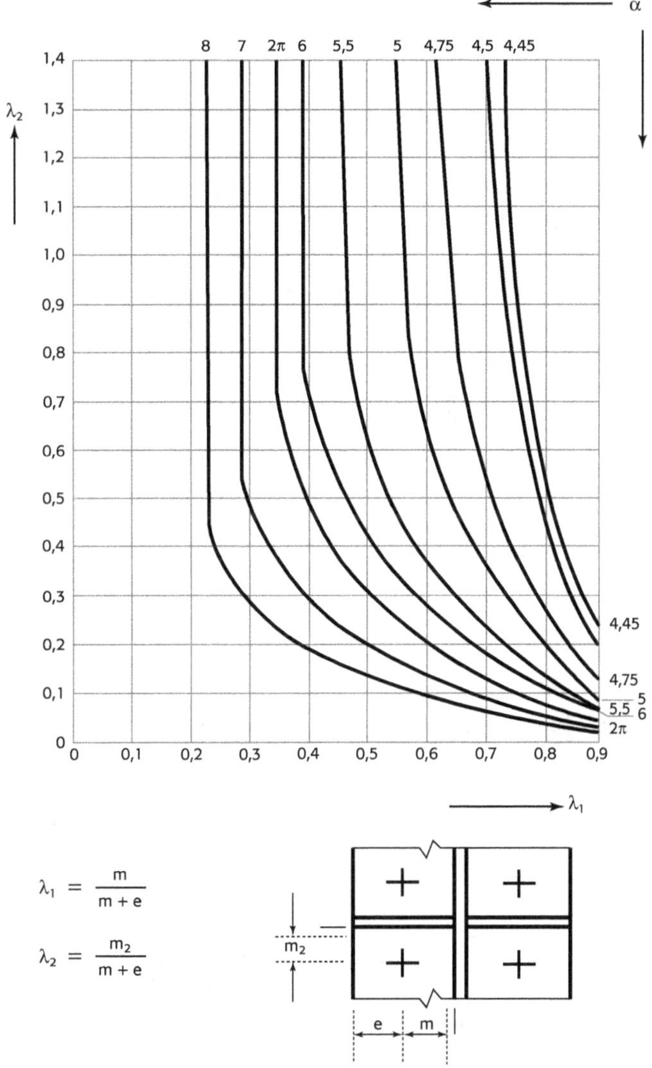

$$\lambda_1 = \frac{m}{m + e}$$

$$\lambda_2 = \frac{m_2}{m + e}$$

Figure 6.11 - Valeurs de α pour les semelles de poteau raidies et les platines d'about

6.2.6   Résistance des pieds de poteaux par plaque d'assise

6.2.6.1   *Pieds de poteaux soumis uniquement à des efforts normaux*

Information complémentaire de l'Annexe nationale

Un poteau soumis uniquement à un effort normal peut être considéré comme articulé si la longueur hors tout de la platine h_p est inférieure ou égale à 300 mm.

Il peut l'être également si les conditions suivantes sont vérifiées simultanément :

$$300 \text{ mm} \leq h_p \leq 600 \text{ mm}$$
$$\theta\, h_p \leq 3 \text{ mm}$$
$$N_{Ed} \times \theta \times h_c \leq 1\,500 \text{ kN.mm}$$

avec, sous charges non pondérées :

θ rotation locale (en radians) du pied de poteau,

N_{Ed} effort normal dans le poteau (en N).

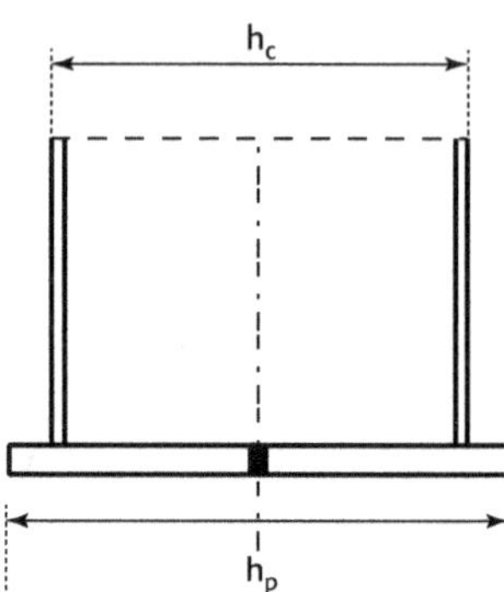

7.   Assemblages de profils creux

7.3   Soudures

7.3.1   Résistance de calcul

(1) Il convient que les soudures assemblant les barres de treillis aux membrures possèdent une résistance suffisante pour tenir compte des répartitions d'efforts non uniformes, et une capacité de déformation suffisante pour tenir compte de la redistribution des moments fléchissants.

(2) Dans les assemblages soudés, il convient en général que l'assemblage soit réalisé sur la totalité du périmètre du profil creux au moyen d'une soudure bout à bout, d'une soudure d'angle, ou d'une combinaison des deux. Toutefois, dans les assemblages avec recouvrement partiel, il est inutile de souder la partie cachée de l'assemblage, à condition que les efforts normaux s'exerçant dans les barres de treillis soient tels que leurs composants perpendiculaires à l'axe de la membrure ne diffèrent pas de plus de 20 %.

(4) Il convient généralement que la résistance de calcul de la soudure, par longueur unitaire de périmètre d'une barre de treillis, ne soit pas inférieure à la résistance de calcul de la section transversale de cette barre par longueur unitaire de périmètre.

(5) Il convient que l'épaisseur exigée de la gorge soit déterminée selon le chapitre 4, « Attaches soudées ».

Annexe 1

Recommandations de la CNC2M pour le dimensionnement des assemblages selon la norme NF EN 1993-1-8

2. Attaches boulonnées

2.1 Résistance des boulons

(5) En complément de la note 3 du Tableau 3.4 de la NF EN 1993-1-8, lorsque la charge appliquée sur un boulon n'est pas parallèle au bord de la pièce, la résistance en pression diamétrale doit être vérifiée en considérant une interaction pour les composants de l'effort appliqués perpendiculairement (direction x) et parallèlement (direction y) au bord :

$$\left(\frac{F_{v,x,Ed}}{F_{b,x,Rd}}\right)^2 + \left(\frac{F_{v,y,Ed}}{F_{b,y,Rd}}\right)^2 \leq 1$$

où :

$F_{v,x,Ed}$: Effort de cisaillement suivant la direction x

$F_{b,x,Rd}$: Résistance en pression diamétrale suivant la direction x calculée d'après le Tableau 3.4 de la NF EN 1993-1-8

$F_{v,y,Ed}$: Effort de cisaillement suivant la direction y

$F_{b,y,Rd}$: Résistance en pression diamétrale suivant la direction y calculée d'après le Tableau 3.4 de la NF EN 1993-1-8

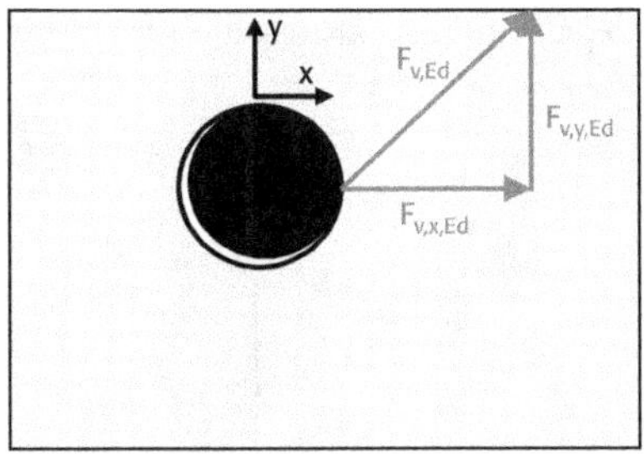

Figure 2 : Chargement oblique d'un boulon en pression diamétrale

(10) En présence d'efforts perpendiculaires (voir l'exemple de la Figure 6), la résistance au cisaillement de bloc peut être évaluée à partir de la relation suivante :

$$\frac{N_{Ed}}{N_{Rd}} + \frac{V_{Ed}}{V_{Rd}} \leq 1$$

où :

N_{Ed} : Effort de traction appliqué au groupe de boulons

N_{Rd} : Résistance en traction correspondant au cisaillement de bloc calculé suivant le §3.10.2 de la NF EN 1993-1-8

V_{Ed} : Effort tranchant appliqué au groupe de boulons

V_{Rd} : Résistance à l'effort tranchant correspondant au cisaillement de bloc calculé suivant le §3.10.2 de la NF EN 1993-1-8

Note : La contribution de la partie tendue est divisée par deux lorsque le groupe de boulons est soumis à un effort excentré conformément à la clause (3) du §3.10.2 de la NF EN 1993-1-8.

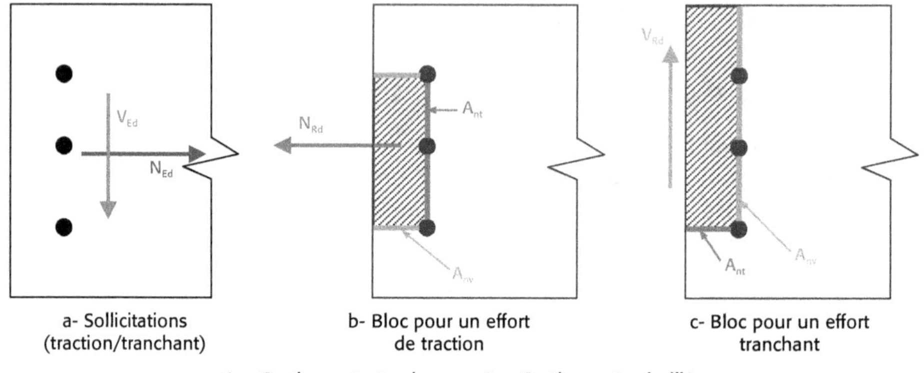

a- Sollicitations (traction/tranchant)

b- Bloc pour un effort de traction

c- Bloc pour un effort tranchant

A_{nt} : Section nette tendue A_{nv} : Section nette cisaillée.

Figure 6 : Cisaillement de bloc dans l'âme d'une poutre non grugée

2.2   Résistance des attaches boulonnées

(1) En complément du paragraphe 3.10.2 de la NF EN 1993-1-8, l'aire nette cisaillée, Anv, à utiliser lors du calcul de la résistance au cisaillement de bloc de l'âme d'une poutre doit être évaluée à partir de l'épaisseur de l'âme seule sans tenir compte du congé et de la semelle (voir Figure 7).

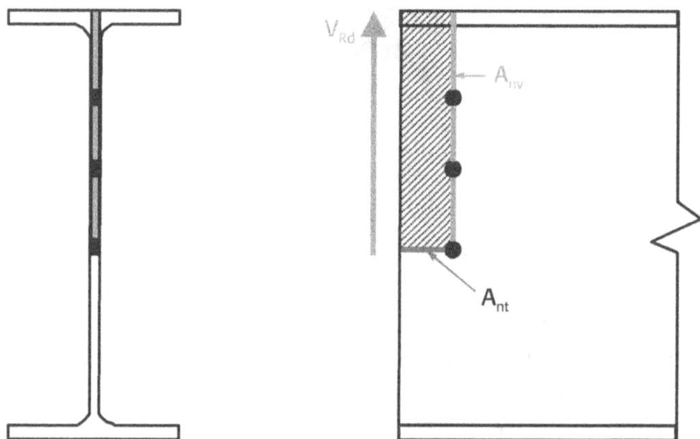

Figure 7 : Cisaillement de bloc dans l'âme d'une poutre non grugée

3.　Attaches soudées

(1) Lorsque la répartition des efforts est plastique dans la poutre attachée, la soudure doit être pleine résistance : c'est-à-dire qu'elle reconstitue la section attachée au niveau de chacun de ses constituants. Dans le cas contraire, la distribution des efforts dans une attache soudée doit généralement être évaluée sur l'hypothèse d'un comportement élastique.

(2) Le choix du type de liaison soudée (cordon d'angle avec ou sans chanfrein partiel, soudure à pleine pénétration) des assemblages en T en extension doit prendre en compte :

- le niveau de sollicitations ;
- l'épaisseur des pièces assemblées ;
- l'existence de contraintes alternées ou de fatigue ;
- la nécessité d'un contrôle de compacité ;
- les conséquences d'une défaillance.

(3) En complément à la clause (2) du §4.5.2 de la NF EN 1993-1-8, pour des aciers S235, S275 et S355, les valeurs limites des gorges peuvent être retenues :

$$\max\left(3 ; \sqrt{t_{max}} - 0{,}5\right) \le a \le 0{,}7 t_{min}$$

avec :

$$t_{max} = \max(t_1 ; t_2)$$
$$t_{min} = \min(t_1 ; t_2)$$
avec les épaisseurs des tôles assemblées en mm

Note : Des QMOS spécifiques permettent de s'affranchir de ces valeurs limites (cf. NF EN 1090-2)

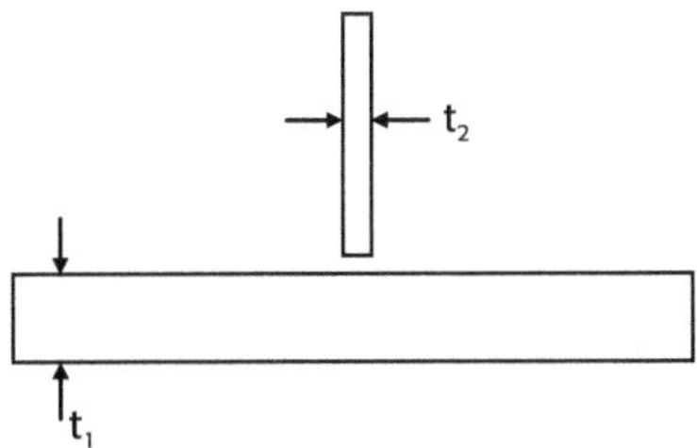

Figure 9 : Plats à souder

(4) Pour que les deux soudures d'angle d'un assemblage en T soient pleinement résistantes quelle que soit la direction de l'effort, leur gorge doit vérifier la relation suivante :

$$\frac{a}{t} \ge \frac{f_y \beta_w}{\sqrt{2} f_u} \frac{\gamma_{M2}}{\gamma_{M0}}$$

où :

- f_y : Limite d'élasticité de l'âme du T attaché
- f_u : Résistance ultime en traction de la pièce attachée la plus faible
- β_w : Facteur de corrélation déterminé à partir du Tableau 4.1 de la NF EN 1993-1-8

Note : Cette vérification permet notamment de répondre à la clause 4.9 (5) de la NF EN 1993-1-8.

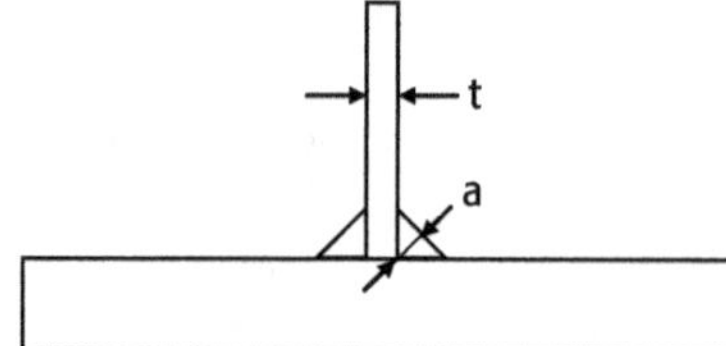

Acier	Condition
S235	$a \geq 0,46\,t$
S275	$a \geq 0,48\,t$
S355	$a \geq 0,58\,t$
S460	$a \geq 0,74\,t$

Figure 10 : Plats à souder par deux cordons d'angle (pour $t \leq 40$ mm)

Note : Des QMOS spécifiques permettent de s'affranchir de ces valeurs limites (cf. NF EN 1090-2)